U0281862

Fashion
at the
Edge

前沿时尚

CAROLINE EVANS

［英］卡洛琳·埃文斯 ◯ 著

重庆大学出版社

孙诗淇 ◯ 译

目录

致谢

在我撰写本书期间，许多同事都成为了我的好朋友。他们阅读了我的初稿，毫无保留地与我分享他们的见解。丽贝卡·阿诺德（Rebecca Arnold）敏锐的批评、对于宏大史学问题的把握和她丰富的时尚知识储备帮助我避免了许多不准确的观点和言论。她从未错过任何细节，总是在我还没开始做的时候就理解我想要什么。克里斯托弗·布雷沃德（Christopher Breward）的友情和历史学家的视角给了我诸多帮助。朱迪斯·克拉克（Judith Clark）始终支持、帮助我，并在本书和她的创意策展人之间发起对话，将我引领到我从未去过的思考方向。洛林·加曼（Lorraine Gamman）在项目初期就有了本书宏观问题的灵感并慷慨地借给我一本书，度假的时候她阅读了整个初稿，帮助我平衡了审慎与热情。阿里斯泰尔奥尼尔（Alistair O'Neill）也阅读了完整初稿，并提出了一些中肯的建议。他借给我书和视频，并发表了许多引人共鸣的语句，现在这些语句都在书中，仿佛它们属于我。玛尔塔乌利诺娃（Marketa Uhlirova）研究了部分文本和所有图片，她的智慧、独创性和批判性思考对我产生了巨大的影响。她在度假的时候读了我的校样，发现了其他人遗漏的错误，从而证明了最具有英格兰气质的确实是外国人（也是女人）。伊丽莎白·威尔逊（Elizabeth Wilson）读了倒数第二稿；她雄辩地总结了本书的论点，并在出版前提出了宝贵的编辑建议。

我非常感谢他们所有人，安妮·库珀（Annie Cooper）、巴里·柯蒂斯（Barry Curtis）、琼·法雷尔（Joan Farrer）、苏珊娜·李（Suzanne Lee）、艾莉森·马修斯·戴维（Alison Matthews David）、艾玛·里维斯（Emma Reeves）、希德·谢尔顿（Syd Shelton）、安德鲁·斯蒂芬森（Andrew Stephenson）和瓦莱丽·斯蒂尔（Valerie Steele）。

感谢英国艺术与人文研究理事会（AHRB）对中央圣马丁艺术与设计学院和伦敦大学时尚与现代性研究项目（1999—2000 年和 2001—2004 年）第一和第二阶段的资助。它为本书写作的最初和最后阶段提供了保障，并为采购插图提供了宝贵的帮助。我也很感谢人文学科研究理事会 1999 年进行了一次休假，并感谢中央圣马丁学院提供了相应的任期，保证了我能够进行大量的前期阅读准备。在这一时期，第一届时尚与现代性研究研讨会的成员们，包括丽贝卡·阿诺德、杰米·布拉塞特（Jamie Brassett）、安德里亚·斯图尔特（Andrea Stuart）和卡罗尔·图洛克（Carol Tulloch）都为我提出了许多宝贵的建议。

在中央圣马丁学院许多帮助过我的同事中，我要特别感谢时装与纺织品学院院长简·拉普利（Jane Rapley），感谢她对本项目的支持；彼得·克洛斯（Peter Close）悉心地管理项目；史蒂夫·伊尔（Steve Hill）热情耐心地帮我解决电脑图片问题；凯伦弗莱彻（Karen Fletcher）常年在幻灯片库里提供帮助和欢乐；卡罗琳德克（Caroline Daker）为我介绍了耶鲁大学出版社；还有所有大学图书馆员，特别是艾莉森·丘奇（Alison Church），我欠她一份特别的感激之情，如果没有她的智慧和精力，这本书将全然不同。

在耶鲁大学出版社，我要感谢编辑吉莉安·马尔帕斯（Gillian Malpass），感谢她在每个阶段的参与、奉献和热情。

本书的部分内容已经发表过，感谢以下出版商和作者的转载许可。第 6 章关于亚历山大·麦昆的大部分内容首次出现在乔安妮·恩特威斯尔（Joanne Entwhistle）和伊丽莎白·威尔逊的《身体与服饰》（*Body Dressing*，伯格出版社，2001 年）中。第 10 章雪莱·福克斯的部分内容首次出现在克里斯托弗·布雷沃德、贝基·康尼金（Becky Conekin）和卡罗琳·考克斯（Caroline Cox）的《英国服饰中的英国范》（*The Englishness of English Dress*，Berg 出版社，2002 年）中。第 10 章中马丁·马吉拉的部分内容首次出现在《时尚理论》（*Fashion Theory*，1998 年）中。

另有两场会议帮助我在研究早期阶段梳理了自己的想法，为此我感谢它们的组织者。朱尔贾·巴特利特（Djurdja Bartlett）于 2000 年 2 月在杜布罗夫尼克组织了第一届国际时尚学科会议，我在会上发表了一篇论文，该论文后来为第一章打下了基础。朱利安·斯泰尔（Julian Stair）1999 年在诺桑比亚大学（Northumbria University）组织了"身体政治"（The Body Politic）论坛，我发表的论文构成了第 8 章的主要内容。

每位老师都明白最好的想法源于教学。因此我要感谢这些年来我教过的所有学生，我从他们身上学到了很多，包括中央圣马丁时装学院的学生们。特别要感谢戈德史密斯纺织系的学生们，2000 年他们参加了我的"前沿时尚"系列研讨会，在研讨会上，我第一次勾勒出了这本书的构想。

最后，我要感谢所有的设计师、摄影师和艺术家，以及他们的经纪人、画廊和公关人员，感谢他们的热情，感谢他们提供图片和材料帮助本书的出版。

谢谢卡勒姆（Calum）、凯特琳（Caitlin）和艾沃（Ivo），他们公司为这本书的出版付出了很多，但我当时专注于写作没有帮到他们。

时尚可以是严肃的吗?

唐霜

时装记者罗宾·吉芙汉(Robin Givhan)讲过这样一个故事:从新闻硕士专业毕业不久,她在一个宴会上巧遇了大学同窗。对方见到她很是热情,兴冲冲地穿过挤满了宾客的宴会厅,来到她的身旁寒暄叙旧。但在得知吉芙汉正在当时任职的报纸负责时尚版块时,这位同学兴奋的眼神黯淡下来,她拍拍吉芙汉的肩,惋惜而略带尴尬地说:"时尚?这是什么?你为什么不做些真正的内容呢?"

十年后,吉芙汉斩获了新闻届的最高荣誉——普利策奖。这足以证明,时尚报道也是"真正的内容",其所需的编采及叙事技巧,绝不逊于其他领域。尽管如此,鉴于其呈现的是表面意象,终端又直指消费,时尚仍被视为是肤浅的。对于热衷思考却投身于时尚行业的人来说,这不啻为一种来自内部心灵与外部舆论的双重折磨。学习政治学的缪西娅·普拉达(Miuccia Prada)早期就表示过,从事时尚让她感到羞耻。即使在被认为成功地塑造了Prada品牌的知识分子气质后,她仍需要在杂志访问中谨慎地与自己和解:时尚还让人感到羞耻吗?它终究是轻浮和不值一提的吗?

吉芙汉的经历也让我感同身受,从事时尚写作多年,我尝试过许多不同的角度,从象征和意象角度进行文化解剖,抑或以生产和消费的角度进行商业分析。其间受到过不少读者的鼓励,亦需要抵御不时冒出的"善意建议":写点别的吧,时尚太狭窄了。

在试图用各种理论结构、逻辑框架来分析时尚之后,在经过反反复复地自我怀疑,主动贬损时尚,又自我护卫,为时尚正名之后,这些问题仍长久地萦绕在我脑中:如果时尚是虚伪而轻浮的,那它有何魔力,轻易就将各种视觉元素融会成为盛大的文化奇观,调动起人们久久不散的激情与欲望?时尚分析能为社会学研究提供一种新的视角吗?各种关于心理和身份政治的剖析,是否只是为了遮掩多卖出一条裙子这样浅薄的终极目标?时尚究竟具有作为文化文本的属性吗?这是不是一种作者滥用意义的自我满足?最重要的是,什么时候我们才能大胆承认自己热爱时尚并不再被视为脑袋空空?

所幸还有卡洛琳·埃文斯这样严肃的时尚学者。她新鲜而深刻的视角,证实了时尚不但是研究现代性的绝佳切口,甚至一跃成为现代主义的核心表达方式。正如苏珊·桑塔格(Susan Sontag)所言:在现代社会,历史取代了自然成为人类经验的决定性构架。我们习惯将事物置于多种因素决定的时间连续体来理解。而这种现代性的经验构架,又是碎片化和不稳定的,是波德莱尔(Baudelaire)口中所言的"短暂、过渡、偶然"的。《前沿时尚》这本书,恰恰说明了时尚作为一种复杂意象,其特质几乎与现代性贴合,同样在过去、现在和未来之间剧烈变动,同样强调"重塑身份"的重要力量。

由此，时尚也就成了对现代性进行分析和批判的完美表述。

这可被视为"时尚是肤浅"的有力回击。埃文斯运用夯实严谨的学术理论，考察了时装历史上迄今为止最引人入胜的时期——20世纪90年代。这是诸如LVMH这样的大型时装集团公司鹊起初期，力推明星设计师和大型时装发布会，以打造华美的时装奇观的年代。这也是"智识时尚"昙花一现的年代，类似马丁·马吉拉（Martin Margiela）这样的独立设计师开始以反时尚的姿态塑造具有思想性的时尚观。

这几乎是资本主义的明与暗的写照。一个是怀着乐观和天真的梦幻和想象，奔赴许诺中的未来；另一个则是在崭新之物上带着逝去的目光，甚至死亡的恐惧与哀伤，但同样指向未来。20世纪90年代设计师丰富和多元化的表达形成了一个互相交织抵抗、互为补充和矛盾的复杂结构，既构建商品拜物教，又对此进行批判；既进行意义编码，又醉心于解码；既是欢愉的，又是伤痛的。

略微深刻的时尚文本一般都会基于心理学和社会学，要么研究个人是如何将个性和品位变化变作构建自我身份的手段；要么讲述时尚作为一种美学或符号的呈现，是如何在社群联结中起到重要作用的。但对于拒绝对时尚和表象作用无感的人来说，这种时尚赋权的体验并不具备普遍性。

埃文斯的研究则让我们明白，时尚研究的框架实质上并不拘于男性凝视、白人凝视或者主流凝视，它本质上是资本主义体制的凝视。时尚产业是现代资本主义的衍生品，因此我们能通过对它进行观察、思考、表达和批判，却都无法颠覆它所依存的体系。当我们的世界、我们的身份和我们的身体都能成为可加工的物质元素时，当主体消失时，在无可挣脱的资本主义范式中，设计师如何对"自我"进行异化并重构？

在一个个看似精致而脆弱的时尚瞬间里，隐藏着现代性的真相。《前沿时尚》是时尚读本，更是资本主义文化读本。人类在后现代的欲望经济和商品魅力中创造、挣扎、死亡和再创。读完这本书，《了不起的盖茨比》的结尾不可抑制地浮在了我的脑中："于是我们奋力向前划，逆流而上的小舟，不停地倒退，进入过去。"

一场马吉拉的秀，和一部菲茨杰拉德的小说，表达的可以是同一件事情。我们可以坚定地对那些以陈词滥调谈论时尚的人们说：肤浅的不是时尚，而是你看待时尚的目光。

Introduction 序言

序言

启示录 APOCALYPSE

冰岛歌后身穿亚历山大·麦昆（Alexander McQueen）设计的红色礼服在舞台上翩翩起舞，礼服上垂坠的载玻片叮当作响，犹如打击乐器；荷兰博物馆外一排假人穿着马丁·马吉拉（Martin Margiela）用霉菌和细菌培养的腐烂时装；皮肤炭黑的模特穿着黑色系时装，游走在 Viktor & Rolf 的 grey-on-grey 时装秀的昏暗空间中；侯塞因·卡拉扬（Hussein Chalayan）设计的模制树脂连衣裙，张开的裙摆仿佛一架飞机降落在 T 台上；尤尔根·泰勒（Juergen Teller）为 Jigsaw 男装创作的时尚影像，拍摄了一名男子从高楼坠落；约翰·加利亚诺（John Galliano）的"美好年代"（belle époque）吸血鬼和海妖佩戴着宝石羽冠和印度珠宝：20 世纪 90 年代后期的这些时尚影像有什么意义？它们的同时出现又意味着什么？

如何恰当地讨论当代时尚是本书面临的挑战，我希望跳脱出现有的理论框架，找到一种合适的方法讨论 20 世纪 90 年代和 21 世纪初的时尚，这一时期的时尚不仅展示了艺术史和设计史的传统聚焦点，还包含了时尚当下的寓意和未来的可能性。时尚杂志的重要性不必重申，翔实而有影响力的杂志、报纸和网站能够提供最新的时尚报道。书籍是另一种不同类型的论坛，必要时我将借用参考书中的历史材料，对当代时尚及其背景展开批判性和理论性分析。

相比单纯的描述，我选择将不同的历史、设计和思想结合在一起，希望为当代时尚的实践和背景提供新的视角。因此，本书的任务是找到一种合适的话语和方法，避免用理论掩盖时尚的价值。我热爱时尚，对时尚的物质生产和商业逻辑很感兴趣，也着迷于时尚的象征意义和文化内涵。理论导向的学者往往忽略了时尚和设计中无限丰富的重要事实，而更有实践经验的作家一贯对理论持抵触态度（尽管这种情况正在改变）。我自己的兴趣一直在实践领域而不是纯粹的理论，实践与当代视觉文化息息相关。也许这就是为什么我喜欢在艺术学校进行教学，在那里实践应用也是学生们的兴趣所在。

我注意到，彼得·阿克罗伊德（Peter Ackroyd）、伊恩·辛克莱（Iain Sinclair）和 W. G. 塞巴尔德（W. G. Sebald）等人的作品中出现了一种转变，作家们试图寻找新的话语（包括诗歌的重构）来谈论历史，来理解 T. S. 艾略特（T. S. Eliot）所说的过去、现在和未来"三个梦想交汇之处"：

在得失之间犹豫不定

在短暂的运行中，那里梦越过

诞生和死亡之中的梦笼罩的暮色 [01]

弗兰克·克默德（Frank Kermode）认为在西方传统中，启示录满足了人们对"和谐生命的虚构"（concord fiction）的需求，这种虚构通过首尾呼应的方式来理解"出生与死亡之间"的短暂跨度。[02]20 世纪晚期时尚的启示录可以被理解成和谐小说，

---

01 . T. S. Eliot, 'Ash Wednesday', *Selected Poems*, Faber and Faber, London. 1954:92.

02 . Frank Kermode, *The Sense of an Ending: Studies in the Theory of Fiction with a New Epilogue*, Oxford University Press, 2000[1966]. See ch. I 'The End'.

对页 _ 图 114 细节。

在这本书中，我试图找到一种与设计史不同的方法来谈论当代时尚，借由时尚中财富、性别和死亡的语意变化，提供一种范式的转变，这种新的模式借鉴了形而上学的历史方法，阐明了时尚在当代意味着什么。

本书并不试图描述当代时尚，而是尝试用一种新方法进行案例研究。我们并不全面考察当代时尚的各个方面和各种类型，而是只专注于时尚的一个方面，主要是针对时尚的象征意义和文化内涵，而非它的生产、营销和消费。尽管如此，我还是主张对当代视觉文化进行正确的唯物主义分析，即使这样的分析主要关注的是文本、影像和实物的意义，而不是它们的物质生产条件。伊丽莎白·威尔逊曾写道："时尚既是资本主义梦想世界的一部分，也是资本主义经济的一部分。"[03] 在撰写当代时尚的相关内容时，我需要展开唯物主义的论述，并找到一些形而上学的联系来解释其神秘而悠远的恐怖色彩。为了真正理解 20 世纪 90 年代时尚中死亡和幽灵的典型概念，当人们在时尚杂志和走秀台上呈现幽灵形象的时候，我没有展开精神分析或后结构主义的论述，而是更多地转向了历史学家和作家的分析模式，如瓦尔特·本雅明（Walter Benjamin）和卡尔·马克思（Karl Marx）。但是，与其他人不同，我读马克思更像是读哥特小说而不是政治经济学；而精神分析也是值得借鉴的理论方法，它让我们能够瞥见"皮肤之下的头骨"（the skull beneath the skin），这是 17 世纪初詹姆斯一世时期文学的关注点。[04]

前沿时尚 FASHION AT THE EDGE

从"海洛因时尚"（heroin chic）到亚历山大·麦昆，20 世纪 90 年代时尚中痛苦的身体隐喻着创伤症状；时装秀突变为奇观表演；概念化的新型时装设计师诞生了。这只是"前沿（edge）"时尚的 3 个例子，时尚存在于自身的边缘。随着 20 世纪 90 年代时装秀的影像化，许多时尚主题也相应地变得更富黑暗色彩。在 20 世纪末社会、经济和技术迅速变化的不稳定背景下，时尚的意象往往弥漫着死亡、疾病和衰落的气息，传递着当代身份认同的焦虑以及对异化和丧失的快感。

这一新趋势也许标志着情感范式的转变，但它也植根于西方消费资本主义的传统之上。与其简单地将 20 世纪 90 年代的实验时尚视为一系列快速的风格变化，我更认为它是广泛的历史和哲学轨迹的一部分，它同一些与时尚不太相关的概念有关：现代性、技术和全球化。我们说的"前沿"时尚是指先锋的、大都市的、知识性的、实验性的、无感情的时尚。我们正处在两个世纪的交界点，处于技术转型的前沿。这种划时代的变革要求参与者拥抱知识经济，抛弃工业现代化的旧时代，去理解过去 30 年的通讯革命。在商业领域，"前沿"时尚设计在全球大品牌和大规模生产中具有前卫感。它的主题也具有先锋性，在美丽与恐怖的边界，

03　. Elizabeth Wilson, *Adorned in Dreams: Fashion and Modernity*, Virago, London, 1985: 14; 2nd ed. I. B. Tauris, 2003 forthcoming.
04　. Eliot on Webster in 'Whispers of Immortality', l.2, in *Selected Poems*: 42.

性爱和死亡与商业交织在一起。不论是概念还是风格，这一系列时尚设计都是实验性的，解答了当代人对身体和身份的焦虑和困惑。

文化实践者在世纪之交的普遍关注点正是"前沿"时尚的诞生背景，包括20世纪的黑暗历史（大屠杀、种族灭绝、极权主义的兴起和两次世界大战）、西方旧认识论绝对性的崩溃、自1957年第一颗卫星发射以来信息技术的飞跃、1991年苏联的解体、全球化的发展以及伊斯兰世界与西方之间的意识形态鸿沟加剧。分析不断变化的世界中主体性和社会性问题一向是文艺从业者的工作，过去很少有时尚设计师关注这些领域。但在这个自我认知不稳定又迅速变化的时期，时尚转移到了舞台中央，并在影像与意义建构、焦虑与理想表达方面发挥了主导作用。不论是19世纪末的维也纳、20世纪30年代的巴黎，还是20世纪90年代的伦敦，每个城市都与现代性、技术变革以及这些变革对情感体验的影响息息相关。这些情感体验也可以被称作两次世界大战之间的"去中心化的主体"（decentered subject）[05]，或者是20世纪90年代互联网时代的"新兴身份"（emergent identities）[06]。不论哪种情况，时尚都在当代人表达对自我和世界的关注中扮演了重要角色。乔纳森·多利莫尔（Jonathan Dollimore）认为，去中心化的自我根本不是当代思想的特定产物，它只是重申了堕落后人性瓦解的观念："个人的'危机'，与其说是危机，不如说是不断出现的不稳定。"[07]他认为在西方传统中，受到易变性和死亡等不稳定因素的影响，个体始终处于危机状态。[08]但是就像多利莫尔所说的，如果这种"危机"在西方悲剧传统中得到正式认可的话，那么它也隐藏在时尚的青春、轻浮和明丽的话语之中。时尚的表象，就像华托式的飨宴，掩盖着忧郁的内心。[09]易变性（mutability）连同其引起的危险和刺激，作为本书的线索不断发展，它将历史的痕迹和碎片逐一缝合，最终成为真正的时尚议题。

当今西方时尚的许多特征都源于14世纪欧洲重商资本主义的发展，以及诺伯特·埃利亚斯（Norbert Elias）所说的"文明的进程"[10]。对他来说，自中世纪以来，礼仪规范的发展涉及对侵略性和本能性行为的抑制，它促进了一种具有自反性、模仿性和表演性的自我发展。从这个意义上来讲，时尚"语言"，既是一种话语，表达我们是什么、可能是什么或可能成为什么，又是一种"自我管理"的礼仪规范或风格模板。[11]20世纪后期，文化建构中的自我观念表达对时尚有着重要的影响。吉勒·利波维茨基（Gilles Lipovetsky）认为，时尚具有社会再生产性，它引导人们在瞬息万变的世界中灵活应变："时尚促使人类社会化，通过不断改变去面对永

05 . Carolyn Dean, *The Self and Its Pleasures: Bataille, Lacan and the History of the Decentered Subject*, Cornell University Press, Ithaca and London, 1992.
06 . Donna Haraway, *Simians, Cyborgs and Women: The Reinvention of Nature*, Free Association Books, London, 1991. Sadie Plant, *Zeros and Ones: Digital Women and the New Technoculture*, Fourth Estate, London, 1997.
07 . Jonathan Dollimore, *Death, Desire and Loss in Western Culture*, Allen Lane, The Penguin Press, London, 1998: xix.
08 . 同上 : xviii。
09 . For a discussion of melancholy and masquerade in relation to fashion see Caroline Evans, 'Masks, Mirrors and Mannequins: Lisa Schiaparelli and the Decentered Subject', *Fashion Theory*, vol. z, issue i, March 1999: 3-31.
10 . Norbert Elias, *The Court Society*, Blackwell, Oxford, 1983. See too Christopher Breward, *The Culture of Fashion*, Manchester University Press, Manchester and New York, 1995, and Richard Sennett, *The Fall of Public Man*, W. W. Norton, New York and London, 1992.
11 . Michel Foucault, *The History of SexualiT, Volume Three: The Care of the Self*, trans. Robert Hurley, Pantheon, New York, 1986 [1984].

恒的循环。"[12] 时尚的变动性、开放性是一个社会在快速转型过程中最需要的品质。因此，时尚不再被嘲笑是肤浅的、轻浮的或虚伪的，它不仅成为修饰身体的重要工具，也是塑造现代的、自我的重要工具。[13]

如果时尚以传统和主流的设计形式成为"文明进程"的一部分，那么时尚实验性和先锋性的表现形式，也同样能够为这一进程提供反抗的声音。在话语、"文明"和言论自身的边缘，实验性时尚表达了文化上隐藏的内容。就像癔病症状一样，时尚无声地抵抗着构建身份的社会生产过程。当我们通过礼仪的"技术"，[14] 产生一个自律又受控的自我时，在某种文化创伤的重压下，被压抑的情感就会沿着一丝痕迹回归，而实验性的时尚此时成为了记忆的讲述者。由此可见，时尚仿佛得了癔病，它疏离、衰落、恐惧传染和死亡，具有不稳定性和易变性。正如精神分析"研究不相关、不连续、分裂和解体的领域和结构"。[15]

实验性时尚像潜意识的精神分析模型，会表现出压抑的欲望和恐惧，但我不认为这是设计师个人的欲望和恐惧。如果时尚会说话，它所说的必然独立于它的创造者。本书试图将时尚与更宏大的历史问题关联，不仅仅考虑设计师的动机和意图，更希望将时尚置于历史的创伤背景之下加以分析。时尚的"症状"广泛而分散：死亡（或是它的衍生品悲哀、创伤和震惊）、不稳定的性别和自由浮动的焦虑。这里所说的记忆痕迹是 20 世纪早期不稳定的、短暂的历史碎片，20 世纪早期作家对现代性的"震惊"和"神经衰弱"，当代作家的"创伤"或"伤痕文学"，在这些文化创伤的重压下，记忆痕迹的碎片再次出现[16]。

时尚与变革息息相关，可以表达不稳定性和衰败之感，但它也同样可以上演"成为"新的社会和性别身份的虚伪表演[17]。本书的重点之一就是对比愤世嫉俗、故作颓废的时尚和富有热情、充满希望的时尚。如果说 20 世纪晚期的时尚意象阴暗而无望，那可能是因为它标志着当代人渴望在快速变化时期绘制新的社会身份，也反映了人们对死亡和衰败的焦虑。在奢华设计的光鲜收场中，90 年代的时尚风格传递着人们对文化连续性、身体和死亡的关切，这一点在国际时尚界的"大玩家"和全球品牌中尤其明显。但是只有少数设计师的作品表达了文化的不连续性，

12 . Gilles Lipovetsky, *The Empire of Fashion: Dressing Modern Democracy*, trans. Catherine Porter, Princeton University Press, 1994 [1987]: 149.
13 . Anthony Giddens, *Modernity and Self-Identity: Self and Society in the Late Modern Age*, Polity Press, Cambridge, 1991.
14 . Michel Foucault, The History of Sexuality, *Volume Two: The Uses of Pleasure*, trans. Robert Hurley, Pantheon, New York, 1985 [1984].
15 . Nicholas Abraham and Maria Torok, *The Shell and the Kernel*, vol. I, trans. and intro. by Nicolas T. Rand, University of Chicago Press, Chicago and London, 1994: I.
16 . For 'neurasthenia' see Georg Simmel, 'The Metropolis and Mental Life' [1903] in *On Individuality and Social Forms*, ed. and with an intro. by Donald. N. Levine, University of Chicago Press, 1971. For 'shock' see Walter Benjamin, 'On Some Motifs in Baudelaire' [1939] in *Illuminations*, trans. Harry Zohn, Fontana/Collins, London 1973 [1955]. For 'trauma' see, e.g., Hal Foster, *The Return of the Real: The Avant Garde at the End of the Century*, MIT Press, Cambridge, Mass., and London, 1996. For 'wound culture' see Mark Seltzer, *Serial Killers: Death and Life in America's Wound Culture*, Routledge, New York and London, 1998.
17 . 20 世纪后期，一批文化理论家提出了性别的反本质主义模式，他们认为这种模式在文化中形成。例如，20 世纪 80 年代末，女权主义批评家重新审视了 1929 年精神分析学家琼·瑞维尔（Joan Riviere）关于女性身份是一种伪装形式的讨论，并以此作为女性权力控制形象的典型代表。在 1990 年和 1993 年，朱迪斯·巴特勒（Judith Butler）提出性别身份是"扮演的"，也就是说，性别不是本体论上先天存在的，而是通过日常的重复行为不断创造和再创造产生的。参见 Joan Riviere，'Womanliness as a Masquerade' [1929], repr. in V. Burgin, J. Donald, C. Kaplan (eds), *Formations of Fantasy*, Routledge, 1989. Emily Apter, 'Masquerade', in Elizabeth Wright, *Feminism and Psychoanalysis: A Critical Dictionary*, Basil Blackwell, Oxford and Cambridge, Mass., 1992. Judith Butler, *Gender Trouble: Feminism and the Subversion of Identity*, Routledge, New York and London, 1990. Judith Butler, *Bodies that Matter: On the Discursive Limits of "Sex"*, Routledge, London and New York, 1993.

将"消极"的思想转化为具有批判性和质疑性的设计。他们不是法国、意大利或美国人，大多数来自日本、荷兰、比利时或英国。这些国家的时尚环境商业化程度较低，新的思想逐渐形成、发展和传播。许多90年代的设计师认为时尚不应该只是虚饰的、愉悦的图像，时尚理应探索人类的情感和体验，对他们来说，时尚无疑是研究现代生活复杂性的最佳场所。在对当代艺术和时尚的审视与实验中，时尚涌现出了新的面貌，其中有些黯淡压抑，有些则耀眼动人。

从古到今 SEGUEING BETWEEN PAST AND PRESENT

本书主要着眼于20世纪90年代，但同时也论证了从17世纪欧洲重商资本主义的兴起，到19世纪工业化城市中商品文化消费的加速，当代情感与早期现代性的呼应关系。在研究当代时尚的过程中，我比较了当代与欧洲历史上其他的不稳定时期，并引用历史时期的意象来解释当下。

尽管有所保留，我还是依赖于有时存在问题的、也许被过度使用的现代性概念。[18] 在社会科学与人文传统之间，现代性的定义往往自相矛盾。一些历史学家用它来表示16世纪中叶以来发生在欧洲巨大的社会文化变化，他们用现代性的观念分析工业资本主义社会，认为这是与旧社会制度的一种决裂形式。[19] 在社会学家马克斯·韦伯（Max Weber）看来，资本主义的起源在于新教伦理，它的主旨是现代化和理性化以及更重要的两者的交融。[20] 这种交融是本书的重要假设，即相互对立的两面——比如绝望与乐观、美丽与恐怖、时尚和死亡之间——有着密切联系，这些联系即本书的主旨，它们正是本书所讨论的时尚和摄影类型。丽贝卡·阿诺德（Rebecca Arnold）认为，现代时尚的本质就是自相矛盾。它既表现了"对未来的希望，也展示了对未来的威胁……揭示了我们的欲望和焦虑……人们将风格服饰作为自我创造的途径建构身份，但最终却走向自我毁灭。"[21]

我沿用马歇尔·伯曼（Marshall Berman）的"现代性"（modernity）一词，它是"现代化"（modernisation）、现代性和现代主义（modernism）三个术语之一。[22] "现代化"指的是科学、技术、工业、经济和政治创新的过程，在它的影响下城市、社会和艺术逐渐发展。"现代性"是指现代化渗透人们的日常生活和各种情感的方式，我用它来代指19世纪末工业化引起的情感和经验的变化，这是伯曼的现代化"第二阶段"。而"现代主义"则是指20世纪初叶，以某种方式回应或代表了

18 . Wilson, *Adorned in Dreams*, 63, 讨论了现代时尚的一种分析方法——现代性概念的优点和缺陷。

19 . Bryan S. Turner (ed.), *Theories of Modernity and Postmodernity*, Sage, London, Newbury Park and New Delhi, 1990, discusses the major debates and cites key texts.

20 . See Bryan S. Turner, 'Periodization and Politics in the Postmodern', in ibid: 1-13.

21 . Rebecca Arnold, Fashion, *Desire and Anxiety: Image and Morality in the Twentieth Century*, I. B. Tauris, London and New York, 2001: xiv.

22 . Marshall Berman, *All That is Solid Melts into Air: The Experience of Modernity*, Verso, London, 1983: 16-17. For a critique of Berman's periodisation, see Peter Osborne, 'Modernity is a Qualitative, Not a Chronological Catagory', *New Left Review*, 92, 1992: 67-68.

这些情感和经验变化的先锋艺术运动浪潮。[23]1863 年，波德莱尔将 19 世纪巴黎的现代性经验描述为"朝生暮死，亡命天涯，充满偶然"。[24] 波德莱尔的"现代性"注入了 20 世纪晚期许多关于城市的描述，城市成为不断变幻、不可预测的空间。本书的主题之一"现代性"，正是波德莱尔、西美尔和本雅明所论述的现代性。

1903 年，西美尔着眼于时尚与现代生活的碎片化，讨论了神经衰弱（neurasthenia），即大都市的发展带来的过度刺激和神经兴奋。[25] 他将时尚与中产阶级和城市、日常用品的风格化（对他来说是德国新艺术运动）联系在一起，剖析了艺术、时尚和消费文化之间的密切关系。这在 20 世纪 90 年代再次成为热门话题，川久保玲（此处原文是她的品牌名 Comme des Garçons）、马丁·马吉拉、维克托和罗尔夫（Viktor & Rolf, 两位长期合作的设计师维克托·霍斯延与罗尔夫·斯诺伦）的设计都有所体现。1939 年，瓦尔特·本雅明描述了一种经验结构的变化，在这种变化中，现代生活产生了剧烈的震荡和错位，正如世纪末许多后现代经验。本雅明引用波德莱尔的描述，人群是"蓄电池"，陷入其中的人是"一个装备着意识的万花筒"。[26] 城市与电话、相机、交通和广告的相遇被看作是"一系列的冲击和碰撞"，现代性的断裂和混乱的体验，在早期现代主义电影的蒙太奇中得到印证。

尤里奇·雷曼（Ulrich Lehmann）指出，法语中时尚和现代性的词源相同。[27] 在众多书写现代性的作家中，只有雷曼和伊丽莎白·威尔逊将时尚置于论述的中心，讨论时尚在现代性中的作用。两位学者都肯定了 19 世纪现代性与现在的持续相关性，雷曼展开了广义上的分析，威尔逊则论述得较为具体。[28]1985 年，威尔逊准确地指出现代城市的不和谐时刻是 20 世纪时尚风格的关键。"时尚主义的神经质和夸张"表达了"不断碰撞的活力、对变革的渴望，以及作为城市社会特征更强烈的感觉，尤其是现代工业资本主义的特征，这一切构成了这种'现代性'"。[29] 她认为，18 世纪末至 19 世纪初的浪漫主义运动是对科学进步和"工业主义黑暗的撒旦工厂"的早期反应。[30] 与其他现代作家不同，威尔逊追溯了时尚历史与当代的联系，将浪漫主义与她写作的当下（20 世纪 80 年代）进行了比较，她认为两个时期都强调了技术发展时期的个性。威尔逊将 1985 年的后现代时尚描述为"我们文化中最具幻觉性的一面，它混淆了真实与不真实的界限，痴迷于审美，是没

23 . 这些术语具有概括性，掩盖了它们自身定义和彼此区分的实际难度，尤其在现代性和现代主义之间。丽莎·提克纳（Lisa Tickner）对此进行了充分讨论，并收集了许多相关资料，参见 'Afterword: Modernism and Modernity' in *Modern Lives and Modern Subjects*, Yale University Press, New Haven and London, 2000: 184-214. 正如她指出的，这种区别催生出了跨学科期刊：*Modernism/Modernity*, Johns Hopkins University Press. For another overview, with bibliographic references, also cited by Tickner, see Terry Smith in *The Dictionary of Art*, Macmillan, London, 1996, vol. 21: 775-9. 该主题也有大量的设计史著作，比如：Paul Greenhalgh (ed.), *Modernism in Design*, Reaktion Books, London, 1990, and John Thakara (ed.), *Design After Modernism: Beyond the Object*, Thames & Hudson, London, 1988.
24 . Charles Baudelaire, 'The Painter of Modem Life', *The Painter of Modern Life and Other Essays*, trans. Jonathan Mayne, Phaidon, London, 1995 [1964]: 12.
25 . Simmel, 'Metropolis and Mental Life'.
26 . Walter Benjamin, 'On Some Motifs in Baudelaire': 177.
27 . Ulrich Lehmann, *Tigersprung: Fashion in Modernity*, MIT Press, Cambridge, Mass., and London, 2000: xv and 5-19. Also xx: 'essentially, *la modernité* equals *la mode* because it was sartorial fashion that made modernity aware of its constant urge and necessity to quote from itself.'
28 . 同上：401。
29 . Wilson, *Adorned*: 10.
30 . 同上：61。

有悲伤的病态，没有欢乐的讽刺，它虚无地批判权威，空谈反抗却回避政治。"[31]

尽管从 20 世纪 80 年代起，许多学者将后现代主义视为一个区别现在与过去的绝对割裂的时刻，但威尔逊的分析表明，现在与过去的不稳定时刻息息相关，这种不稳定时刻已经以当代方式重新出现。也许人们可以把 20 世纪末和 21 世纪初的状态称为"新浪漫主义"（neo-Romantic），它是对近期变化的快速反应。

与威尔逊和雷曼相同，我认为，当代时尚建立在 19 世纪的商业关系、城市化、技术发展以及相应的情感变化的基石之上。这些元素逐渐发展产生了种种差异，时尚继续与变化中的元素互动。尽管在 20 世纪，现代时尚生产模式和固有的传统理念已然变得不同，但现代时尚业和现代消费的许多特征仍然可以追溯到 18 世纪和 19 世纪，甚至更早。然而，我的目的并不是通过追溯欧洲文化来描绘西方时尚与现代性之间联系的精确结构谱系。这样的想法也会构建一段线性的历史，在某种意义上，这与我的研究背道而驰。我借鉴了本雅明对时尚的隐喻——"虎跃"（tigersprung），雷曼的时尚和现代性著作正以此命名。本书还引用了本雅明的辩证意象概念，将 19 世纪消费者爆增的壮观现象与 20 世纪后期的时装秀对照，论证历史如何表达现代焦虑和经验，并在当下产生共鸣。参考本雅明对城市空间和时间的分析，历史在此成为一座迷宫。

本雅明曾描述了他如何绘制迷宫般的生活图景。[32] 在迷宫的历史隐喻中，历史影像与当代影像并置。迷宫向自身延伸时，最现代的部分也被揭示，它们与最古老的部分密切相关。遥远的时间点在特定的时刻近在咫尺，历史与当代的路径彼此接近。尽管不是重复，但当设计师们沉浸在过去的主题中时，后工业现代性仍然萦绕着他们。[33] 这些过去的痕迹在如今就像被压抑者的回归，时尚设计师唤醒了这些现代性的幽灵，为我们提供了一个不同于历史学家的范式。他们将过去的碎片与当代之物重新混合，让它们继续在未来产生共鸣，映射着我们当今的生活方式与时尚主题的意义。

20 世纪最后 30 年通信和信息技术的发展，尤其是最后 10 年中的剧烈变化所产生的社会关系变动仍有待量化。快速的技术变革改变了人们体验世界的方式，我们的社会关系、我们居住和理解城市的方式都不同以往，城市生活也更有意义。意义似乎经常改变一些事物的表象，而时装正是现代生活不稳定性和偶然性的意义表征。[34] 本书中的许多时尚设计师都直观地描绘了早期历史中混乱动荡的景象，希望以此诠释当前的问题。不论是文艺复兴和巴洛克的意象复归，还是 19 世纪消费奇观的重新呈现，都表明我们目前正处于与 16、17 和 19 世纪同样重要的资本主义过渡阶段。[35] 肯·蒙太古（Ken Montague）也认为这两个时期与现代性和时尚

31 ．同注释 30：63。
32 ．alter Benjamin, 'A Berlin Chronicle' in *One Way Street and Other Writings*, trans. Edmund Jephcott and Kingsley Shorter, intro, by Susan Sontag, Verso, London, 1985: 318-319.
33 ．此处之所以选择"后工业现代性"这个术语，而不是"后现代性"，我将第 12 章中展开讨论。
34 ．Mark M. Anderson, *Kafka's Clothes: Ornament and Aestheticism in the Hapsburg Fin de Siecle*, Clarendon Press, Oxford, 1992: 13.
35 ．Anthony Giddens, *Runaway World: How Globalisation is Reshaping Our Lives*, Profile Books, London, 1999, based on the Reith Lectures Giddens delivered for the BBC in 1999.

有关，他认为"维多利亚时代的资本主义试图在自己的生产、监测和交换体系中描绘出一个具有稳定性、生物性、种族性和差异性的世界。"这正在加速从文艺复兴时期开始的"符号和代码的不稳定性和流动性"。[36] 在整个 20 世纪，这种符号和代码的不稳定性呈指数级增长。先是通过印刷，后来是通过电子媒体。蒙太古的论点也表明，19 世纪的加速消费和当下的消费之间有相似之处，并且两者都起源于 15 世纪和 16 世纪。[37]

我并不主张草率地将过去和现在画上等号。相反，我有意识地选取一些历史案例，（事实上，我也曾轻易地将 18 世纪和 20 世纪 40 年代的图像混为一谈），这些案例有助于我们理解当下的时尚。例如，当我们将约翰·加利亚诺的裙子与 19 世纪末 20 世纪初之交的鞋面进行比较时，两者的视觉联系表明，当下有趣的事物也在过去留有痕迹。如果我选择更关注某一特定时期的当代联系，不是因为我对不同时期之间的相似性提出了更广泛的历史主张，而是因为，设计师从过去特定时期中获得的经验，提醒我们关注眼下的问题。当设计师回顾这些时期时，他们只是提供了一些有趣的实例，这些实例将历史的当代用语变得具体化。因此，"虎跃"和"辩证意象"其实是描绘当代而非过去的工具。如果说 20 世纪后期时尚景观的荒唐和戏谑风格与 20 世纪早期有相似之处的话，那么这本身并不意味一种沿袭。迷宫式的回归同样可以使两个历史时刻靠近，正如卡尔文·克莱恩（Calvin Klein）和唐纳·卡兰（Donna Karan）运用美国时尚的流线型优雅，唤起了现代主义的美学追求。[38]

显然存在一种极具风险的解释形式，它能够不负责任地跨越几个世纪，在当下构建意义。[39] 例如，如果把第 9 章中的 20 世纪晚期死亡象征的比喻理解为 17 世纪的，二者在风格上有许多相似之处，会令人理解错误。也许在 20 世纪 90 年代，死亡、腐朽和玩忽职守的形象更多地代表了易变性而非死亡。它们勾画了一种当代意义上的多变性、不稳定性和不确定性，这种变化与死亡本身关系并不密切，而是技术和社会的迅速转型的产物。从 20 世纪 80 年代后期起，20 世纪后期信息革命的影响速度更快、力量更强。但和 16 世纪一样，20 世纪 90 年代，技术和文化的突变否定了旧的确定性，却没有预示新的确定性，于是人们运用死亡的历史意象表达一种当代的短暂无常之感。乔纳森·多利莫尔认为，专注于易变性的文化是一种转型文化，它改变了一切固定的存在。[40] 乔纳森·多利莫尔列举了 16 世纪的一些案例来解释这个观点，这些案例都蕴含着由错位和衰败而生的情感，从

36 . Ken Montague, 'The Aesthetics of Hygiene: Aesthetic Dress, Modernity and the Body as Sign', *Journal of Design History*, vol. 7, no. 2, 1994: 96.

37 . See, e.g., Lisa Jardine, *Worldly Goods*, Macmillan, London, 1996.

38 . For an analysis of a specific aspect of the American look see Rebecca Arnold, 'Looking American: Louise Dahl-Wolfe's Fashion Photographs of the 1930s and 1940s', Fashion Theory, vol. 6, issue i, March 2002, 45-60; and for the development of this look in late twentieth-century fashion, see Rebecca Arnold, 'Luxury and Restraint: Minimalism in 1990s' Fashion', in Nicola White and Ian Griffiths (eds), The Fashion Business: Theory, Practice, Image, Berg, Oxford and New York, 2000: 167-181.

39 . John Tosh, *The Pursuit of History: Aims, Methods and New Directions in the Study of Modern History*, Pearson, London, 3rd ed. 2000: 24-25.

40 . Dollimore, *Death, Desire and Loss*: 68.

发明时钟确定机械的时间，到哥白尼、开普勒和伽利略的思想，这些科学成果无限地扩展了可变性的概念，一种哲学、神学和文学的信念诞生了，即宇宙始终处于衰落和腐朽的状态。[41] 尽管在阶级社会、早期现代社会和大众化的晚期现代社会之间存在着规模和意义上的差异，但人们仍旧可以由此推论新技术对当代情感体验的影响。从 20 世纪 80 年代开始，索尼随身听、移动电话、闭路电视摄像机、电子邮件、视频、新的医学成像技术以及其他技术革新，都改变了当代人对空间、时间与身体的体验，一些人感到兴奋雀跃，而另一些则更为不稳定性忧心。[42]

拾荒 RAGPICKING

20 世纪后期的时尚以特定的形式回归早期的现代性时刻，这并不意味着过去等同于现在，而是说过去和现在之间的视觉联系揭示了当下的一些有趣的内容，这些内容同时也呼应了历史。除非篡改历史，否则历史学家很难说明过去和现在之间的联系，但时尚设计师则可以对此进行视觉呈现。正是经由这种自由，时尚才能建构当代意义。在探索这一现象的过程中，我参考了许多历史资料和案例，但这本书并不是对过去或现在的历史记录，而是将某些特定时刻的特定方面作为研究的案例加以分析。这种方法就是历史的拾荒者，和现在的许多时尚作家一样，我的大部分文章也受到了本雅明著作的影响。[43]

本书提及的设计师的作品在过去、现在和想象的未来之间存在一种迷宫式相关性，这与线性的历史思维不同，他们的设计方法更接近本雅明"拱廊计划"项目中强调的 19 世纪拾荒者。"这种研究方法：文学蒙太奇。我无法去说，只是去展示。我不采纳任何智者的精当阐释，不猎取任何瑰丽的珍宝，而是去拾取那些破布、垃圾——不描述只陈列。"[44]

拾荒，可以用来形容时尚设计师的创作方法，也是文化历史学家思考当今时尚的有效工具。两种时间在迷宫中融合，为文化历史学家提供了一种方法，用以分析 20 世纪后期以 19 世纪资本主义为背景的实验性时装设计。当代时尚聚焦于不稳定性和易变性的主题，选择了能够在当下产生共鸣的过去意象。时尚意象具有符号学意义上的不稳定性，并通过破坏传统历史、背离连贯叙事思维的方式进一步巩固自身的不稳定性。根据当下的情况重新讨论过去的意象，正是米歇尔·福柯和瓦尔特·本雅明的理论重点。

对福柯来说，历史的断层和破裂，有助于揭示随时间推移的直接因果关系。所有的历史都是从现在的角度书写的，也就是说，现在的人研究的主题具有历史性。因为现在永远在变，所以必须不断地重新看待过去；而过去也会因现在的新

41 . 同注释 40: 77。
42 . See e.g. TizianaTerranova, 'Posthuman Unbounded: Artificial Evolution and High-Tech Subcultures', in George Robertson et al. (eds), *Future Natural: Nature, Science, Culture*, Routledge, London and New York, 1996: 165-180.
43 . 雷曼的《虎跃》讨论了本雅明的历史方法对时尚写作的作用。See also Ulrich Lehmann, '*Tigersprung* Fashioning History', *Fashion Theory*, vol. 3, issue 3, September 1999: 297-322.
44 . Walter Benjamin, The *Arcades Project*, trans. Howard Eiland and Kevin McLaughlin, Belknap Press of Harvard University Press, Cambridge, Mass., and London, 1999: 860.

事件具有新的意义。这就是"谱系学"——根据现在关注的问题写就的历史。[45]
这与服装设计的实际过程非常相似，它揭示了过去和现在之间复杂的历史联系。
在这样的时装系列中，过去的碎片和痕迹在当下回响。福柯的"谱系学"思想是
根据当前关注的问题而写作历史，反过来讲，也可以用历史碎片发现过去的痕迹
来分析当下。本书寻找过去的痕迹在当下的视觉表达，以此探索这种时间的替续。
拉斐尔·塞缪尔（Raphael Samuel）的《记忆剧场》（*Theatres of Memory*）论述了这样
一种观点：物体是情感的载体，是过去的痕迹以及从其他时代到现在的话语的载
体。[46]艺术家约瑟夫·博伊斯（Joseph Beuys）将毛毡和油脂作为创作材料隐喻着幸
存，烙印着过去的痕迹。[47]当代时尚影像通过这种方式成为意义的承载者，因此，
它们既可以延伸到过去，又能够探索到未来；它们不仅留下文献或记录，还有丰
富的原始资料，它们产生新的思想和意义，并将话语延伸至未来。最终，它们或
在意义链中占据一席之地，或成为能指的传递，而不会成为线性历史的最终产物。

　　本雅明"拱廊计划"中的概念"痕迹"可以用于一种新的文化分析方法，这
种方法相较于历史学家的传统方法，更为琐碎、不连贯。在历史学家的文化分析
中，时尚历史学家和设计师都是 19 世纪城市中的拾荒者，[48]历史的碎片或痕迹可
以解释当下。本雅明用"痕迹"这个词来描述中产阶级的华丽内饰或天鹅绒衬里
上的化石（商品）留存下来的印记。[49]历史在此变成了以历史痕迹为线索的侦探
小说。[50]收藏家、拾荒者和侦探在本雅明的风景中游走。因此，历史学家的方法
和设计师的方法一样，类似那些在城市中四处游荡的拾荒者。欧文·沃尔法思（Irving
Wohlfarth）认为，作为"历史垃圾"的收集者，拾荒者就是匿名作者："历史学家
把 19 世纪的残羹剩饭随意地放到 20 世纪的门槛上。"[51]最终一层薄纱产生了，它
并不是碎片，而是一种具有自我概念的死亡面具。这位衣衫褴褛的历史学家是莎
士比亚掘墓人的堂兄弟，即"中产阶级的掘墓人"。[52]事实上，我运用的分析方法
进行的文化拾荒，不亚于 20 世纪 80 年代以后伦敦设计师们的浮华美学，也足以
象征一种现代性。

　　在这一过程中，过去和现在的区别隔阂几乎被打破。同样地，时尚不断坍塌
成过时，然后将当下重新组合转变成过去，有一天它又将搜寻新的主题再次复现。
现代时尚设计师翻遍了历史衣柜中的旧衣服，重新利用旧的意象，就像 19 世纪的
拾荒者捡拾回收材料。本书也是这样梳理了过去的意象，检查并重新诠释了当下
的意象。在这里，我假设历史学家和设计师之间是对等的。但是，也许设计师是

45　. Michel Foucault, *The Order of Things: An Archaeology of the Human Sciences*, trans. A. M. Sheridan-Smith, Vintage, New York, 1973 [1966]; Michel Foucault, *The Archaeology of Knowledge*, trans. A. M. Sheridan-Smith, Tavistock, London, 1974 [1969].

46　. Raphael Samuel, *Theatres of Memory: Past and Present in Contemporary Culture*, Verso, London 1994.

47　. Caroline Tisdall, *Joseph Beuys*, Soloman R. Guggenheim Foundation, New York, 1979: 7.

48　. For an account of the historian as ragpicker see Irving Wohlfarth, 'Et cetera? The Historian as Chiffonier', *New German Critique*, no. 39, Fall 1986 142-168.

49　. Susan Buck-Morss, *The Dialectics of Seeing: Walter Benjamin and the Arcades Project*, MIT Press, Cambridge, Mass., and London, 1991: 211.

50　. Also, on the similarities between psychoanalytic method and the detective story, seeCarlo Ginsburg, 'Morelli, Freud and SherlockHolmes: Clues and Scientific Method', *HistoryWorkshop Journal*, vol. 9, Spring 1980: 5-36.

51　. Wolfarth, 'Et cetera?': 146.

52　. 同上：157。

一个更称职的文化拾荒者。斯蒂芬·格林布拉特（Stephen Greenblatt）论述了一种"与死者对话"的历史方法——死者自己留下文本痕迹。[53] 他因倾向于"文化诗学"而不是霍华德·费尔普林（Howard Felperin）的"文化唯物主义"而受到责难，格雷姆·霍德尼斯（Graham Holderness）认为格林布拉特的方法更能反映我们当下关注的问题。[54] 虽然这样的文化批评完全可以由历史学家完成，但设计师的任务是用自由、诗意和幽灵来表达当代思想。[55] 我完全没有运用正确的文化唯物主义思维描述当代时尚历史，而是将过去的痕迹编织成一个新的故事来照亮当下的作品。这种文化批评方法不仅仅是少数设计师作品的解释工具。它更拓展了这些设计师作品的内涵和外延——碎片化的、偶发的和象征性的——帮助我们理解当代文化及其关注点。

在 20 世纪，本雅明漫游在中世纪、宗教改革和 19 世纪的历史档案之间。从中他看到的尽是哀恸衰落的景象。古代异教的衰落、"三十年战争"的创伤、第一次世界大战的痛苦和第二次世界大战的威胁，所有这些都使人们产生了一种转瞬即逝之感，用本雅明的话说，历史成为了一个荒凉的"骷髅之地"（place of skulls）。[56] 或许，本雅明在当时社会和个人生活中短暂的经历，使他较早地察觉到了类似的转瞬即逝之感。同样人们也可以认为，现代社会存在着短暂、无常和焦虑感，导致时尚有了过去意象的复现。

我希望这场历史漫游能够产生意料之外的新联系，通过书写短暂之物、影像和痕迹，唤起历史的诗学，而不是厚重的史学。雅克·德里达（Jacques Derrida）将无人居住或人迹罕至的城市的建筑称为"被自然或艺术摧毁得只剩下骨架"，这是"一个充满意义和文化的城市"，城市无法在这种闹鬼的状态下回归自然。[57] 德里达将城市比喻为骨架，20 世纪后期的时尚可以像这些建筑一样，不再中立，具有实验性的结构，成为思想和历史的骨架。从当代时尚的角度回顾历史，就像本雅明笔下的历史新天使被吹向了未来。随着时间的流逝，历史成为挥之不去的阴影，使自然远离被摧毁的城市，由此，我们得以将历史的骨架重塑为思想的脊梁。

53 . Stephen Greenblatt, *Renaissance Self-Fashioning: From More to Shakespeare*, University of Chicago Press, 1980. See also Ann Rosalind Jones and Peter Stallybrass, *Renaissance Clothing and the Materials of Memory*, Cambridge University Press, 2000.

54 . See essays by Howard Felperin and Graham Holderness in Francis Barker, Peter Hulme and Margaret Iverson (eds), *Uses of History*, Manchester University Press, 1991.

55 . Leila Zenderland (ed.), *Recycling the Past: Popular Uses of American History*, University of Pennsylvania Press, Philadelphia, 1978: viii.

56 . Buck-Morss, Dialectics of Seeing. 169-170.

57 . Jacques Derrida, Writing and Difference, quoted in Aldo Rossi, *The Architecture of the City*, MIT Press, Cambridge, Mass., and London, 1982:3.

1. History 历史

1. 对页＿奥利维尔·泰斯金斯，"黑暗之旅"，1997 年（限量版），造型：奥利维尔·泰斯金斯，摄影：雷·库克罗普斯（Les Cyclopes），图片提供：奥利维尔·泰斯金斯

在奥斯威辛集中营解放 50 周年之际，两名光头青年身穿带着编码的条纹睡衣漫步在巴黎的时装秀上。这是 Comme des Garçons 1995 春夏男装系列时装秀，名为"睡眠"（Sleep）。然而，由于敏感的时间点和类似集中营制服的款式，该系列饱受批评。失望的设计师川久保玲将其下架，并声称二者之间的相似性实属偶然。五年半之后，2000 年 3 月，比利时设计师马丁·马吉拉在巴黎的法国国家铁路车站展出了 2000/2001 秋冬系列。有座位票的观众被带到停靠的火车上，在迪斯科球的绚烂灯光中观看模特们在车厢里走秀，而拿着站票的观众只能在寒冷的站台上等候，他们透过肮脏的门窗，看到的不仅是走秀的模特，还有坐在车厢里的客人，这些人也成为一种景观。根据极具影响力的商业杂志《女装日报》（Women's Wear Daily）的报道，这一场景让人联想到希特勒的死亡列车。文章写道，"历史性的创伤令人难以思考《苏菲的抉择》（Sophie's Choice）"。它还指出，一些观众将时装秀表演理解为对苏联解体的隐喻。随后杂志又报道了马吉拉对这些看法的坚决否认："我们毫不惊讶并且完全相信专业记者和买家会认同这种想法，他们会来看秀，然后抱怨自己离舞台的距离太远了或者光线太暗了看不清楚表演的服装。"[01]

这一类主题往往出现在一些先锋设计师的作品中，比如川久保玲和马吉拉，人们往往期待他们创作具有创新性和争议性的作品，但同时，更多的主流设计师作品中也有类似的主题。学者乔安妮·芬克斯坦（Joanne Finkelstein）于 1996 年出版了《时尚之后》（After a Fashion）一书，书中描述了法国品牌 Jean-Louis Scherrer 在 1995 年时装系列中使用的纳粹标志，以及意大利黑手党谋杀案发生之际，意大利品牌 Dolce & Gabbana 设计中的美国黑帮图案。芬克斯坦认为："这些设计都是对欧洲法西斯主义、贫穷、混乱和暴力的指涉，不仅包含了波斯尼亚和更远的东部的无声之战，还涉及日益壮大的下层阶级，这些存在都是国际媒体眼中难以容忍的老茧。"[02] 史蒂文·梅塞（Steven Meisel）1995 年为意大利 Uomo Vogue 杂志拍摄的内衣作品，因其影射了饮食失调和滥用毒品而受到广泛批评，尤其是美国媒体。但在欧洲人看来，摄影中的意象也许更接近 1992 年新闻照片上的景象，即在波斯尼亚奥马尔斯卡集中营中严重营养不良的穆斯林难民，那里的景象被比作纳粹的死亡集中营。

1999 年底，英国小说家 J. G. 巴拉德（J. G. Ballard）回顾了世纪之交：

我怀疑，在短短的几年内，20 世纪的恐怖和腐败将遭受广泛抗议。尽管科学和技术取得了巨大进步，但这似乎是一个野蛮的时代。我的孙子们都不到 4 岁，这是第一代，他们对本世纪没有任何记忆，当他们了解这些事情的时候可能会感到震惊。对于他们来说，我们堕落的娱乐文化和享乐主义将与奥斯威辛和广岛有着千丝万缕的联系，尽管我们永远都不会将它们联系起来。[03]

01 . 'Margiela's Mistake', Women's Wear Daily, 6 March 2000.
02 . Joanne Finkelstein, After a Fashion, Melbourne University Press, 1996: 3.
03 . J.G. Ballard, 'Diary', New Statesman, 20 December 1999-3 January 2000: 9.

2. 对页 _ 华特·范·贝伦东克,"美学恐怖分子",1999 春夏系列,化妆: 英奇·格林尼亚 (Inge Grognard),摄影: 罗纳德·斯托普 (Ronald Stoops),图片提供: 华特·范·贝伦东克

在巴拉德的评述中,在 20 世纪国家控制的死亡暴行中,恐怖、堕落与本世纪的娱乐文化和享乐主义之间存在着密不可分的联系。在本书中,我并不赞同巴拉德对流行文化的谴责态度,我的目的是仔细审视时尚与抵触时尚的旧观念之间对立的张力。巴拉德认为我们自己永远不会建立的联系,实际上已经在本世纪末一系列时装设计师的作品中自觉而有意识地建立起来了,这些作品融合了完美和腐朽,吸引人们关注美与恐怖交织的魅力。这些联系往往通过借鉴历史设计建立起来,特别是在一些不太主流的商业设计师的作品中,比如奥利维尔·泰斯金斯(Olivier Theyskens),在他们的手中,20 世纪 90 年代的时尚痴迷于复兴过去的哥特风(图1)。尽管时尚是一个致力于创新的舞台,甚至可以说时尚痴迷于新奇事物,但在这些设计师的作品中,过去的意象不断渗透、侵入当下的时尚,进入裂缝之中,并在"新"的领域里殖民。华特·范·贝伦东克(Walter van Beirendonck)拍摄了"美学恐怖分子"(Aesthetic Terrorists)系列中的一件作品,模特在 18 世纪连衣裙里面穿了一件潦草涂鸦的 T 恤,她惨白的肤色映衬着死灰色的裙子、凌乱扎起的头发、虚弱的手臂和沮丧的表情,相比之下,T 恤的荧光图案显得更有生机和活力(图 2)。在这个时期许多创新设计师的作品中,最现代的东西本身就是最古老的,借用琳达·尼德(Lynda Nead)在其他语境中的话,过去"扰乱、动摇了现代的信心"。[04] 尼德把现代性的概念发展成与自身历史存在条件进行的危急对话,因此"现代"永远不能与过去划清界限。而"现代性可以理解为一套深刻且必然与过去的建构有关的历史话语和过程"。[05] 因此,时尚,虽然表面上是创新的典范,但实际上却被其产生的历史条件所束缚,这一点在很多设计师的作品中得到了印证。图 1 和图 2 都显示了这种与过去的"对话"。尼德用褶皱的手帕来比喻历史时间在设计品中倒转折叠的方式。在图 2 中,充满活力的现代 T 恤与褪色、黯淡的历史服装交叠在一起,这一形象就是一个历史时间的集合,用米歇尔·塞尔(Michel Serres)的话说,它"揭示了一个褶皱的时间聚集时刻"。尼德褶皱手帕的比喻让人联想到折叠时间的拓扑学概念,即远处的点变得"接近甚至重叠",布上的褶皱让无联系的时期彼此接近。[06] 她认为,我们对时间的体验类似于褶皱的手帕,而不是熨烫后平整的手帕:"在这种情况下,现代性可以被想象成有褶皱的时间,它将过去、现在和未来交汇在一起,形成稳定又出人意料的联系,诞生了多元历史的产物。"[07] 褶皱的质地让人觉得陈旧,就像图 2 中那件 18 世纪时装黯淡、灰色的面料。这种纺织品的比喻似乎特别适用于时尚,不仅因为面料和身体都有内在和外在的可能性,还因为时尚自身混乱的历史活动、短暂的寿命,而且不停地拖曳旧时尚重新制造新时尚。

04 . Lynda Nead, *Victorian Babylon: People, Streets and Images in Nineteenth-Century London*, Yale University Press, New Haven and London, 2000: 8.
05 . 同上 : 7。
06 . Michel Serres cited in ibid: 8.
07 . 同上。

3. 对页 _ 奥利维尔·泰斯金斯，内衣：Visionaire 2000，造型：蕾蒂西娅·科雷海（Laetitia Crahay），摄影：雷·库克罗普斯，图片提供：奥利维尔·泰斯金斯

迷宫 LABYRINTH

20 世纪 90 年代历史意象的复现在许多时尚设计中占主导地位，这也是本书反复强调的一个主题。20 世纪 90 年代时尚界对历史主义的思考，使得一系列隐喻——褶皱的布料、迷宫、望远镜和虎跃——得以清晰地表达，并思考时尚时间及其运作方式。本雅明在 20 世纪 30 年代写道，"不能被现在辨认并关注的过去的意象都将无可挽回地消失。"[08] 随着 20 世纪 90 年代的发展，20 世纪后期的时尚在选择表达当代关注的历史意象时，有着更敏锐的洞察力。将历史时间比作迷宫的隐喻具有双重性，这种隐喻为理解 90 年代时尚中历史与现实的交织提供了一个模型。[09] 尤其是本雅明提出的"现代性考古学"（an archaeology of modernity）中的"现在时间"（jetztzeit）或"现时"（now-time）概念，似乎与当代时尚的历史回归有关。[10] 尽管时尚坚持创新性，但弗兰克·克默德所称的"与过去互补"的历史痕迹，从 20 世纪 90 年代就一直存在于诸多设计之中，构成了一幅"将过去和现在紧密交织的历史星图"。[11]

20 世纪后期设计师复兴的紧身胸衣外穿正是这种历史套叠的典型例子。[12]20 世纪 80 年代中期，它首次出现在维维安·韦斯特伍德和让 - 保罗·高缇耶的设计中。到了 90 年代，紧身胸衣无处不在，几乎所有主要的欧洲设计师都将其纳入了自己的设计，其中包括克里斯汀·拉克鲁瓦 （Christian Lacroix）的奢华保守主义；侯塞因·卡拉扬的实验性设计——flower press 紧身胸衣，它由樱桃木雕刻而成，两侧用镀铬螺钉固定；奥利维尔·泰斯金斯的紧身胸衣象征着 19 世纪的避难所和疯人院（图 3）；亚历山大·麦昆的紧身胸衣涵盖了吸血的蛇蝎美人和整形外科的颈托。从理想化、浪漫化到邪恶与焦虑，复古紧身胸衣的重新诠释唤起了人们对女性、景观、意象与历史的一系列思考。其中有些是美好或怀旧的，有些则是危险和恐怖的。紧身胸衣的象征意义是 20 世纪末时尚的缩影，它能够创造性地借鉴自身的过去为未来重塑意象，勾勒出个体身上相互矛盾的恐惧和欲望。[13] 这些历史复现共同构成了一系列例证，更为具体地证明了设计师可以将历史置于当下，在迷宫中追溯复杂的路线，使历史中分离的主题相互联系并经由不同的路线回到同一点。

1984 年，弗雷德里克·詹姆逊（Fredric Jameson）提出，当代视觉文化中的历

08 . Walter Benjamin, 'Theses on the Philosophy of History', Illuminations, trans. Harry Zohn, Fontana/Collins, London, 1973 [1955]: 257.

09 . 本雅明论述了迷宫与特定城市（纽约、莫斯科、柏林和巴黎）中城市空间的关系，并使用迷宫展开隐喻：迷宫是空间化的时间、记忆和自传。As well as the Arcades project, see 'Central Park', New German Critique, 34, Winter 1985 [1972]: 36; 'Moscow' and 'A Berlin Chronicle' in One Way Street and Other Writings, trans. Edmund Jephcott and Kingsley Shorter, intro, by Susan Sontag, Verso, London, 1985 [1970 and 1974]. 关于本雅明著作中迷宫隐喻的细微差别及其成为历史迷宫的方式，参见 Christine Buci-Glucksmann, Baroque Reason: The Aesthetics of Modernity, trans. Patrick Camiller, Sage, London, Thousand Oaks and New Delhi, 1994 [1984]: 84-85 and 93-94.

10 . For jetztzeit or the 'time of the now' see Benjamin, 'Theses on the Philosophy of History': 263 and 265. For the 'archeology of the modern' see Buci-Glucksman, Baroque Reason: 88-9.

11 . For the 'complementarity with the past' see Frank Kermode, The Sense of An Ending: Studies in the Theory of Fiction with a New Epilogue, Oxford University Press, 2000 [1966]. For the historical constellation, see Benjamin, 'Theses on the Philosophy of History': 265, and Buci-Glucksman, Baroque Reason: 108.

12 . On the revival of the corset in late twentieth-century fashion see Valerie Steele, The Corset: A Cultural History, Yale University Press, New Haven and London, 2001: 165-176. On revivals in general see Barbara Burman Baines, Fashion Revivals: From the Elizabethan Age to the Present Day, B. T. Batsford, London, 1981.

13 . "在 20 世纪末的最后几个十年里，紧身胸衣外穿成为消除性爱和身体恐惧的特效药。"：Rebecca Arnold, Fashion, Desire and Anxiety: Image and Morality in the Twentieth Century, I. B. Tauris, London, 2001: 66.

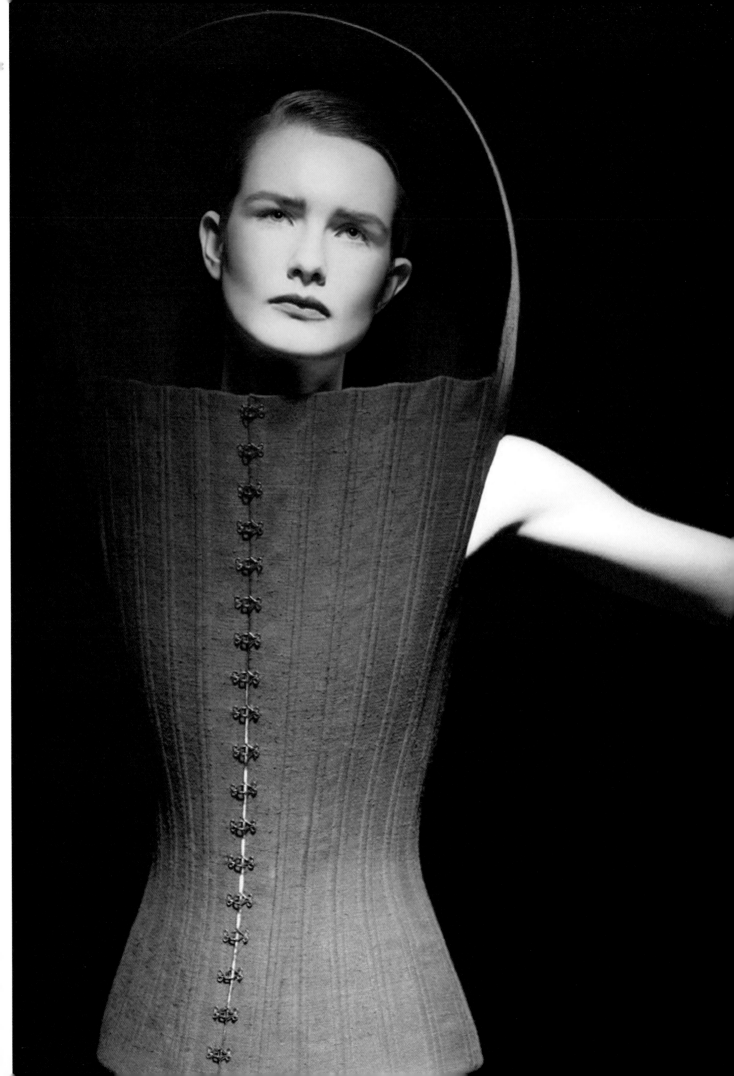

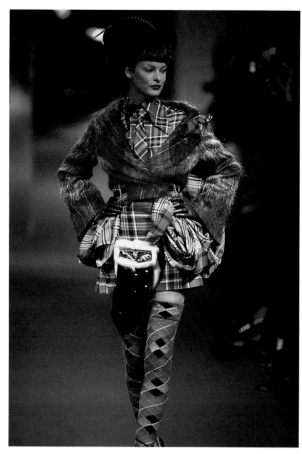

4. 维维安·韦斯特伍德，1992/1992 秋冬系列，摄影：
尼尔·麦肯纳利（Niall Mclnerney）

5. 维维安·韦斯特伍德，"英国狂"，1993/1994 秋冬系列，
摄影：尼尔·麦肯纳利

史正在被掠夺，一场后现代的狂欢应运而生，不断回归过去本身就是历史的死循环，历史失去了意义和价值，仅存于古装剧和奇幻剧之中。[14] 在这一分析中，时尚似乎是一种典型的后现代产物，从表面上看，20 世纪 80 年代的时尚证实了这一点。20 世纪 80 年代的后朋克伦敦出现了一种由设计师引领的复古风格，先是维维安·韦斯特伍德，然后是约翰·加利亚诺。20 世纪 70 年代后期，维维安·韦斯特伍德从 1979 年的海盗系列开始调用历史元素，她充分利用了 17 世纪的男式衬衫和 18 世纪的女式服装形成自己的风格。她将男裤的褶皱改造为女装的装饰物，将艳红色、朋克束带和 18 世纪胸衣融合在一起（图 4），这些富有争议的视觉游戏以当代的方式玩弄阶级和性别的意象，表达了对逝去贵族的怀旧与招魂。整个 20 世纪 80 年代和 90 年代初，韦斯特伍德继续引领时尚界大胆而猛烈地入侵历史元素，她将历史和文化视为一个化妆盒，用它重新创造出迷人惊艳的形象（图 5）。

与此同时，后朋克时代伦敦夜店的讽刺姿态产生了一种极端的自我风格，文化符号被重新组合，比如 20 世纪 80 年代中期雷夫·波维瑞（Leigh Bowery）和特洛伊（Trojan）的夜店造型和杂志造型（图 6）。他们通过自我展示进行创作，特洛伊割掉了半只耳朵，然后用口红涂满伤口，仿佛在模仿梵高。类似的群体

14 . Fredric Jameson, 'Postmodernism, or the Cultural Logic of Late Capitalism', *New Left Review*, vol. 146, 1984: 53-93. 这篇有影响力的论文作为詹姆逊著作的第一章重新面世，几乎未经修改。*Postmodernism, or the Cultural Logic of Late Capitalism*, Verso, London and New York, 1991. 但在随后的章节中，詹姆逊修改了 1984 年的对于后现代主义历史混杂并最终毫无意义的分析，用以论证学术写作中的"新历史主义"，并对美国文学和电影中的案例进行分析，针对过去或未来的再现，以及历史性的现在。他进一步论述，指出现代性的叠瓦成为了后现代性中的残迹或印痕（xvi）。倒数第二章，詹姆逊将历史小说和古装电影比喻成历史压抑的复返，这是我将在下一章中论述的，与让·米歇尔·拉伯特（Jean-Michel Rabatd）的概念——现代主义的"魂绕"有关。

呈现出一种城市拾荒者的状态，一些主要在 *i-D* 杂志上发表作品的慈善商店造型师，他们通过寻找文化碎片中的主题形成新的审美风格，再将它们收集、转化为新颖、先锋的杂志影像。这一时期英国夜店文化和亚文化的特征是修补匠的美学，这为巴黎的让 - 保罗·高缇耶、伦敦的韦斯特伍德和加利亚诺等设计师提供了新的设计思路，并在某种程度上解释了 20 世纪 80 年代拼贴混搭的风格。80 年代的伦敦都市影像是由街头潮流和时尚杂志定义、建立的，其中包括 *Blitz* 和 *i-D* "直白"的街头时尚摄影，以及 *The Face* 杂志。在不同程度上，这些杂志通过时尚新闻报道重新塑造了街头文化地理，这种报道风格既依赖于传统的时尚资讯，也依赖于街头和夜店掀起的创新热潮。这些杂志编辑能够将时尚风格映射到英国的不同城市，再通过出版物将其传播到全国各地。

　　拾荒美学为 20 世纪 90 年代时尚设计的复古风格奠定了基础，它"不准确地"掠夺过去的元素，创造了一种当代美学。这种历史复现是多层次的，不只是再现某个单一的时期。就像 90 年代的 DJ 一样，时装设计师们从各种各样的资料中取样、混合，创造出新事物，他们在历史的衣橱中翻找，去创作具有当代共鸣的时装。同样，音乐史也失去了线性发展的规律，DJ 与历史建立关系，并在收集、建档和混音的过程中进行修补与拼贴。[15] 当 20 世纪后期的设计师开始"重组"，将不同历史折叠交织时，时尚和文化史的进程也失去了线性秩序。

6. 大卫·昆内特（David Gwinnutt），雷夫·波维瑞和特洛伊，1984 年，摄影：大卫·昆内特

阴暗的回归 UNHAPPY RETURNS

本雅明分析了迷宫的隐喻，通过漫游者和妓女的意象具象化了迷宫的概念，克里斯蒂娜·布希 - 格鲁克斯曼（Christine Buci-Glucksmann）以此为基础进行了推论："影像从大城市的迷宫走向商品的迷宫，这绝不是历史的终极迷宫。"[16]20 世纪 90 年代，许多设计师在实验和传统作品中表现出近乎神经质的引用历史习惯。一方面，在 20 世纪 90 年代初期至中期，法国和意大利的一些设计师借鉴 16 世纪到 19 世纪的时装元素，创作了类似于复古礼服的时装系列，这些设计师包括卡尔·拉格斐（Karl Lagerfeld），詹尼·范思哲（Gianni Versace），克里斯汀·拉克鲁瓦，克里琪亚（Krizia），安娜·莫里那瑞 （Anna Molinari），杜嘉班纳和荷芙妮格（Herve Leger）。相反，一些英国、比利时和荷兰的设计师也使用了一些不华丽的历史元素，比如维维安·韦斯特伍德、约翰·加利亚诺、维克托和罗尔夫、奥利维尔·泰斯金斯、薇洛妮克·布兰奎诺（Veronique Branquinho）、罗伯特·卡里·威廉姆斯（Robert Cary Williams）、杰西卡·奥格登（Jessica Ogden）和雪莱·福克斯（Shelley Fox），他们的作品总是阴暗而不祥的。

　　时尚表现出对逝去历史的浪漫怀旧，这种趋势某种程度上可以归因于 20 世纪

15　. Ulf Poschardt, *DJ Culture*, trans. Shaun Whiteside, Quartet Books, London, 1998:16.
16　. Buci-Glucksmann, *Baroque Reason*: 93.

7. 罗伯特·卡里·威廉姆斯，1999/2000 秋冬系列，摄影：克里斯·摩尔（Chris Moore）

90 年代初的经济衰退。但是，英国、比利时和荷兰设计师们的复古更令人不安，这些设计并不是时尚中常见的优雅美丽的复古风格，而是更阴暗、更绝望的历史重现。韦斯特伍德的格子呢（图 5）唤起了 18 世纪的个性风潮，而亚历山大·麦昆的"高地强奸"（Highland Rape）系列（图 104）则再现了更艰难的时刻——18 世纪的雅各布派叛乱和麦昆称之为种族灭绝的 19 世纪高地屠杀。维克托和罗尔夫 1994 年的第二个系列包括同一款维多利亚时期白色纱裙的 20 个版本，他们对这些裙子进行了各种实验——砸在门上、切割、燃烧、染上污渍。1998 年奥利维尔·泰斯金斯在巴黎首次亮相，他用旧床单制成了一条爱德华七世时代的细亚麻裙，黑色舞会裙搭配着暗黑的紧身皮夹克仿佛在束缚模特。1997 年，他的同胞薇洛妮克·布兰奎诺首次再现了波希米亚风格的哥特式维多利亚时代。在伦敦，罗伯特·卡里·威廉姆斯的"维多利亚时代的车祸"（Victorian Car Crash）系列（1999/2000 秋冬）于 1999 年春季展出。空气中弥漫着从 T 台下冒出的浓重惨白的烟雾，用设计师的话说"这个系列的灵感是一位维多利亚时代的女性莫名其妙地出现在今天……她在车祸中幸存了下来，但衣服破损了。"[17] 乳胶、皮夹克、连衣裙和长裙被剪破，从身体上脱落；其他衣服则被完全剪掉，只留下拉链和缝线的架构。僵硬的肉色连衣裙留下了缝合的不规则褶皱；肉色的皮衣被撕成细褶和打结的线；一双似乎要变成蹄子的鞋叫"兽医马靴"。[18] 时装秀的压轴是一位身着长裙的新娘，新娘的礼服是黑色的而不是白色的，她头上戴着眼罩和黑色羽毛，就像维多利亚时代的丧葬马。

卡里·威廉姆斯的设计和风格（图 7）代表了许多年轻的时尚设计师、造型师和摄影师，他们开始在作品中使用玩世不恭、死亡和绝望的视觉语言。时尚以往常常与明亮、轻松和愉悦联系在一起，但在这里却被赋予了阴暗的内涵，这种内涵通过复古手法更强烈地展露出来。在亚历山大·麦昆和安德鲁·格罗夫斯（Andrew Groves）等设计师的作品中，阴暗的意象讲述了恐怖的故事。如果说这些设计是用一种直接的方式呼应当今现实，这种推测或许过于简单，但是现代生活可能更容易通过历史透镜重新进行远距离的剖析和探索。当然，20 世纪 90 年代时尚迷宫般的曲折和纠缠，其实是利用过去的历史元素，创造一种以全新的方式产生共鸣的视觉经济，这些设计不仅忧郁阴暗，还具有浓厚的怀旧气息。尽管许多时尚都包含对文化连续性、身体和死亡的焦虑，但这种新类型的时尚设计，通常起源于伦敦或安特卫普，似乎就像一种精神症状，能够准确地表达当下的忧虑。正如本章的开头提及的芬克斯坦和巴拉德，他们提醒人们注意 20 世纪惨淡的历史，在 20 世纪 90 年代，许多时尚设计师的作品也涉及前几个世纪的惨淡景象，通过比较两个时代，过去资本主义过剩、不稳定又易变的特点仍然而能勾勒出当下的时代特征。

20 世纪 90 年代，重新审视过去再重塑当下的时尚复古风潮并不源自美国设

17 . Stephen Gan, *Visionaire's Fashion 2001: Designers of the New Avant-Garde*, ed. Alix Browne Laurence King, London, 1999 [n.p.].
18 . Lou Winwood, 'It's snowtime!', *Guardian*, 3 March 1999: 10-11.

计师，而主要源自日本或欧洲的设计师，尤其是英国、荷兰和比利时（但不是意大利人）。琳达·尼德认为19世纪伦敦现代空间逻辑与巴黎或纽约的现代空间逻辑有很大区别，伦敦是一座迷宫而非星形或网格状的。[19] 这也在伦敦和安特卫普的复古风潮中有所体现，他们的作品与巴黎或纽约20世纪后期的设计师截然不同，这可能与他们的艺术教育背景相关（尽管韦斯特伍德没有接受过正式的时尚教育）。伦敦中央圣马丁艺术与设计学院注重调研在设计过程中的作用，在安特卫普时装学院，学生将一半的时间用于研究历史学科和材料。本书讨论的大多数受过专业教育的时装设计师都毕业于这两所学校。然而，90年代时尚的复古风潮不能单凭少数设计师的教育和文化背景来解释，他们中一些人的工作方式与行业惯例大相径庭。因此深入讨论这个问题还需要结合市场和大众文化等更广泛的背景，我们将在最后一章回归这个主题。

尤里奇·雷曼曾指出，19世纪下半叶以来，时尚的一个显著特征是"为了创新，时尚总是引用历史——不仅仅借鉴古老历史或传统经典，还呼应着时装自身的发展史"[20]。在这些借鉴之中，有趣的不是它们的相似之处，而是不同之处。通过这些不同，我们才明白了它们标志着现代性的不同时刻。[21] 本书的主题不是简单陈述复古风潮的案例，实际上芭芭拉·伯尔曼（Barbara Burman）已经介绍过，从文艺复兴时期开始西方服饰中已经出现了这种情况，[22] 但时尚这种复古回归的本质在20世纪90年代后期再次出现，呈现出与早期复古不同的面貌。例如，韦斯特伍德80年代末至90年代的复古与罗伯特·卡里·威廉姆斯90年代末的设计之间存在着天壤之别。在威廉姆斯的"维多利亚时代的车祸"系列中，过去的历史意象以特殊的时间混合形式嫁接到现在；还有历史影像投射到现在的例子，亚历山大·麦昆将俄罗斯罗曼诺夫儿童的照片印在时装秀的一件夹克上（图8）；昨日的历史和今天的政治有时也融为一体，例如安德鲁·格罗夫斯基于北爱尔兰的"政治问题"的系列设计；关于未来的反乌托邦式意象也经常出现，比如麦昆为纪梵希设计的异化机器人（图9）。通过横向或纵向地借鉴过去和想象中未来的意象，设计师们调动时间将当下历史化。

20世纪90年代时尚中的历史意象是黑暗的反乌托邦式的，充满了创伤，用赫伯特·布劳（Herbert Blau）的话说，"后现代哀劳"（post-modern mourning），标志着一种特别的当代关注。在布劳的时尚著作《一无所有》（*Nothing In Itself*）（1999）的书封壳上，墨美姬（Meaghan Morris）提出"我们如何为一个充满了历史的'后历史'时代书写文化史"；布劳也指出"如何面对过去……仍然是后现代形式的关键问题"。[23] 将现在呈现为历史的效果，会使当下的时空变得陌生而奇

19 . Nead, *Victorian Babylon*: 4.
20 . Ulrich Lehmann, *Tigersprung: Fashion in Modernity*, MIT Press, Cambridge, Mass., and London, 2000: xx.
21 . Kermode, *Sense of an Ending*. 95-96，文学中现代性的危机和启示不是以一般的方式呈现，而是与现代主义的特定
        时刻和阶段相关联，以特定的形式出现。
22 . Burman Baines, *Fashion Revivals*.
23 . Herbert Blau, *Nothing In Itself." Complexions of Fashion*, Indiana University Press, Bloomington and Indianapolis, 1999: 36.

8. 亚历山大·麦昆，1998/1999 秋冬系列，摄影：克里斯·摩尔，图片提供：亚历山大·麦昆

9. 亚历山大·麦昆，Givenchy 1999/2000 秋冬系列，摄影：尼尔·麦肯纳利

特，从而将观众带离当下，这为疏离、异化和具象化的再现提供了文化空间，正如弗雷德里克·詹姆逊对 20 世纪 80 年代美国电影和文学的分析，它们将历史和未来的主题相结合表达当前的关注。[24]

辩证意象 DIALECTICAL IMAGES

复古的创作手法意味着一种当代焦虑，麦昆的设计为这种焦虑提供了慰藉，而加利亚诺的奢华则呼应了爱德华时代的辉煌。为了延续加利亚诺复古狂欢的风格，1998 年 7 月的一天，一列旧蒸汽火车开进了巴黎奥斯特里茨车站，在 21 号站台前停了下来（图 10）。火车的前挡板是一面橙色的纸墙，一位装扮成宝嘉康蒂公主的模特在火车进站时破墙而出，更多挥手舞动的模特挂在火车窗外。铁路站台被装饰得如同东方露天市场：观众坐在铺满沙子的地面上喝着香槟和吃着土耳其软糖，周围摆放着盛满香料的大青铜盘子、瓶瓶罐罐、Louis Vuition 古董箱和摩洛哥灯笼。火车一停，"模特货物"被卸放到站台上，他们穿着混杂着美洲土著和 16 世纪欧洲风格的服装，这些衣服融合了羽毛头饰、串珠等元素，以及美第奇公主、女侍童和亨利八世风格。这是 Christian Dior 1998/1999 秋冬系列高定时装秀，被称为"迪奥快车之旅"或"宝嘉康蒂公主的故事"，火车侧面印有"Diorient Express"的标志，完美呈现了加利亚诺的东方主义和他迷幻的秀场风格。他在此期间的系列作品融合了不同的文化、地域和时代的特点，例如，他用黑色晚礼服搭配一件西方紧身胸衣，非洲串珠缠绕着黑人模特的腰部和颈部，一顶毡帽戴在模特头上（图 11）。加利亚诺为迪奥设计的第一个高定系列（1997 春夏）将丁卡串珠、爱德华时期的服装结构和 20 世纪 50 年代的高级时装历史融合在一件由 410 米长的面料制成的晚礼服中（图 12）。他后来的系列设计也致力于将不同文化主题拼贴在一起，王公珠宝、羽毛与缅甸颈饰和加勒比黑人辫子混合在一起，而模特同时演绎出异常古板的巴黎风格。这些设计融合了不同时期和不同文化的材料与图案，混合了帝国和非洲，日本和魏玛共和国，早期电影和"美好年代"（belle époque）的意象。

加利亚诺崭新的融合风格令非欧洲文化成为了神秘的奇观，就像 19 世纪世界博览会和百货公司展示的帝国和他者的形象。和 20 世纪末加利亚诺的时装秀一样，19 世纪下半叶的巴黎百货商店将来自不同地域不同文化的商品混合在一个奇幻集市中，构筑了一个个东方场景。[25] 他们参照歌剧院和展览会的模式，创造了土耳其后宫、开罗市场和印度教寺庙般的歌舞蹈场所，上演着耍蛇人和印度风笛舞蹈。在 19 世纪的世界博览会上，异域风情的幻想凝结在"开罗肚皮舞者"和"安达卢

24 . See Jameson, Postmodernism: ch. 7, 'Theory': 181-259, and ch. 9, 'Film', subtitled 'Nostalgia for the Present': 279-96, where Jameson discussed the way in which America revisited its own recent history and mythology in films like Something Wild and Blue Velvet, as well as in science fiction and historical novels, to 'historicise the present'.

25 . Rosalind H. Williams, *Dream Worlds: Mass Consumption in Late Nineteenth-Century France*, University of California Press, Berkeley, Los Angeles and Oxford, 1982: 66-72. For a review of the literature on the nineteenth-century French department store see Mica Nava, 'Modernity's Disavowal: Women, the City and the Department Store' in Pasi Falk and Colin Campbell (eds), *The Shopping Experience*, Sage, London, Thousand Oaks and New Delhi, 1997: 56-91.

10. 约翰·加利亚诺，Christian Dior 1998/1999 秋冬高级定制系列，摄影：林多夫／加西亚（Rindoff/Garcia），图片提供：克里斯汀·迪奥公司

西亚吉普赛人"身上，它们以奇幻的混合方式与 100 年后加利亚诺的走秀场景相媲美。[26] 加利亚诺的历史戏仿和文化拼贴风格融合了不同的地域文化，就像 1900 年的巴黎世界博览会一样，参观者不需要考虑空间距离，就可以通过一场"旅行家"的展览，在不同文化地理的幻影中周游世界。展览往往通过邻近印度宝塔、

26．在 1900 年的展览中，33 件主要展品中有 21 件涉及"遥远想象"的奇幻之旅。See Williams, *Dream Worlds*: 73-78.

中国寺庙或穆斯林清真寺来呈现异国情调，杂耍演员和艺伎们活跃其中。[27] 但在现代时装秀中，观众固定不动，异域风情的东方游行展现在他们眼前，具有同样的视觉效果。加利亚诺时装秀和 19 世纪的博览会都将非欧洲文化创造成奇观，并通过这种方式调整、融合并控制它们。随着 20 世纪的发展，早期电影逐渐取代世界博览会和百货公司，成为流行奇观的根据地。1907 年巴黎只有两家电影院，而到了 1913 年已经发展到 160 家。电影院放映的集景式电影和 19 世纪博览会的奇幻旅程大同小异。一种又一种电影类型相继成功：西部片、轻喜剧片、旅行纪录片、纪实片。罗莎琳德·威廉姆斯（Rosalind Williams）认为，混合类型会抹灭当代人对现实的感知力，因为所有层次的生活经验都被降低到了相同的技术水平，这一特点也在 90 年代的时装秀中慢慢浮现。[28]

20 世纪 90 年代末，加利亚诺的时装秀在大型时装公司的支持下进一步发展，时装秀主题越来越侧重于重新审视 19 世纪巴黎高级定制时装的商业起源。他的系

11. 约翰·加利亚诺，Christian Dior 1997 春夏高级定制系列，摄影：林多夫 / 加西亚，图片提供：克里斯汀·迪奥公司

12. 约翰·加利亚诺，Christian Dior 1997 春夏高级定制系列，摄影：林多夫 / 加西亚，时装：克里斯汀·迪奥公司

27 . Philippe Jullian, *The Triumph of Art Nouveau: the Paris Exhibition of 1900*, Phaidon, London, 1974: 169. Williams, *Dream Worlds*: 61-64.

28 . Williams, Dream Worlds: 79.

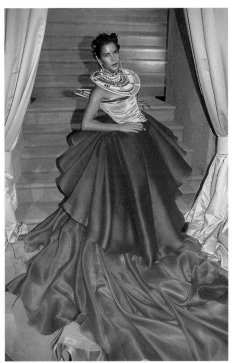

列设计更多地借鉴 19 世纪巴黎现代性的主题和意象，在商业、零售业和广告业方面，巴黎无疑是现代时尚产业发展中的重要代表。加利亚诺精彩绝伦的时装秀极具创新精神，但他创造的商品文化之间的联系早在 19 世纪后半叶便建立起来了。1900 年的巴黎世界博览会是第一个以当代时尚为特色的法国世界博览会，玻璃柜中的蜡制假人穿着高级定制的时装，在灯光下熠熠生辉。其中，高级定制时装屋中的婚纱试穿场景让更多观众感受到了高级定制的浪漫奢华，这一场景就像 100 年后的高级定制影像一样（图 13）。这种展示方法后来在 1998 年迪奥春夏成衣发布秀的舞台上再次出现，充满怀旧气息的房间中摆放着复古的家具，在布满褶皱的复古服饰中的模特们就像 20 世纪 30 年代的好莱坞小明星。（图 14）

加利亚诺的华丽设计也让人想起了爱弥尔·左拉（Emile Zola）在《妇女乐园》（The Ladies' Paradise）中的描述，根据 19 世纪 60 年代巴黎百货商店的大量研究，橱窗展示了最华丽精致的女假人：昂贵的雪白蕾丝、狐狸毛装饰的天鹅绒、西伯利亚松鼠的真丝、克什米尔羊绒、公鸡的羽毛、绗缝、天鹅绒和雪尼尔花线。[29] 加利亚诺在时装秀中创造了一种幻觉，让人仿佛来到了在早期高定时装沙龙中，模特们在高定时装沙龙的房间中优雅地穿行，这些房间的装饰不像商业建筑更像是私人豪宅。传统的 T 台变成一系列电影布景般的房间。观众们四散在房间里，比普通的时装秀更靠近服装。模特们在不同的房间中展示魅惑的表情和造型，如同从画中走出的舞者。每个模特每次演出只穿一套衣服，并不需要快速地更换一系列时装，加利亚诺鼓励她们发挥个性塑造属于自己的角色。加利亚诺运用了更多戏剧技巧进行时尚叙事，他用剧场灯光取代 T 台光效，并提前 3 天为时装秀精

29 . Emile Zola, The Ladies' Paradise, trans, with an intro, by Brian Nelson, Oxford University Press Oxford and New York, 1995: 6.

心编排表演的每个部分，空旷的秀场在他的手中变成梦幻宫殿，19 世纪都市的怀旧浪漫情愫萦绕其间。

这些意象的并置，既上演了一场 20 世纪末的时装秀，也呈现了一个世纪前的商品和零售盛会，这印证了瓦尔特·本雅明的"辩证意象"（dialectical images）概念。辩证意象不是基于简单的比较，而是在过去与现在之间创造了一种主题深化发展的复杂历史互文。对本雅明来说，过去和现在意象之间的关系就像电影的蒙太奇手法。[30] 根据蒙太奇的原理，两种意象的并置产生了第三种意义，这种意义不同于前两种意象固有的意义。本雅明认为这种关系是辩证的：过去和现在的意象有两种作用——立意和互文。在识别过去和现在意象的的瞬间，二者都转化成了辩证意象。脱离过去的语境，辩证意象可以在当下成为"真实"。但这不是绝对的真实，而是只存在于感知那一刻的转瞬即逝的真实，它的特征是"震惊"或生动的认知。这并不是说过去启发了现在，或者现在点亮了过去，而是说，这两个意象在"星丛"（critical constellation）中相遇，探寻着之前尚未发现的联系。[31]

在整个 20 世纪 90 年代，加利亚诺从无到有的梦幻魔术令他成为短暂仪式的大师，他有着和幽灵相似的本质——短暂、不安、转瞬即逝，资本主义炫耀性消费的过度展示萦绕着他的作品。他充满怀旧情愫的设计令人联想到过去慵懒而奢侈的生活，那个时期也和现在一样不稳定又迅速变化。当所有固定点都处于激烈变动中时，女性形象也相应地受到重视。加利亚诺的作品中 20 世纪 90 年代的女性形象模糊地指向了商品和消费者，就像一百年前时尚界的巴黎女性形象一样。从 19 世纪末到 20 世纪初，蛇蝎美人始终是欲望和恐惧的象征，加利亚诺的吸血鬼和海妖形象与蛇蝎美人有着相似之处，他 20 世纪 90 年代的华丽风格和内衣灵感设计让人回想起上世纪初的女性奢华形象（图 15、图 16）。加利亚诺唤起了 19 世纪末和 20 世纪初的都市现代性、景观和消费之间的联系，将它们带入当下的语境中，描绘当代时尚、女性、景观和商品化之间的关系。[32]

本雅明的辩证意象概念为我们提供了一种理解加利亚诺融合历史和文化的方法。然而，除了作为一种解释工具，辩证意象还更多地指出了过去和现在城市消费文化之间潜在的结构性关系。他们在物质基础上建立了意象的诗意。本雅明的思想虽然形成于 20 世纪二三十年代，讨论的内容是 19 世纪的巴黎，但仍旧对理解当下有新的意义。他的观点为艺术史和设计史学家研究视觉诱惑的作用机制提供了一个复杂而精确的模型，这个模型基于对视觉相似性作用的理解，这是其他史学家都忽略的一点。本雅明的方法使我们能够在明显断裂的时期中感知相似性，

30 . For a discussion of this, see Susan Buck-Morss, *The Dialectics of Seeing: Walter Benjamin and the Arcades Project*, MIT Press, Cambridge, Mass., and London, 1991: 250.
31 . Ibid: 185, 221, 250 and 290-291.
32 . Caroline Evans, 'Galliano: Spectacle and Modernity', in Nicola White and Ian Griffiths (eds), *The Fashion Business: Theory Practice, Image*, Berg, Oxford and New York, 2000 讨论 19 世纪的消费、现代性与加利亚诺 90 年代的时尚设计之间的关系。

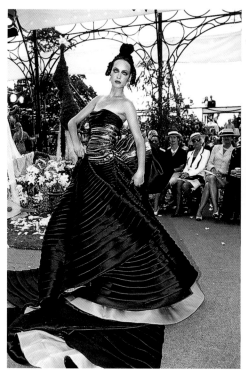

15. 泰德·芭莱（Theda Bara），1900 年，私人藏品

16. 约翰·加利亚诺, Christian Dior 1997/1998 秋冬系列, 摄影：林多夫 / 加西亚 , 图片提供：克里斯汀·迪奥公司

并且绘制历史时间，这种绘制不是平稳流畅地搬演过去，而是将现在注入过去激活过去，从而对过去进行更复杂的转换和改写，这展示了早期现代性时刻与 20 世纪后期时尚的相关性。

马克思在《路易·波拿巴的雾月十八日》（*The Eighteenth Brumaire of Louis Bonaparte*）的开端描写了 1848 年发生在巴黎的革命，这场革命继承了 1789 年革命的特点，"世界历史的亡灵"游荡在"现代"资产阶级革命中，旧革命者的服装再次呈现在当下。[33] 本雅明在 1938 年撰写的文章中将其描述为时尚的"虎跃"：

> 古罗马是一个充满现在时间的过去……历史的惯性不断被打破……法国大革命唤回古罗马的方式就像时尚唤回旧日的风范。时尚对时事有一种鉴别力，无论在哪儿它都能在旧日的灌木丛中激动风骚，像一次虎跃扎入过去。[34]

一百年后，约翰·加利亚诺在他担任设计师的伦敦国家剧院中注意到丹敦（Danton）的一件作品，受此启发，1984 年他在伦敦大学时装秀上的首演重新召唤了 1789 年革命者的亡灵，成就了一次虎跃（图 17）。本雅明写道，"时尚真正的辩证剧场"（the true dialectical theatre of fashion）能将最古老的存在重新制作成新颖之物。[35] 在向前看的同时，时尚也在向后看。20 世纪 90 年代加利亚诺创作的当代女性正是流露着 19 世纪现代性痕迹的幽灵。如此一来，尽管他在 20 世纪 90 年代末的设计从表面上看是怀旧和逃避现实的幻想，但它们仍然印证了"时事的鉴别力"，让"老虎跃入了过去"。尤里奇·雷曼用本雅明的"虎跃"（tigersprung）

33 . Karl Marx, The Eighteenth Brumaire of Louis Bonaparte, translated from the German, Progress Publishers, Moscow, 3rd rev. ed. 1954 [2nd revised ed. 1869]:10-11. 马克思描述了 "旧的法国革命时的英雄卡米耶·德穆兰、丹东、罗伯斯比尔、圣茹斯特、拿破仑，同旧的法国革命时的党派和人民群众一样，都穿着罗马的服装，讲着罗马的语言来实现当代的任务，即解除桎梏和建立现代资产阶级社会 "。

34 . Benjamin, 'Theses on the Philosophy of History': 263.

35 . 同上：64。

来形容时尚的自我追溯。他引用普鲁斯特（Proust）和本雅明对真实记忆提出的"无心"（involuntary）阐述，认为"在时尚中，引用是服装的记忆"，时尚界通过追溯历史重写自身的主题和意象，从而在当下重启过去。[36] 普鲁斯特的非意愿记忆（memoire involontaire）就是指偶然的相遇唤起了那些本该沉睡或被遗忘的经历。[37] 雷曼讨论了帕康夫人（Jeanne Paquin）20世纪初的设计对18世纪末法国革命时期的召唤。[38] 20世纪90年代，帕康夫人时期的风格萦绕在加利亚诺吸血鬼、迷人女性和荡妇形象之中，美好年代的灿烂在当下复现。

17. 约翰·加利亚诺，伦敦中央圣马丁艺术与设计学院毕业设计系列展，1984年。摄影：尼尔·麦肯纳利，图片提供：约翰·加利亚诺

追忆苦难 SUFFERING FROM REMINISCENCES

加利亚诺为Dior设计的作品可以与19世纪百货商店和世界博览会的豪华陈列相媲美，但18世纪和19世纪工业化产生的情感转变与20世纪后期信息革命带来的情感波动并不相同。相反，工业时代的现代性萦绕在当今的后工业现代性状况中，当时装设计师们沉浸在过去的意象和主题中时，这一点就变得显而易见了。如果正如琳达·尼德所说，现代性是"一套深刻且必然痴迷于过去的历史话语和过程"，那么，这一点在西方时尚的发展中展现得淋漓尽致。[39] 这个观点可以追溯至本雅明笔下关于19世纪巴黎商品文化的两个关键比喻——时尚女性和拾荒者——也在加利亚诺和马丁·马吉拉的设计中浮现。

加利亚诺为迪奥制作了一系列设计，这些设计坚持了时装屋的精致做工和豪华面料的传统，强调串珠、刺绣和羽毛制作等工艺。同一时期在巴黎同样享有盛誉的比利时设计师马丁·马吉拉则为完全不同的市场进行了一系列全然相反的设计。马吉拉并没有迷恋手工艺和奢侈品，而是系统地解构了高级时装的技术，用这种技术剪裁劣质又残破的服装，将其重新组合成新的服装。[40] 旧军袜不经挑选和考量地制作成无袖套衫，脚后跟的凸起紧贴着胸部与肘部；"复古"的20世纪50年代裙子被重新剪裁得焕然一新，粗糙的亚麻布制成了类似于裁缝店假人的紧身胸衣（图18），未经加工的工业用纸做成的男式夹克看起来像平板纸一样。（图19）

1997年，马吉拉为一所艺术博物馆举办了一场展览，他让霉菌和细菌在衣服上"生长"（图20和图21）。霉菌的纹理和腐朽的痕迹让人联想起波德莱尔和本雅明着迷的拾荒者形象，正如加利亚诺的设计让人联想到波德莱尔和本雅明关注的时尚女性一样。在19世纪，拾荒者捡拾旧布进行回收利用，使那些被资本主义社会抛弃的文化残渣得以恢复。英格丽·洛切克（Ingrid Loschek）注意到，当马吉拉利用霉菌和细菌毁坏衣服时，其实是"将创造和衰败的自然周期比作购买和

36 . Lehmann, *Tigersprung*. Lehmann changes 'fashion has a flair for the topical' to 'fashion has the scent of the modern', and 'the thickets of long ago' becomes 'the thickets of what has been': xvii.

37 . See Esther Leslie, 'Souvenirs and Forgetting: Walter Benjamin's Memory-work' in M. Kwint, C. Breward, and J. Aynsley (eds), *Material Memories: Design and Evocation*, Berg, Oxford and New York, 1999: 116-117.

38 . Lehmann, *Tigersprung*. 251-256.

39 . Nead, *Victorian Babylon*: 7.

40 . Caroline Evans, 'Martin Margiela: The Golden Dustman', *Fashion Theory*, vol. 2, issue 1, March 1998: 73-94.

丢弃的消费周期。"[41] 虽然马吉拉运用了先锋派的艺术手法，但他的创作却植根于商业逻辑。他的朴素面料阐明了过去和现在构成自由市场时尚经济的平行空间：精英时尚和拾荒者之间，奢华与贫穷之间，过剩与匮乏之间。19 世纪资本主义进程中的两个意象象征性地建构了当代时尚：时尚女性和拾荒者，作为讨论核心和对照坐标，20 世纪早期亨利·拉蒂格（Henri Lartigue）和尤金·阿杰特（Eugène Atget）的摄影作品也极富表现力地印证了这一点。（图 22、图 23）对时尚女性地位的鼓吹如同对拾荒者地位的贬低，但在 19 世纪自由放任的经济政策下，两者都被封锁在辩证时尚体系之中，正如一个世纪后加利亚诺和马吉拉的作品。马吉拉作品中忧郁失意的形象是资本主义生产过剩的阴影面，就像 19 世纪的拾荒者较之于时尚女性产生的鲜明对比："另一种黑暗但不低级的现代性悄然潜入，它是笼罩在林荫道欢乐气氛之上的投影，拾起欢愉的碎片，体察、观看、微笑，然后悄然隐退。"[42] 加利亚诺世纪末的奢华浪漫唤起了消费资本主义的激情和活力，马吉拉阴沉的人体模型和霉烂的布料提示着资本主义现代性阴暗而致命的一面。这便是当代设计师所召唤的来自过去的双生幽灵——加利亚所唤醒的世纪末奢靡，马吉拉更具实验性的发霉旧衣。

通过想象资本主义的生产过剩和失落的遗弃，加利亚诺和马吉拉实践着"文化诗学"的模式。这是 19 世纪自由放任的经济政策产生的对立的两极，两者都被封锁在时尚体系之中。历史的复现不仅象征着这种情感，也象征着这种情感在资本主义生产和消费以及技术变革之际的锚定标准。正如我所提到的，产生这种现象的部分原因是，时代的迅速变化产生了不稳定感，使人们回到了过去类似的不稳定情景之中。20 世纪 90 年代时尚不断唤起过去的意象再将其重塑，怀旧情愫与 20 世纪末社会经济生活的巨大变化并行而生。也许，在商品形式及其对消费者的吸引力迅速重组之际，重新审视过去的商品文化有助于理解现在。在这种背景下，无论在商品市场还是艺术设计领域，20 世纪 90 年代的设计师们都被迫回归历史意象，这表明，这种复古不仅描绘和反应了这种变化，也同样是一种协调和理解其中潜在危机的方式。正因如此，"压抑的复现"（return of the repressed）应运而生，时尚成为表达文化创伤的症候。

面对世纪末的世界大战、极权主义、恐怖主义和环境危机的背景，人们往往认为文化创伤在这样的现代经验中应运而生。（常见于文化评论和历史分析中的一些新千年趋势讨论。[43]）但同样我们也可以认为，文化创伤是西方极剧加速的消费带来的致命后果，对此，时尚清晰地体现了资本主义消费的矛盾性。随着消费周期的进展，时尚将属于"昨天"的一切都扔到废品堆里，文化在新奇与腐朽之

20. 马丁·马吉拉，展览装置"9/4/1615"，博伊曼斯·范伯宁恩美术馆，鹿特丹，1997 年 6 月 6 日至 8 月 17 日，摄影：卡洛琳·埃文斯

21. 马丁·马吉拉，展览装置"9/4/1615"，博伊曼斯·范伯宁恩美术馆，鹿特丹，1997 年 6 月 6 日至 8 月 17 日，摄影：卡洛琳·埃文斯

41 . Ingrid Loschek, 'The Deconstructionists', in Gerda Buxbaum (ed.) *Icons of Fashion: The Twentieth Century*, Prestel, Munich, London and New York, 1999: 146.

42 . Molly Nesbitt, *Atget's Seven Albums*, Yale University Press, New Haven and London, 1992: 175.

43 . Ranging from e.g. the quotation from J. G. Ballard at the beginning of this chapter to Eric Hobsbawm's history of the twentieth century, *Age of Extremes: The Short Twentieth Century 1914-1991*, Michael Joseph, London, 1994.

间振荡。[44] 这并不是什么新鲜事，19 世纪的"版本"出现在 20 世纪末加利亚诺的设计中。然而，日益丰富、崭新、便捷的通信系统加速了消费进程，以至于比起过去的任何时期，现在的新事物都更为忧虑自身的消亡。时尚是这一现象的典型代表，因此，它揭示并讨论了千禧年西方文化的"危机"，在某种程度上这是富裕的危机。尤其是西方在经历了安稳舒适之后，西方比世界其他地区的人们更加痴迷于绝望意象中的恐怖美学，正如苏珊·桑塔格（Susan Sontag）在她讨论摄影的书中所指出的，"工业社会使公民患上影像瘾"。[45]

20 世纪早期的"现代主义"认为它可以创造出勇敢的新世界，而后现代时期则以终结感为标志；[46] 这种转变反映在当代设计师的"文化诗学"中，他们对历史的重新定位和时间的流逝操纵暗示了当下的危机感和创伤感。设计师回望并重现历史，这种强迫性重复类似于一种创伤结构。第一次世界大战后，许多士兵饱受战争创伤的折磨，西格蒙德·弗洛伊德（Sigmund Freud）描述了创伤的强迫性重复特征，例如，主体可能在反复的梦境中真实地再现创伤事件，试图以此作为控制创伤的一种手段。[47] 因此，正如弗洛伊德所写，"癔病患者主要备受回忆之苦"。[48] 弗洛伊德对创伤的分析涉及个人病理学，与更广泛的世纪末文化生产带来的文化创伤无关。但我们可以将他的论断从个人病理学的领域扩展到文化和社会

44 .感谢伊丽莎白·威尔逊对我早先文本的准确总结，其中部分论述已纳入本章。

45 . Susan Sontag, *On Photography*, Penguin Harmondsworth, 1977:24.

46 . E.g., Frank Kermode, *Sense of an Ending*. Jean Baudrillard, *The Illusion of the End*, trans. Chris Turner, Polity Press, Cambridge, 1994.

47 . Sigmund Freud, 'Beyond the Pleasure Principle', [1920], in *Works: The Standard Edition of the Complete Psychological Works of Sigmund Freud*, trans, under the general editorship of James Strachey, vol. xwn, Hogarth Press, London, 1955: 7.

48 . Sigmund Freud, with Josef Breuer, Studies on Hysteria, SE, vol. II, Hogarth Press, London 1955 [1893-5]: 7.

层面。正如弗洛伊德分析的癔病患者的初期状态，20 世纪末许多最有趣的实验性
时尚设计也受到了怀旧情绪的影响。它对过去的沉思，以及它支离破碎的不连续
意象，就像癔病的症状，似乎能够以一种连贯叙述无法实现的方式触及当代的痛
点。因此，我们可以将历史意象对当代时装设计的影响理解为一种压抑的复现，
在这种复现中，历史碎片以新的形式浮出水面，成为当代的象征。

2.Haunting 魂绕

影子 SHADOWS

1997 年 12 月，德国版 *Vogue* 杂志刊登了伊内兹·冯·兰姆斯韦德 (Inez van Lemseweerde) 和维努德·玛达丁 (Vinoodh Matadin) 共同掌镜的 Viktor & Rolf 系列大片。照片中的"少女"模特脸上和手上涂满黑色，在漆黑的背景前摆出幽灵般的姿态（图 25 和图 26）。模特的形象就像失去了肉体的影子，让人联想到马克思对 1848 年巴黎革命的描述："如果历史上曾经有一页被涂抹得灰色而又灰色的话，那就正是这一页。人和事仿佛是一些颠倒的施莱密尔——没有肉体的影子"。[01] 在沙米索 (Chamisso) 的故事中，彼得·施莱密尔 (Peter Schlemihl) 将影子出卖给魔鬼，换取了一个魔法钱袋，却失去了阳光下的影子。[02] 在 *Vogue* 杂志的照片中，Viktor & Rolf 的幽灵模特正如倒转的施莱密尔，她将自己从肉体世界中分离出来，用影子的形态存在。

2001 年的春天，维克托和罗尔夫重现了这个创意，他们用摄影视觉效果将"影子"真实地呈现在时装秀上。在 2001/2002 秋冬系列时装秀中，模特穿着全黑的衣服走上昏暗秀场的纯白色 T 台，模特的面孔和四肢也像衣服一样涂抹得乌黑。时装秀结束时，两位设计师的鞠躬致谢呈现为黑暗灯光中的剪影，最后所有的模特都像没有实体的影子一样列队而归（图 24）。以往活力四射、色彩斑斓的时装秀变成了黑白电影的拟像，让人回想起 1896 年高尔基第一次看到卢米埃尔兄弟两部电影时的描述：

> 昨天晚上我拜访了影子王国。那是一个无声、无色的世界。在那里，每一样东西——土地、树木、人、水和空气——都沉浸在一片单调的灰色之中。灰色的太阳光穿过灰色的天空，灰色的脸上长着灰色的眼睛，树上的叶子都是烟灰的颜色。那不是生活，只是生活的影子，那不是运动，只是运动的无声的幽灵……[03]

我们通常认为电影是一种动感而现代的媒介，但高尔基的文字却赋予了它一股死亡气息，正如维克托和罗尔夫早期设计中所呈现的并不是时尚为人熟悉的乐观和狂热的一面，而是更黑暗、更神秘的时尚。他们的第三场高级定制时装秀，即 1999 年 1 月的春夏系列，全部使用了黑白丝织物（图 27—29）。时装秀开始时，黑色的灯光突出了服装的白色元素，如衣领、褶边或飘逸的丝带。罗尔夫·斯诺伦说："我们感觉胜利就在眼前，我们将这种个人的胜利感转化为黑白表演。时装秀的第一部分是黑色光效，第二部分则使用了白光，仿佛人们已经征服了恶魔，成为聚光灯下的焦点。"[04] 在黑色的灯光下，长裤套装的白色缝合线和翻领像一幅没有主体的时尚人物素描，布满褶皱的白色衬衫在地面上滑行，三维管状骨头和白色蝴蝶结拼成的骷髅沿着 T 台走来。当整个系列再次出现在正常光线

01 . Karl Marx, *The Eighteenth Brumaire of Louis Bonaparte*, trans, from the German, ProgressPublishers, Moscow, 3rd rev. ed. 1954 [2nd rev. ed. 1869]: 35.

02 . Adalbert yon Chamisso, *The Wonderful Story of Peter Schlemihl*, trans. Leopold von Loewenstein-Wertheim, John Calder, London, 1957 [1813].

03 . Maxim Gorky quoted in Noel Burch, *Life to Those Shadows*, trans. Ben Brewster, British Film Institite, London, 1990: 23.

04 . Rolf Snoeren quoted by Amy Spindler in *Viktor & Rolf Haute Couture Book*, texts by Amy Spindler and Didier Grumbach, Groninger Museum, Groningen, 2000: 10.

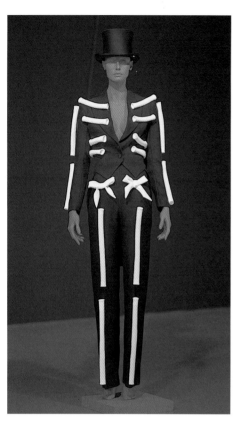

下时，时装秀又展示了以黑色时装为主题的一系列变化。那件搭配着黑色裤子的皱褶衬衫被称为"无"（Nothing），骷髅的"骨头"缝在一件名为"死"（Dead）的黑色燕尾服上，夸张的黑褶皱从一条纯白色长裤的侧缝处凸出来，这套设计叫作"不"（No）。

这些时装在生产和销售方面也有着幽灵般的特点：它们并不打算投入生产，仅作为一系列想法而制造。从字面上看，这也体现了设计师的愿景，并展示了视觉呈现的另一层含义：幽灵、阴影或鬼魅。黑白系列是维克托和罗尔夫从职业生涯开始就一直致力于的图像序列，他们打算将这组设计作为进入时尚和商业的现实世界之前的最后一组幽灵系列作品。

德里达写道："每个时代都有独特的透视法——我们有自己的幽灵。"他指的是马克思作品中幽灵隐喻的神秘盔甲（fantastic panoply）。[05] 在 21 世纪以及 20 世纪末的时装秀上，幽灵生动而真实地成为时装展览品中的概念。作为一种营销工具，秀款从未打算投产，不需要吸引购买者，但设计师能够借由新闻和杂志报道，为自己烙印上独特的风格标签，由此吸引赞助商或得到工作机会。秀款是设计师思想的展示柜，设计师将展示和销售的设计系列区分开来，就可以在经营

05 . Jacques Derrida, *Specters of Marx: The State of Debt, the Work of Mourning, and the NewInternational*, trans. Peggy Kamuf, Routledge, New York and London, 1994: 119.

一家企业的同时在画廊展出自己的概念作品，这便是不投产秀款的作用。例如侯塞因·卡拉扬 1998 年的系列设计，套在模特头上的木制"豆荚"和半透明玻璃"鸡蛋"。（图 30）

时尚的幽灵性和商业性交融的方式有很多，事实上，德里达认为，幽灵和金钱在资本主义逻辑中是不可分割的，并且"魂绕在每一个霸权结构之上"。[06]2001年，英国设计师哈米西·莫罗（Hamish Morrow）做出一项商业决定，他在最初几季只举办时装秀，在其成名之前不接受任何订单，不生产和售卖商品。他严谨地践行承诺并展出了精心创作的作品，比如他的全白系列，模特们穿着纯白的服装走过一个淡紫色墨水桶，服装的底部被淡紫色墨水染上颜色（图 33）。维克托和罗尔夫的黑白系列完全由秀款组成，这是一种对市场营销策略的不妥协态度。他们的每一场时装秀都包含一个或多个高度戏剧化的、难以理解欣赏的作品，这将成为景观化的照片或博物馆的古董。时装秀结束后，这些作品会留存在设计师成长的标志性影像之中，并且可能在博物馆中展出。亚历山大·麦昆用两千张显微镜载玻片缝制了一件连衣裙，每片载玻片都经由手工钻孔和手绘染红，代表着暗藏在皮肤之下的血液。载玻片被手工缝制在细长的紧身胸衣上（图 31），胸衣下面搭配着红色鸵毛层叠而成的裙子。整个制作过程历时六个星期，但在 T 台上的亮相不到两分钟。后来这件礼服在 2001 年伦敦维多利亚和阿尔伯特博物馆的"激进时尚"（Radical Fashion）展览中展出。时装秀结束后，这件礼服仅有一次被人穿着亮相，一位女士通过身体的互动改变了服装，将它融入一场表演：音乐家比约克（Bjork）在一场演唱会中穿着这件礼服，随着她的舞蹈动作，载玻片相互碰撞的叮当声被放大并融入到音乐之中，从而使礼服本身变成了一件打击乐器。

因此，秀款体现了许多当代时尚进入商品领域并间接传播的方式，它们并不总是一种具体的实践，有时也作为一类意象、一种想法或一个概念碎片。[07]从这个意义上说，秀款也是影子或幽灵。模特在走秀时只穿了几分钟，结束后，它的记忆就像真实物体消失后的视网膜图像一样慢慢消退。只有记录它短暂外观的照片才能证明它确实存在过。安东尼奥·贝拉尔迪（Antonio Berardi）的 1997/1998 秋冬"巫毒"（Voodoo）系列时装秀在伦敦圆屋剧场上演，伴随着电子音乐和现场的非洲鼓声，头发蓬乱、面容脏污的模特们围着火炉舞蹈。（图 32）其中一个人夸张地表现出"受惊了"的样子——紧张又恍惚。时装秀的配件有天国的烛台，燃烧的蜡烛是王冠的形状，还有贝壳和羽毛编成的长辫。但是，和其他许多时装秀一样，成就景观的戏剧性时装从未投入生产，出现在商店里的系列设计虽然不那么惊艳，但却更适合穿戴。"景观"（spectacle）一词指的是景象或表演，"幽灵"（spectre）指的是鬼魂或幻象。从词源上看，它们的词根相同，都是"specere"，

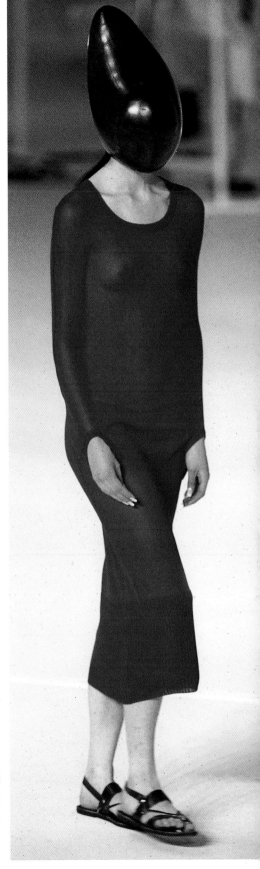

06 ．同注释 5: 37, 45, 104.
07 ．关于 20 世纪 90 年代时尚商品突变的讨论参见 Caroline Evans 'Yesterday's Emblems and Tomorrow's Commodities: The Return of the Repressed in Fashion Imagery Today'; in Stella Bruzzi and Pamela Church Gibson (eds), *Fashion Cultures: Theories, Explorations and Analysis*, Routlege, London and New York, 2000: 96-97.

即拉丁语动词"看到"。马丁·杰伊（Martin Jay）将景观社会定义为"枯竭影像的死亡手印"，根据居伊·德波（Guy Debord）的说法，"普通意义上的景观，作为生活的具体反转，成了非生者（non-living）的自主运动。"[08] 在贝拉尔迪的时装秀中，幽灵的景观被升华为纯粹的空洞景象，华丽的亡灵意象，可以说它们从未作为"真正"的时装进入商业运行。取而代之的是，这种景观以完美而迷人的"超现实"景象吸引着我们。贺尔·福斯特（Hal Foster）认为，"我们被束缚在这种逻辑之中，因为景观令真实消失了，又为我们提供了缓和或否认这种消失所必需的恋物癖意象。"[09] 然而，"真实"并没有彻底消失，只是被压抑了。在这种压抑中，设计师在当下直观地重塑了过去的不稳定意象，被压抑的"真实"又重新回到当代时尚设计之中。幽灵与时装秀叙事相融之际，它们唤起了现代性的幽灵——19世纪末商品文化——这场时装秀的历史渊源。

幽灵 GHOSTS

"幽灵永远都是亡魂，它们始于归来。"德里达写道。[10] 它是一种从别处归来的精神，"并不依赖于肉体存在"。[11] 但这些本体化的幽灵从何而来，又为什么缠绕着我们？对德里达来说，这些幽灵是资本主义的奋斗精神，是马克思所描述的"商品拜物教"。[12] 如果说幽灵和金钱不可分割，那么时尚界就是一个幽灵之地，过去的人和事借由时尚贪婪的"虎跃"在当下重聚。在加利亚诺为迪奥创作的系列设计中，幽灵是早期的商品文化。1997 年起，加利亚诺在一家大型时装公司的支持下创作了一系列历史主题的时装秀，它们既是他的个人设计系列也是 Dior 品牌系列。在这些作品中他进一步回归过去的意象，唤起了吸血鬼女郎和早期的奢华消费。20世纪 90 年代加利亚诺华丽又戏剧化的时装秀重燃了 19 世纪下半叶的商品意象，无论是广告的诱惑还是巴黎百货公司和世界博览会的奇幻展览、游行和视觉幻想。堆砌的文化符号就像 19 世纪的商品博览会，加利亚诺用当代设计的浪漫恣意，再度为巴黎冠以奢华之名。

商品及其历史如幽灵一样魂绕着加利亚诺的时装秀。但是幽灵也是一种征兆，让-米歇尔·拉巴特（Jean-Michel Rabaté）在《现代性的幽灵》（The Ghosts of Modernity）中指出，"现代主义被自身的幽灵所困扰，历史的幽灵又重新审视它：通过古典的弗洛伊德方式，重返而来的正是那些未经处理、难以适应、充斥着内在哀痛之物，迷失客体的阴影仍旧投射在主体之上。"[13] 对拉巴特来说，魂绕着 20世纪的幽灵与黑暗的历史无关，但对德里达的幽灵来说，幽灵与 20 世纪认识论的

08 . Martin Jay, *Downcast Eyes: The Denigration of Vision in Twentieth-Century French Thought*, University of California Press, Berkeley and Los Angeles, 1993: 425. Guy Debord, *Society of the Spectacle*, trans. Donald Nicholson-Smith, Zone Books, London, 1994 [1967]: para. 2.

09 . Hal Foster, *The Return of the Real." The Avant Garde at the End of the Century*, MIT Press, Cambridge, Mass., and London, 1996: 83.

10 . Derrida, *Specters of Marx:II*.

11 . 同上：141。

12 . 同上：148。

13 . Jean-Michel Rabate, *The Ghosts of Modernity University Press of Florida*, Gainsville, 1996: xvi.

确定性危机、极权主义兴起、两次世界大战和苏联解体所产生的创伤和哀痛紧密相关。拉巴特认为，魂绕着现代的幽灵来自现代主义的意识形态和美学：具体来说，现代性幽灵是早期现代主义历史的幽灵，早期现代主义对进步和未来的乌托邦理想与憧憬曾遭受否定。因此，现代主义被自身的过去所困扰，被历史的幽灵所魂绕，这些历史的幽灵重返当下，正如弗洛伊德的压抑的复现。他认为，现代性作为一种哲学话语，想要彻底革新从而试图抹去历史，但任何旨在废除过去的运动都将不可避免地面临特定历史的压抑的复现。

因此，加利亚诺的历史融合是一种压抑的复现，19世纪巴黎消费主义的幽灵以影像的形式重归当下，20世纪后期文化中其他的真实与虚构的意象也是如此，比如加利亚诺源于20世纪二三十年代的斜裁风格、好莱坞风格、20世纪80年代末夜店文化和笑脸标志，以及美洲原住民和古埃及图案。其他设计师通过文化复古来表达个人的当代关切，在美国，唐纳·卡兰、卡尔文·克莱恩和拉夫·劳伦（Ralph Lauren）描绘了不同的现代性幽灵，特别是美国20世纪中叶的精神和理想，这一时期受到了运动服和极简主义的影响，设计师们召唤了流线型现代主义美学的幽灵。[14]

就这样，20世纪后期各式各样的景观化时装秀充斥着早期的视觉元素。正如前文所述，"景观"和"幽灵"词源相同——视觉。幽灵借由那些想要否认自己的形式——消费文化的视觉展示——重新进入人们的视线。Christian Dior 2000/2001秋冬高定时装系列的灵感源于一个虚幻故事，这个故事基于弗洛伊德和荣格的恋物癖幻想符号，时装秀演绎了爱德华时代家庭的不伦秘密（图34）。与心理分析过程相仿，当病人回到过去恢复失去的记忆的时候，被压抑的欲望、动力和恐惧就会暴露出来，这场时装秀颠覆了以婚礼收尾的惯例，而是从传统的新娘和新郎开始，再进行一系列的性幻想。豪华的演员阵容中包括了许多年长的女性前辈，其中很多人之前都是模特，比如凯瑟琳·贝利（Catherine Bailey）、马里莎·贝伦森（Marisa Berenson）、伯纳黛特·芭兹妮（Benedetta Barzini）和卡门·戴尔·奥利菲斯（Carmen dell' Orifice）。在开场的婚礼走秀中，"客人"看起来就像《窈窕淑女》（My Fair Lady）中从阿斯科特来的临时演员，这部1964年的电影由塞西尔·比顿（Cecil Beaton）担任服装设计师（图34c-f）。但随着爱德华时代的剪裁轮廓被不对称的斜裁打破（图34g），时装风格逐渐变得更加复杂而失衡，最终被浮夸又滑稽的装扮取代。随着时装秀中上演的浮夸的性别展示，避难所的隐喻悄然而至。婚礼的宾客们迅速让位于一系列幻想人物，这些幻想人物源于童年噩梦，也来自刻板的资产阶级的性幻想。其中包括一名女退伍军人苏菲·达儿（Sophie Dahl），她莫名地被穿上了镶嵌着珠宝的法国女仆装（图34h）；一位19世纪的亚马逊人身着波浪纹的灰色皮衣、长筒靴，嘴唇涂抹着扭曲的口红（图34j），还

33. 哈米西·莫罗，2002春夏系列，摄影：克里斯·摩尔

14．感谢丽贝卡·阿诺德指出这一点。See too Rebecca Arnold 'Luxury and Restraint: Minimalism in 1990s' Fashion', in Nicola White and Ian Griffiths, *The Fashion Business: Theory, Practice, Image,* Berg, Oxford and New York 2000: 167-181.

34. 下页＿约翰·加利亚诺，Christian Dior，2000/2001秋冬高级定制系列，摄影：林多夫／加西亚，图片提供：克里斯汀·迪奥公司

a

b

c

d

e

f

g

h

i

j

k

l

m

n

o

p

q

r

有一位爱德华时代的自以为是的变装国王（图 34k），仿佛玩具橱窗里活过来的陈列品。还有罗马百夫长、背负十字的日本男巫、18 世纪的瓷娃娃（图 34l）和戴着波萨达帽的墨西哥亡灵节角色（图 34m）。

爱德华七世时期的图像被 20 世纪后期的角色取代，时装秀从童年的梦想世界进入了成人的性幻想国度：身着白色皮革和橡胶制服的施虐女护士手持巨大的注射器；穿着蓝色制服的暗夜模特、脖子上套着绞索的模特、手腕系着念珠的修女（图 34q）、双手被镣铐固定在身后、戴着红衣主教黑色帽子穿着轻便大衣的模特；一位女马术师戴着马缰绳，嘴被铆钉皮带封住；穿着红绸礼帽的爱德华七世时代美人，由一位黑白相间的雷夫·波维瑞风格模仿者用皮带牵引（图 34r）。在费里尼式的演出结束之际，开场那位穿着勒萨热刺绣服饰的牧师重新回到舞台，其他角色也一起出场完成时装秀经典的压轴秀。就像精神分析中召唤过去的幽灵用以驱除他们一样，时装秀的结尾无序地罗列了记忆符号，让过去在当下复现。

精神分析的过程揭开了被压抑之物，这类似于考古的过程，人们挖掘出长期埋藏的材料和历史的残馀，并根据现在的情境理解它们。同样，过去历史时期的考古碎片也逐渐渗出当代时尚的表层。巴拉泰（Rabate）所描述的现代性幽灵的回归类似于精神分析过程中恢复记忆的考古学。Dior 时装秀以弗洛伊德写给荣格的一封虚构的信开始，金色字迹印刷在红色的卡片上，在演出开场前一一递交给观众。卡片上写着："最近，我了解到一种对恋物癖的分析。目前只应用于服装领域，但其实可以推广开来。"[15] 这是对弗洛伊德与伙伴、同事们往来信件的戏仿，加利亚诺将商品拜物教掩映在 20 世纪 90 年代的时装表演中，他追忆的是商品拜物教而不是性恋物癖。事实上，在这些时装秀中，商品拜物教被伪装成性恋物癖——真正具有诱惑力的是商品而不是人。在 Dior 时装秀上，时装拜物教被渲染成"性变态"，这一虚构叙事掩盖了该设计系列真正的恋物对象——商品。[16]

未来的不完美 FUTURE IMPERFECT

20 世纪 90 年代后期加利亚诺的时装秀已然物化为宏大的时尚景观，对此英国设计师雪莱·福克斯预言，时尚可能转向更黑暗、更忧郁的风格。加利亚诺每年都会以个人名义和 Dior 首席设计师的身份穿梭在巴黎和伦敦之间，然而在伦敦，福克斯的创作在规模、背景和受众方面都与加利亚诺完全不同。因此，福克斯能够以艺术家的方式参与思想争鸣。小众和相对贫困一定程度上限制了她的创作，但也使她得以创作出观念性更强的时尚作品，并得到独立小众市场的认可。

福克斯 2000 春夏的 8 号系列的设计灵感来源于摩尔斯电码。受到当时出台

15 . Christian Dior show programme, Haute Couture, Autumn-Winter 2000-2001.
16 . 关于商品拜物教和性恋物癖的讨论参见 Lorraine Gamman, and MerjaMakinen, *Female Fetishism: A New Look*, Lawrence & Wishart, London, 1994: ch. I, 'Three types of fetishism, a question of definition', 14-51. 商品拜物教和性恋物癖都否认了人类的情感，并将其转移到无生命的物体上。在许多理论著作中，两种类型的拜物教被混为一谈，这其实不仅仅是作家的问题，也基于另一个原因：事实上两个概念并不属于能够明确区分的类别，尤其是当二者涉及女性的时候。如伽马（Gamman）和马基宁（Makinen）指出，将女性色情化的意象更应该被称为"性的消费拜物教"：182。

35. 雪莱·福克斯，"8号"，2000春夏系列，摄影：克里斯·摩尔，图片提供：雪莱·福克斯

36. 雪莱·福克斯，"9号"，2000/2001秋冬系列，摄影：克里斯·摩尔，图片提供：雪莱·福克斯

的摩尔斯电码废止令的启发，福克斯将摩尔斯电码印在面料上当作装饰图案（图35）。她用摩尔斯电码拼出尼采《人性的，太人性的》（*Human All-Too-Human*）中的一段话："深思熟虑的人更能明白，无论如何行事和判断，结果总是错的。"[17] 福克斯说："这就是我们思考问题的方式，无论你做什么，都是错的。"[18] 阴郁的主题也反映在时装秀的展示风格中。黑暗的开场，一道白光投射在昏暗的墙壁上，一双手映衬在灯光下投影在墙中间，用手语诉说尼采的格言。模特们开始表演，现场最初的电子音乐逐渐变成了摩尔斯电码的敲击声，嗒嗒嗒，拼写出没有感情的歌词。同样消极的格言也用摩尔斯电码印在了短裙、连衣裙和上衣上，模特穿着这些服装进行表演。与加利亚诺对时尚本身的物化与颂扬截然不同，福克斯的系列设计虽然身处繁华热闹的时尚中心，却魂绕着一种惆怅的疏离感和失落感。在所有时尚消费中，新产品都建立在过时产品的毁灭之上。但是在雪莱·福克斯这样的作品中，当下可以折返过去，腐朽成为另一种进步，时尚开始颂扬虚无主义，使其成为一种新的审美。福克斯不仅在字面上将它实现——使用摩尔斯电码表达尼采格言，也从结构上将它完成了——她的下一个系列使时光倒流回绝望的景象之中。2000/2001 秋冬时装秀以烧焦的亮片和毛毡装饰为特色，延续了 20 世纪 40 年代复古手袋和鞋子的设计风格，她首次将历史元素纳入个人设计之中（图36）。时装秀的伴奏是孩子的声音和鸟鸣声混合着猫王（Elvis Presley）的《今夜你寂寞吗？》（*Are You Lonesome Tonight*），这段时间福克斯看了很多罗曼·维希尼克（Roman Vishniac）拍摄的照片，这些照片记录了二战华沙犹太人区被摧毁前最后几个月的生活和被摧毁时的景象。这些居民的日常生活照片充斥着悲剧性的预言，创造了罗兰·巴特（Roland Barthes）所说的"时间落败的晕眩"（vertigo of time defeated）。[19] 福克斯还聆听了她母亲和祖母的故事，提醒自己 20 世纪三四十年代并不像照片所显示的那么久远。这些影像将过去的不稳定性带到了现在，也能产生"时间落败的晕眩"。迷宫带来恼人的历史毁灭和创伤的记忆时刻，这些时刻在 20 世纪 90 年代的伦敦时尚舞台上再现，比如福克斯郑重展示的夸张的泥炭色羊毛缀边和烧焦的亮片装饰。

　　雪莱·福克斯的作品呈现了另一种魂绕形式，一种被未来的毁灭性图像所困扰的当下。琳达·尼德认为，19 世纪伦敦的城市现代性"不仅被过去的废墟所困扰，还被未来的反乌托邦景象所笼罩……废墟是现代性矛盾冲动的一种视觉呈现"。[20] 尼德将考古遗迹作为废墟的空间隐喻，在福克斯的时尚叙事中，废墟通过对悲惨过去的一系列复现来挖掘当下的失意。从 1996 年开始，福克斯的早期时装系列运用热压机或喷灯高强度地毡化、瘢痕化或者灼烧布料，对纺织品进行复刻和破坏，

17 ． Friedrich Nietzsche, *A Nietzsche Reader*, selected, trans, and with an intro, by R.J. Hollindale, Penguin, Harmondsworth, 1997: 198.
18 ． Shelley Fox, May 2000.
19 ． Roland Barthes, *Camera Lucida: Reflections on Photography*, trans. Richard Howard, Vintage, London, 1993 [1980]: 97. 看着老照片，巴特意识到照片中的如此生动的拍摄对象，即将死去，"他们濒临死亡"，这是一切影像中"时间落败的晕眩"。
20 ． Lynda Nead, *Victorian Babylon: People, Streets and Images in Nineteenth-Century London*, Yale University Press, New Haven and London, 2000:2.12 and 214.

以产生一种忧郁的美感。她那皱缩羊毛衫和破旧纺织品的惨淡瘢痕，唤起了一段悲惨的过去，工业现代化的幽灵借由这些服装魂绕在后工业现代性的当下。福克斯运用后工业时代的工艺技巧，通过揭露工艺过程的方式混淆了时间。弗雷德里克·詹姆逊认为，异化和物化是这种时间混乱进程的结果。他分析了菲利普·K.迪克（Philip K. Dick）的《时光脱钩》（*The Time is Out of Joint*）（取材于莎士比亚的《哈姆雷特》），以此论证在追忆过去和幻想未来之间，科幻小说如何对当下和未来的恐惧与幻想进行分层。"未来之前的比喻"是"我们历史的失衡与复兴……忧虑的现在将会成为某个特定未来的过去"。[21]

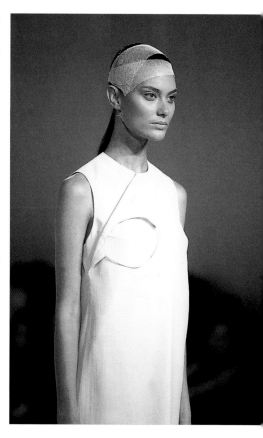

侯赛因·卡拉扬在他的"向地性"（Geotropics）系列中，用电脑动画创造了人体的微观地理，图像变换成丝绸之路沿线不同时代和文化的多种民族服饰，并绘制出空间和时间的变化。卡拉扬从变形动画中汲取灵感，然后设计了一系列不同阶段的白色褶皱连衣裙，仿佛想要让时间成为服装的材料（图37）。在他的下一个系列"回声"（Echoform）中，卡拉扬着迷于记忆和回声的主题，制作了一系列几乎相同的牛仔裙，他认为每件裙子都充满了对彼此的记忆（图38）。这些裙子各自省略了一部分，仿佛只有一部分的记忆，就像一条几经破坏的裙子幽灵似的四处飘荡，每条裙子上都有其他裙子的痕迹。

"美狄亚"（Medea）这个系列使卡拉扬通过实现想象中的巫毒娃娃，构想出代表着愿望或诅咒的服装。然而，与贝拉尔迪时装秀中字面上的巫毒教元素不同（图32），卡拉扬的设计更为抽象（图39）。他想象这些巫术将衣服分层、扭曲和切割：剪掉翻领，扯开外层织物只留下衬里，或者让纽扣歪斜、拉链半开。衣服的某些部分完全缺损，表明诅咒只影响了那个区域；其他地方的诅咒在或新或旧的历史层次上消失了，时尚剥开一个历史瞬间的同时揭开了另一段历史的面纱，就像迷宫的意外转折拉近了两个互不关联的时期。卡拉扬后来说：

这件衣服是一个享有多重生命的幽灵。所有事物都不再闪亮崭新，它们有着悠久的历史……一条60年代的裙子被剪开露出了中世纪的历史。维多利亚时代的紧身胸衣被剪掉，露出了一件现代的运动背心。一条30年代的裙子被裁破，露出了爱德华七世时期的时装。[21]设计是一个愿望或诅咒，它使服装及其穿着者穿越历史时期陷入一种时间扭曲的状态，就像考古挖掘的沉积物突然翻滚复现。[22]

卡拉扬的早期系列作品包含了这些破碎的、解构的服装，它们看起来像是随着时间的流逝遭到了重创和破坏。卡拉扬重新审视自己的作品，用新的组合、材料和颜色复刻了过去的作品，这些作品被一一解构。他用一件卡其色棉质机车裙重新制作了2000/2001秋冬系列中的黑棉布和薄纱裙。他认为设计过程就是考古

37. 侯赛因·卡拉扬，"向地性"，1999春夏系列，摄影：克里斯·摩尔，图片提供：侯赛因·卡拉扬

38. 下页_侯赛因·卡拉扬，"回声"，1999/2000秋冬系列，摄影：马库斯·汤姆林森

21 . Jameson, Postmodermsm, *or the Cultural Logic of late Capitalism*, Verso, London and New York, 1991: 285.
22 . Hussein Chalayan, lecture at Wexner Center for the Arts, Ohio, 25 April 2002.

过程，但他并没有简单地挖掘过去的物品，而是希望在未来赋予它们新的活力。

我希望每件服装都成为一个档案，有着自己的生命，为此我们应该创造服装的迷你历史。这和考古挖掘很像，但是使用的是自身过去的元素，这是一种更典型的历史复现，就像 20 世纪 60 年代的爱德华时代上装，经过了层叠混搭，我们将它们裁剪，这本身就创造了某种生命。[23]

美国策展人杰弗里·凯布尼斯（Jeff Kipnis）明确了"美狄亚"的历史痕迹与创伤之间的联系，他将卡拉扬的设计作品纳入他筹办的"当代设计及其对日常生活的影响"展览中，展览在卡拉扬曾常驻过的俄亥俄州卫克斯那艺术中心举办。[24] 在一次漫长的采访中，梅丽莎·斯塔克（Melissa Starker）回忆道：

凯布尼斯解释说，展览的最终气氛已经从愤怒转为创伤。"（卡拉扬）基本上已经为我们完成了创伤体验，这是完全不同的感觉，不同的颜色，能感受材料的痛楚。他将这种体验在设计系列中发挥到极致，这令人震撼又倍感幸运。"卡拉扬将过去三个时期的服装剪裁成碎片，再将他们融为一体，他用自己的历史对抗着时尚界。许多媒体将其误解为对 Septembe II 的回应。凯布尼斯说"当你看着它的时候，你不知道还有什么能比这更好——没有人知道更好的——它看起来就像刚从爆炸中走出来的某个人。""你没有意识到你所见的是历史的碎片。但如果多加留意，其实它们很容易辨认。"[25]

背向未来 BACKWARDS INTO

在《马克思的幽灵》（*Specters of Marx*）一书中，德里达通过重申哈姆雷特的"这是一个颠倒混乱的时代"开启了一个章节，以此推及"当代的无序和失调"，并得出结论"革命危机爆发得越多，危机时期就越多，'颠倒混乱'就会越多，就越有必要重整'旧的'，从中汲取力量，一如既往地通过"借用"[26]的方式继承"过去的精神"。然而，他认为，"它的真正特征，如果有的话，就是没有人能确证它能否通过返回证明生者的过去或将来。"[27] 本雅明用摄影的比喻来描述一些历史意象只能在未来发展："过去在文学文本中留下了自己的影像，这些影像可与那些由光线在感光胶片上所留下的影像相媲美。只有未来才拥有足够活跃的显影师完美地将这些胶片上的影像显现出来。"[28] 当今的时尚影像可以被视为资本主义生产和转型早期的"开发者"，例如，加利亚诺的设计魂绕着早期资本主义商品形式的幽灵。它的碎片也能清晰地表达当下的文化缺失和文化创伤，例如福克斯烧焦的亮片和厚重的毡边。它甚至可以通过幽灵般的痕迹投射到未来，在未来到达之前宣布它的存在：Viktor & Rolf 2000/2001 秋冬时装系列仅包含 12 套服装，时装

23 . Chalayan quoted in Susannah Frankel, Art and Commerce', *Independent on Sunday*, Review, 10 March 2002: 32.
24 . 'Mood River: An International Exhibition Examining the Impact of Design on Contemporary Life', 2.002, Wexner Center for the Arts, Ohio. 凯布尼斯与那里的第一位常驻设计师卡拉扬紧密合作。
25 . Melissa Starker, 'Chalayan UNDRESSED', *Columbus Alive inc*, 25 April 2002.
26 . Derrida, *Specters of Marx*: 99.
27 . 同上。
28 . Andre Mongoland, *Le preromanticismefrancais*, Grenoble, 1930, cited in Walter Benjamin, *The Arcades Project*, trans. Howard Eiland and Kevin Mclaughlin, Belknap Press of Harvard University Press, Cambridge, Mass., and London, 1999: 482.

秀在巴黎夏洛宫的画廊举办。雾气弥漫的画廊内观众们翘首以待，渐渐地，远处传来了小铃铛的叮当声，起初很微弱，几乎觉察不到，最后，模特们身着一系列装饰着铃铛的裙子款款而来：柔软小巧的铃铛衬在衣服后袖的边缘，略大的铃铛镶嵌在皮带上，黑色欧根纱连衣裙的上半部分完全被小铃铛覆盖（图40）。

传统的高级定制时装使用昂贵的手工制作，比如刺绣。维克托和罗尔夫却用铃铛创作了一种听觉刺绣："我们看到的所有铃铛都像珍珠一样，但它们创造了音乐。"罗尔夫·斯诺伦说："时尚是你的听之所及，是你的一切感受。"[29] 但是这些对细节的讲究、高级定制的奢华和演出的魅力，都被时装的名字抵消。这些名字取自作家道格拉斯·柯普兰（Douglas Coupland）之手，并且融合了计算机编程语言与美国军队的官方用语。一件绣有黄铜铃铛的黑色羊毛无尾晚礼服名为："OPD, PFD, 'HAWK', SYSTEM ERROR, PLEASE RESTART, Officially Pronounced Dead, PhotoShop File Pocument, Tuxedo"。另一件黑色欧根纱晚礼服上绣着一串串铜铃，被称为 "CIA DMZ 'WASP' YOU'VE GOT MAIL Central Intelligence Agency Demilitarized Zone evening gown"。在这一系列中，时间在暴力军国主义的婉转措辞与文雅诗意的高级时装呈现的不和谐融合中颠倒混乱。

"未来会怎样？"德里达问道，"未来只能是幽灵和过去。"[30] 维克托和罗尔夫、雪莱·福克斯和侯赛因·卡拉扬以不同的方式演绎了一种短暂而不稳定的忧郁审美，过去永远不能安息，因为它与现在和未来的意象交织在一起。福克斯的哀伤虚无主义，卡拉扬的诗意碎片、维克托和罗尔夫的时间复杂性，让人回想起本雅明分析保罗·克利（Paul Klee）1920 年的作品《新天使》（*Angelus Novus*）时提到的意象——面朝过去凝视着废墟，背对着走向未来的历史天使：

克利的《新天使》描绘了一位天使，他看似望着某些事物若有所思，正想起身离开。大家想象中的历史天使，大概就是这样的。他凝视着前方，嘴巴微启，张开翅膀。他面朝过去，在我们视为理所当然的万物之上，他看到的是一场纯粹的浩劫。灾难中残骸堆积如山，漫延到他脚前……天堂掀起一阵风暴，猛烈地吹击着天使的翅膀，以至他再也无法把它们收拢，只能任凭风将他吹向背后的未来。此时他面前的废墟越堆越高，直逼天际。这场风暴就是我们所称的进步。[31]

这种世界末日式的场景摧毁了历史发展的线性模式，并假设了一种不向前看转而回顾历史的历史发展结构，"它实际上已经发生了物质自然的毁灭"。[32]20 世纪 90 年代的时尚影像强调了历史转换的思维，过去的意象可以转移到新的系统中，并可能再次出现在未来，因此，正如福柯所说，人们必须根据现在的情况不断地

29 . Amy Spindler in *Viktor & Rolf* Haute Couture:II.
30 . Derrida, *Specters of Marx*: 37.
31 . Walter Benjamin, 'Theses on the Philosophy of History', *Illuminations*, trans. Harry Zohn, Fontana/Collins, London, 1973 [1955]: 259-260.
32 . Susan Buck-Morss, *The Dialectics of Seeing: Walter Benjamin and the Arcades Project*, MIT Press, Cambridge, Mass., and London, 1991: 95.

重新评估历史。瓦尔特·本雅明在拱廊计划中对消费的唯物主义分析，弥漫着他第一著作描写的德国巴洛克悲悼剧的那种形而上学的忧郁和诗意。和本雅明一样，设计师们从时尚宇宙中召唤出幽灵般的服装，为未来主义的实验蒙上忧郁和诗意的色彩。

40. 维克托和罗尔夫, 1999 春夏系列, 摄影 杜默林和杰娃,
图片提供：维克托和罗尔夫

3.Spectacle 景观

资本成为影像 CAPITAL BECOMES AN IMAGE

一堆巨型床垫搭起了 20 英尺高的舞台，两位模特穿着 18 世纪的礼服，戴着假发在《豌豆公主》的场景中梳妆打扮、卖弄风情。（图 42）这是约翰·加利亚诺在 1995 年 7 月被任命为纪梵希首席设计师之后，于 1996 年 1 月展出的第一个高级定制时装系列。他为纪梵希设计了两个成衣系列，1996 年底便被任命为迪奥的首席设计师。1997 年 1 月，加利亚诺为迪奥设计的首场时装秀，别出心裁地在一个伪造的时装屋中上演：加利亚诺在巴黎大酒店内还原放大了迪奥的原始展厅，其中包括 20 世纪 50 年代谷克多（Cocteau，此处指法国作家让·谷克多）和黛德丽（Dietrich，此处指电影演员玛琳·黛德丽）观看迪奥时装秀时坐过的著名台阶。之后的一场时装秀在郊区体育馆举办，场馆被布置成一片森林，40 英尺高的云杉拔地而起，巴黎歌剧院变成了一座英式花园，时尚摄影师入场时会得到一顶草帽。巴黎时装系列的官方举办地是卢浮宫的卡胡塞勒厅，布景设计师让·卢克·阿杜安（Jean-Luc Ardouin）仿照曼哈顿的屋顶场景布置，搭建了一些破旧的烟囱，他将场景设计得非常接近加利亚诺的大部分作品风格（图 41）。在这些案例中，加利亚诺通过改造空间呈现自己的幻想景观，他抹掉空间的真实特征，编织着转瞬即逝的神话，创造着无中生有之物。

罗莎琳德·威廉姆斯认为，19 世纪百货公司和世界博览会中商品的魅力恰恰体现在交易的真实性和商业性被隐藏在诱人的"梦幻世界"之中，消费者在梦幻和遐想中迷失了自己。[01] 从表面上看，20 世纪后期的时装秀景观似乎准确地印证了这一观点，最闪耀的明星商品就是："当文化最终成为商品时，它必然成为景观社会的明星商品。"[02]1967 年，居伊·德波预测，到 20 世纪末，文化将成为经济发展的驱动力，就像 20 世纪初的汽车或后半叶的铁路。的确，"文化产业（culture industries）"这个词表明，正如煤炭和钢铁之于早期工业社会的经济发展，文化是推动信息社会经济发展的新动力。

在《景观社会》（*The Society of the Spectacle*）中，德波认为商品及其引发的虚假欲望控制了现代生活。根据德波对景观社会的描述，时装秀是一种自私、自恋的"自我景观"，它和应运而生的协议与等级制度共同被桎梏在利己主义的自我世界中，被封锁在时装秀的展示空间里，就像景观一样使时间空间化并破坏了记忆。[03] 这是"凝视战胜行动的胜利"。[04] 时装秀通过猎奇和创新进行商业诱惑，尤其是 T 台上那些为了吸引媒体报道的设计。阿波利奈尔（Appollinaire）在 1916 年的讽喻诗中道出了时尚的诱惑幻想特征："我见到一件软木塞礼服……他们正用威尼斯玻璃制作鞋子，将巴卡拉水晶镶嵌在帽子上。"[05] 实际上阿波利奈尔诗中的幻想并不

41. 对页 _ 约翰·加利亚诺，Christian Dior 1998 春夏高级定制系列，摄影：尼尔·麦肯纳利

42. 约翰·加利亚诺，Givenchy 1996 春夏高级定制系列，摄影：尼尔·麦肯纳利

01 . Rosalind H. Williams, *Dream WorMs: Mass Consumption in Late Nineteenth-Century France*, University of California Press, Berkeley, Los Angeles and Oxford, 1982.

02 . Guy Debord, *Society of the Spectacle*, trans. Donald Nicholson-Smith, Zone Books, London, 1994 [1967]: para. 193.

03 . 同上：para 19.

04 . Martin Jay, Downcast *Eyes: The Denigration of Vision in Twentieth-Century French Thought*, University of California Press, Berkeley and Los Angeles, 1993: 428.

05 . Apollinaire, 'Le Porte assassine', 1916, quoted in Walter Benjamin, *The Arcades Project*, trans. Howard Eiland and Kevin Mc-laughlin, Belknap Press of Harvard University Press, Cambridge, Mass. And London, 1999: 19.

43. 安东尼奥·贝拉尔迪，2000 春夏系列，摄影：斯特凡诺·圭达尼（Stefano Guindani），图片提供：安东尼奥·贝拉尔迪／卡拉奥托（Karla Otto）

像听起来那么荒诞，20 世纪 90 年代末，安东尼奥·贝拉尔迪尝试为他的最后一场伦敦时装秀制作一顶古法瓷帽，最终他如愿在 2000 春夏时装秀上用穆拉诺（Nurano，意大利玻璃品牌）玻璃手工吹制了一件玻璃胸衣和两件文胸 （图 43）。玻璃胸衣的童话色彩令人联想到灰姑娘的水晶鞋，和水晶鞋一样，在现实中穿戴玻璃胸衣也并不舒适。从象征层面看，玻璃胸衣凝结了精英时装生产的幻想和祖传的手工艺技术，比如贝拉尔迪的手工蕾丝连衣裙，是由西西里岛的蕾丝制造商耗时 3 个月完成的。然而，玻璃胸衣作为财富的象征，它的不宜穿戴性暗示着可见的浪费、过度消费和空虚迷茫，这正是托斯丹·凡勃伦（Thorstein Veblen）批判 19 世纪末美国顶级富豪家族时提到的。[06] 在时尚领域里，物质消费转变为视觉消费，因为除此之外我们没有其他方法消费它们。

社会作为整体成为一种景观，充斥着日常生活的商品成为了社会的可见形式："景观并非一个影像集合，而是以影像为中介的人与人之间的社会关系"。[07] 时装秀中摄影师和记者的照片（图 44 和图 45）可以展示这一景观背后的商业现实，这一现实并不存在于走秀 T 台，而来自于对台下观众的窥探，时装秀的景观化其实是为了掩盖其背后的商业现实。德波认为，景观是"资本的影像化"[08]，加利亚诺的设计系列（图 41 和图 42）和这些照片之间的对比显示了资本是如何构建为影像的。首先是时装秀本身，然后是摄影机捕捉的媒体报道文字和图像。在贝拉尔迪的 2000 春夏时装秀中（图 43），景观与商品融合在脆弱玻璃胸衣的闪亮表面，既折射了观察者穿透性的凝视，又将世界反射回自身。在胸衣上，资本是神奇而无形的，但同时也是真实的。透明的玻璃变得不透明，就像商品既夸耀又掩饰其商业性一样。资本由此变成影像，脆弱又珍贵。

时尚亡命之徒 FASHION DESPERADOES

20 世纪 90 年代，在伦敦时尚教育熏陶下成长起来的设计师加利亚诺和麦昆用新的方式重塑了时装秀。英国时尚记者莎莉·布兰普顿（Sally Brampton）形容加利亚诺是"世界上最伟大的影像制造者"[09]。她认为，巴黎时装周上座率的大幅上升，一定程度上要归功于加利亚诺。"世界各地报纸和电视的激烈批判让人们聚焦于时尚。"[10] 另一方面，加利亚诺经常被批评过分追求自我表达，用表演和戏剧取代时装设计本身，使衣服完全不适合被穿着。[11] 这已经不是第一次有设计师因为极度戏剧化而受到批评了。20 世纪 80 年代，法国设计师蒂埃里·穆勒（Thierry Mugler）上演了一系列极为瑰丽的时装秀，据说在一场时装秀中，他耗费 100 万美元将"童贞女生子"（Virgin Birth）搬上 T 台，其中有戴着兜帽的修女、小天使、

06 . Thorstein Veblen, *The Theory of the Leisure Classes*, Mentor, New York, 1953 [1899].
07 .Debord, *Society of the Spectacle*: para. 4, and Jay, *Downcast Eyes*: 429.
08 .Debord, *Society of the Spectacle*: para. 34.
09 . Sally Brampton cited in Susannah Frankel, 'Galliano', *The Independent Magazine*, 20 February 1999: 12.
10 .*The Guardian*, 14 October 1998.
11 . See e.g. Susannah Frankel, 'Galliano Steams Ahead with Any Old Irony', *The Guardian*, 21 July 1998: 10. 这场时装秀是 20 世纪 90 年代中期加利亚诺担任 Dior 的首席设计师时创作的一系列精美绝伦戏剧历史盛会的巅峰代表。

44. 尼尔·麦肯纳利，时装秀的椅子，20 世纪 90 年代中期，摄影：尼尔·麦肯纳利

45. 伊曼纽尔·温加罗（Emanuel Ungaro），1999 秋冬高级定制时装秀，摄影：尼尔·麦肯纳利

圣母和婴儿（图 46），最后，一位模特从布满烟云和粉红色五彩纸屑的空中降落。和加利亚诺一样，穆格勒也坦然接受媒体的批评，他的确用戏剧取代了时尚。正如一位美国顾客评论的，"这场表演更胜服装"。[12] 到了 20 世纪 90 年代，以英国为代表，表演越发成为时装秀的重中之重。

20 世纪 90 年代，伦敦成为时尚景观的重要摇篮，它能适时地挪用巴黎建筑进行时装秀表演。20 世纪 90 年代中期，发源于伦敦而后在巴黎盛行的一系列景

12　. Polly Guerin, *Creative Fashion Presentations*, Fairchild, New York, 1987: 230.

观化的时装表演，让人们不禁猜测时装已经成为一种"新表演"[13]，这一时期艺术和时尚不断融合。[14]然而，这些极具创新性的伦敦时装秀背后的商业现实其实是，由于英国时装业缺乏基础设施，设计师别无选择，只能破釜沉舟用表演吸引眼球。法比奥·皮拉斯（Fabio Piras）称，他这一代设计师是 20 世纪 90 年代初到中期从伦敦中央圣马丁学院毕业的"时尚亡命之徒"。皮拉斯这样形容刚毕业的年轻设计师们的艰难处境："你没有钱，就会在衰落中形成一种共识。人们说'去他妈的，

13 . Ginger Gregg Duggan (ed.), 'Fashion and Performance', special edition of *Fashion Theory*, vol. 5, issue 3, September 2001: 243-270. 然而，将时尚与表演艺术相比较并不能确认时装秀的商业本质。比如沃斯（Worth）和波烈（Poiret）将其商业实践的商业本质隐藏在独特的艺术主张和天才设计背后 (see Nancy J. Troy, *Couture Culture: A Study in Modern Art and Fashion*, MIT Press, Cambridge, Mass. and London, 2003)，因此当代时装秀对艺术的忠诚实际上只是为了提高其日益成熟的市场中的地位和商业价值。

14 .1983 年，纽约大都会艺术博物馆服装学院举办了伊夫·圣洛 朗 25 年回顾展，此后，其他博物馆也逐渐开始举办时尚展览，而并非总是以单一的设计师为主题。其中包括 'Fashion and Surrealism' at the FIT Gallery, New York, in 1987 and the Victoria & Albert Museum, London, in 1988; 'Infra-Apparel' at the Costume Institute of the Metropolitan Museum of Art in 1991; 'Street Style' at the Victoria & Albert Museum, London, 1994. 20 世纪 90 年代三个国际回顾展明确地将艺术与时尚主题联系起来：'Mode et Art', Brussels and Montreal, 1993; 'Il tempo e le mode (Looking at Fashion)', Florence Biennale, 1996, which was developed as 'Art/Fashion', Guggenheim Museum, Soho, New York, 1997; and 'Addressing the Century: A Hundred Years of Art and Fashion', Hayward Gallery, London, 1998, and Kunstmuseum, Wolfsburg, 1989. 同一时期，欧洲和纽约举办了一系列规模较小的创新展览，将艺术与时尚联系在一起。在此期间，艺术杂志也开启了一种新型的时尚报道。1982 年 3 月，纽约杂志 *Artforum* 的封面刊登了三宅一生的系列设计。20 世纪 80 年代和 90 年代的艺术杂志（例如 *Artforum*, *Art in America*, *Flash Art* 和 *Frieze*）更大篇幅地介绍了川久保玲和马丁·马吉拉这样的"前卫"设计师，随后还刊登了 Helmut Lang 和 Prada 等时装公司的广告。虽然尚不全面，但其中部分内容的整理可以参见 Sung Bok Kim, 'Is Fashion Art?', *Fashion Theory*, vol. 2, issue 1, March 1998: 60-61. See, too, Michael Boodroo, 'Art and Fashion', *Artnews*, September 1990: 120-127, and Robert Radford, 'Dangerous Liaisons: Art, Fashion and Individualism', *Fashion Theory*, vol. 2, issue 2, June 1998:151-163.

46. 蒂埃里·穆勒，顶峰，1984/1985 秋冬系列，摄影 / 图片提供：蒂埃里·穆勒

47. 亚历山大·麦昆，"虚无主义"，1994 春夏系列，摄影：
尼尔·麦肯纳利

48. 亚历山大·麦昆，"群鸟"，1995 春夏系列，摄影：
尼尔·麦肯纳利

我们要去表演。'当然，我们这一代中最先这样做就是亚历山大·麦昆。"[15]

在麦昆早期的时装秀中，模特浑身伤痕累累，布满轮胎的痕迹，涂抹着假的污垢和血迹（图47）。麦昆找到赞助商之后，他的伦敦时装秀不再那么暴力，但变得更为景观化，他用"金色淋浴"将模特们浸染，或用人造暴风雪包围模特。一般来说，独立设计师时装秀的震撼力取决于其工作所处的环境。如果他们处于事业的初期，没有赞助商又急需媒体报道，他们的时装秀就可能更加极端。因此，对设计师来说重要的是，在避免与媒体决裂的同时与之划定一条分界线，保持一定的距离。特里斯坦·韦伯（Tristan Webber）在 1998/1999 秋冬时装秀中让模特穿过一个人工风洞。安德鲁·格罗夫斯的同季系列灵感源于北爱尔兰动乱，名为"独立"（Our Selves Alone，译自盖尔语"新芬运动"sinnfein，北爱尔兰共和党代表的名字），以灰色西装、白色衬衫、橙色腰带和焦绿色塔夫绸为特色，混合了工党与新芬党的颜色。一位模特走秀时将自己浸入打火机油里，外面燃烧着 3 个 30 英尺高的十字架，一场盛大的自焚仪式展现在观众面前。格罗夫斯的下一场时装秀名为"可卡因之夜"（Cocaine Nights），看点是 T 台上的白色粉末痕迹和一条由刀片组成的裙子（图49 和图50），他的时装秀传递出对世界强烈的觉醒感。麦昆的时装秀也是如此，模特的胸部残留着血腥的手术痕迹，或者周身裹着保鲜膜和细绳（图48），这是一种近似迪诺斯·查普曼（Dinos Chapman）风格的意象破坏。

20 世纪 90 年代，不断寻找赞助商的年轻伦敦设计师们意识到，震撼而奇观化的表演能够吸引媒体、赞助商和购买者。对于这些设计师来说，和他们维多利亚时代的前辈一样，时装秀的奇观远非艺术，而是广告和诱惑品，"资本主义通

15   . Fabio Piras quoted in Hilton Als, 'Gear: Postcard from London', *The New Yorker*, 17 March 1997: 92.

49 和 50. 安德鲁·格罗夫夫斯, "可卡因之夜", 1999 春夏
系列, 摄影: 尼尔·麦肯纳利

过戏剧进行表演"。[16] 尽管在传统意义上，巴黎一直是高级定制时装和成衣时装的中心，但伦敦在时装秀的创造力表演方面更为先锋。法国流行时尚研究所传播学教授斯蒂芬·瓦格纳（Stephane Wagner）在 1997 年表示："如果我们承认大部分高级时装都与媒体的大规模报道相关——不论好坏——那么时装秀和系列设计就越奇观化越好。从这个角度看，英国是迄今为止最好的。"[17] 他的话解释了为什么法国 LVMH 集团渴望聘用年轻、相对缺乏经验但在伦敦时装秀上成名的英国设计师。这些设计师在国际市场上毫无影响力，他们甚至还未进入美国或亚洲市场，以及欧洲大众市场。然而，随着大型企业集团旗下品牌在 20 世纪 90 年代末品牌的成功传播，有迹象表明，大型企业正开始设法利用那些商业规模较小但引人注目的知名设计师的才华。[18] 加利亚诺被任命为迪奥首席设计师的 1996 年，当时的巴黎高级定制时装已经跌下神坛，高定时装公司只能依靠销售香水、化妆品、箱包，有时还需要扩充服装品类，才能获利。20 世纪 90 年代末，拥有高级时装屋的企业集团"拉拢"了年轻的英国人才，让法国高级定制时装重新焕发活力。这种方式成为纪梵希、迪奥、古驰、芬迪、普拉达和香奈儿这样的奢侈品品牌在激烈竞争全球市场的大趋势下的选择，时装秀成为他们重要的营销手段之一。

图像和符号的商店 A SHOP OF IMAGES AND SIGNS

在法国，景观也意味着戏剧表演，[19] 时装秀无疑是德波的"景观社会"的一部分，因为它将商业转化为炫目的演出，在时装表演中美化日常生活。美国设计师杰瑞米·斯科特（Jeremy Scott）滑稽地模仿了消费文化的媚俗之风，他的 2001/2002 秋冬系列"美国过剩"（American Excess）在巴黎展出，传统 T 台被一个巨型转盘取代，12 名模特在转盘上模仿美国女老板，上演了精彩一幕。其中一位模特穿着印花鸡尾酒裙（图 51），上面印满了让设计师头痛的美元图案；另一位穿着由金币组成的链甲裙，推着一辆装满钞票的购物车；第三位站在一个敞开的冰箱旁，冰箱里装满了金锭。在同一季，伦敦设计师拉塞尔·塞奇（Russell Sage）用真钱设计制作了一个时装系列，20 英镑和 50 英镑的纸币扭曲成玫瑰花结，6 000 欧元的钞票制成一条裙子（图 52）。与斯科特兴奋而又烂俗地享受金钱不同，塞奇的时装秀清晰地传递出对行业的批判，真实地再现了德波所说的影像化。对德波来说，景观是致命的，因为它是资本的影像化，是金钱的另一面，是"对生活可见的否定"和"非生命的自主运动"。[20]

然而，侯赛因·卡拉扬、马丁·马吉拉、维克托和罗尔夫等时装秀设计师，对德波的景观理念提出了挑战，并认为它需要改进以便适应当代文化环境和通信

16 . Thomas Richards, *The Commodity Culture of Victorian England: Advertising and Spectacle 1851-1914* Verso, London and New York, 1991: 251.
17 . Quoted in Stephen Todd, 'The Importance of Being English', *Blueprint*, March 1997: 42.
18 . Terri Agins, *The End of Fashion*, Quill/Harper Collins, New York, 2000.
19 . Jay, *Downcast Eyes*: 427.
20 . Debord, *Society of the Spectacle: paras*, 10 and 2.

51. 杰里米·斯科特，2001/2002 秋冬系列，后台，摄影：戈尔杰·加莱（Gauliter Gallet），图片提供：杰里米·斯科特

技术的变化。从印象派的巴黎到 19 世纪伦敦的商品文化，再到女性形象成为现代性的景观，虽然德波的理论为理解这些时期提供了行之有效的模型，[21] 但他对 20 世纪后期消费文化的理解受到了电子时代商品和影像性质变化的限制。德波的描述根植于马克思主义对商品形式作为经济客体的批判；20 世纪 90 年代（全球化、新技术和新通信）的整体转型从根本上改变了商品形式。随着电子媒介和全球市场的发展，服务业取代了过去的工业生产形式，信息本身成为一种宝贵的商品。[22] 在文化产业的日益更新中，时尚开始在许多不同的领域崭露头角。德波对影像的尖锐批判在当下的文化中似乎是多余的，如今时尚服装以影像和实体的形式在信息网络中流通：不论在时装秀、杂志还是网站，哪怕仅仅是一个观点，影像都不再是一种单纯的再现，而成为商品本身。实际上，托马斯·理查兹（Thomas Richards）认为，景观时代已经落幕，"景观的符号学可能在资本主义神话中扮演了一个过渡性角色。"[23] 到了 20 世纪后期，由影像新技术主导的全球市场日益可视化，对设计师们来说，更重要的是创作出无与伦比的图解式的秀场影像，并借由印刷品和电子媒体将它们传播到全世界。

例如，除了在纽约曾经为赛（Tse）工作过一段时间之外，侯赛因·卡拉扬的主要创作都是独立于大型企业集团的个人时装系列。在他 1998/1999 秋冬时装秀 "全景"（Panoramic）中，模特们像梦游者一般穿梭在一个简约的现代化场景中，场景中有一个镜面 T 台，以及一面带有出入口缝隙的白墙（图 53）。这场时装秀的视觉亮点在于，人性元素随着表演的进行逐渐消退。模特们在场景中进进出出，仿佛消失在墙里，又出现在镜子里，直到虚像和现实之间的差异消失，她们的身体变成了移动画面中的影像。简约空间中模特们出现又消失的视觉游戏被投影在另一面白色的墙壁上，景象逐渐退化成一系列抽象元素。卡拉扬的出发点是维特根斯坦（Wittgenstein）《逻辑哲学论》（Tractatus logico-philosophicus）中的最后一句话："在无法言说之处，人必须沉默。"[24] 他关注语言的局限性，以及人们发现并运用科技、宗教和科学话语的方式。在时装秀的最后，他通过反射的投影伪装模特自我表达的消失，从而隐喻无尽的个体的消散。

卡拉扬的时装秀在表演和商业的世界之间寻求平衡，在美学、形而上学与景观幻象之间抗争。时装秀中镜子的虚幻本质印证了德波在《景观社会》中所说的，"在现代生产条件占主导地位的所有社会中，整个社会生活显示为一种巨大的景观聚积。直接经历的一切都已离我们而去，成为了一种再现。"[25] 德波把现代生活描述为一个被虚假欲望和幻想占据的世界，无处不在的商品就是其缩影。虽然卡拉扬的时装秀展示了装置艺术的魅力，但镜子的虚幻性也证明了现代消费文化表层的

52. 拉塞尔·塞奇，2001/2002 秋冬系列，摄影：安西娅·希姆斯（Anthea Simms）

21 . T.J. Clark, *The Painting of Modern Life: Paris m the Art of Manet and his Followers*, Princeton University Press and Thames & Hudson, London, 1984. Richards, *Commodity Culture*. Heather McPhearson, 'Sarah Bernhardt: Portrait of the Actress as Spectacle', *Nineteenth-Century Contexts*, vol. 20, no. 4, 1999: 409-454. 感谢卡罗尔·洛克提醒我注意这篇重要文献。
22 . See e.g. Daniel Bell, 'The Third Technological Revolution and its Possible Socio-Economic Consequences', University of Salford, Faculty of Social Sciences Annual Lecture, 1988.
23 . Richards, *Commodity Culture*. 258.
24 . Ludwig Wittgenstein, *Tractatus logico- philosophicus*, trans. P. David, Routledge, London, 1991: 74.
25 . Debord, *Society of the Spectacle*. para. 1.

53. 侯赛因·卡拉扬，"全景"，1998/1999 秋冬系列，摄影：
尼尔·麦肯纳利

54. 侯赛因·卡拉扬, "中间", 1998 春夏系列, 摄影: 克里斯·摩尔, 图片提供: 侯赛因·卡拉扬

不稳定性, 其符号、图像和信息不断流动变化。镜子闪闪发光, 忽略了它所反射的; 它不反映真实, 而是迷惑众生, 和消费主义的炫耀性一样都是一种罪恶的欺瞒。

然而, 在卡拉扬的时装秀中, 镜子也类似于深渊 (mis-en-abime)。1998 年春夏系列, 模特的头被长方形的镜子一分为二, 同时镜子框住了她们的脸, 并将观众的脸反射其中 (图 54)。卡拉扬意在扭转偷窥者和主体之间的关系, 他探索身体周围的消极空间, 研究并挑战我们定义空间内文化和地理区域的方式。观众看着模特, 不只是凝视一个客体, 更是寻找客体与观众之间的互动。镜子框定住模特的脸庞, 同时也让观众看见映照其间的自己。

20 世纪 80 年代, 伊恩·钱伯斯 (Iain Chambers) 将时尚描述为一个无根的世界, 我们经历了一场 "符号模糊" (semiotic blur), 因为它的能指迅速移动、无限循环地交叉引用, 从而无法解读。[26] 他认为这是消费主义景观的一种新的伪装, 一种强迫性转化的诡计: "它……鼓励取悦自身的眩晕体验" 和这种愉悦的 "野蛮目的" (brutal purpose), 那些符号和感觉, 是 "为了赚钱, 然后创造再次体验这种愉悦的情景。"[27] 根据德波的观点, 景观社会是资本借由商品进行诱惑的一种阴险手段。钱伯斯写道: "今天我们已经达到了一定程度的文化商品化, 符号的另一面——产品实际上可能 '意味着' 某些东西可以被清除。"[28] 钱伯斯的文字预示了一些设计师开始在秀场内外运用 20 世纪 90 年代的数字技术。W&LT (狂野及致命的废物, Wild and Lethal Trash) 2005 秋冬时装秀, 华特·范·贝伦东克将戴着面具的机器人送上了 T 台, 他们被塑造成从外太空传送下来的色彩鲜艳的外星人社群 (图 55)。在接下来的 1996 春夏系列中, 他发布了一个交互式的 CD 光盘, 将 "走秀" 变成了一场虚拟体验, 现场模特身穿超现实的塑料设计, 用机器化的手势与计算机生成的虚拟世界中的影像进行互动。侯赛因·卡拉扬 2001 年春夏系列时装秀 "腹语" (Ventriloquy) 以计算机生成的线框模型影片开场, 其像素化的动作呼应了随后由真实模特在时装秀结尾上演的场景 (图 56)。

范·贝伦东克和卡拉扬都尝试将电脑模型与时尚模特、虚拟形象与真实肉体、影像与客体进行对比。吉勒斯·利波维茨基认为, 这种技术玩法是 "一个由时尚建构的社会, 在这个社会中, 理性变得短暂而肤浅, 客观成为一种奇观, 技术的主导与游戏和解, 政治领域与诱惑和解。"[29] 在 "腹语" 中, 卡拉扬将数字影像的新技术与传统的时装秀进行了区分: 视频投影之后, 观众看到了棱角分明的白色简约装置, 上面画着向后延展的黑色透视线, 对应着视频中的建筑空间。时装秀预设了灾难性的道德泯灭, 计算机动画在极短的生命周期内展示了自我的另一面, 然后彼此之间没有感情地互动, 最终像日本动漫中自我牺牲的动画形象一样分裂成数千碎片。在随后的表演中, 真实模特的角色和动作呼应了电脑动画中的另一

26 . Iain Chambers, 'Maps for the Metropolis: A Possible Guide to the Present', Cultural Studies vol. 1, no. 1, January 1987: 2.
27 . 同上: 5。
28 . 同上。
29 . Gilles Lipovetsky, *The Empire of Fashion: Dressing Modern Democracy*, trans. Catherine Porter, Princeton University Press, 1994 [1987]: 10.

55. 华特·范·贝伦东克从，W&LT 1995/1996 秋冬系列，摄影：帕斯卡·克卡（Pasca Therme），图片提供：华特·范·贝伦东克

56. 侯赛因·卡拉扬，"腹语"，2001 春夏系列，摄影：克里斯·摩尔，图片提供：侯赛因·卡拉扬

个自我，从而在真实表演和虚拟叙事之间建立起一种相互作用。时装秀的最后三位模特分别拿出锤子，砸碎了旁边另外三个模特僵硬的糖玻璃裙，真实叙事又回到了视频结尾的那一刻，一个角色"引爆"了旁边的角色，当下再次回到过去。三位拿着锤子的模特与空着手的模特如出一辙，就像格蕾丝三姐妹一样，但她们人数翻倍而且呈现出碎裂的状态。穿着柔软有机布料的模特们对穿着硬壳裙子的模特动手，将裙子打碎。在时装秀进行的 20 分钟内，过去不断重复，时间秩序变得混乱。因此，正如卡拉扬早期对镜子的使用一样，他消除了再现影像和人类实体之间的差异，将眼前的一切都变成了影像。

卡拉扬的许多时装秀（"全景""向地性"和"腹语"）都运用了计算机动画匹配模特们走秀时的动作，和他类似，菲利普·格拉斯（Philip Glass）为科克托的《美女与野兽》（*La Belle et la Bête*）创作的音乐也是如此。舞台上的现场歌手与屏幕上他们的虚拟副本互动对唱。舞台上的美女有时抬头望向屏幕上的美女，现实中的野兽在虚拟野兽濒死时唱出它的遗言，超越了现场表演和电影，音乐和影像，一种紧密有力的对位建立起来。[30] 为了呈现"美狄亚"秀的音乐，卡拉扬在比利时找到了一位菲利普·格拉斯专家演奏格拉斯的《三岛由纪夫传》（*Mishima*），这首保罗·施拉德（Paul Schrader）1985 年电影的配乐从来没有进行过现场表演。格拉斯为了实现"移动影像"尝试了多种形式的音乐创作，他将 20 世纪 80 年代的视觉提示现场音乐和电影相结合，演员有时出现在屏幕前，有时隐藏在后面模糊可见。[如卡拉扬与保加利亚歌手的"言语之后"（After Words）系列] 对于卡拉扬来说，将《三岛由纪夫传》的旋律与"实时"时装秀的编舞重新整合，很大程度上继承了格拉斯 20 世纪 80 年代作品的精神——现场音乐表演与影像（如《小夜曲》*Koyaanisquati*）、歌剧（《美女与野兽》）与情节剧（《德古拉》*Dracula*）结合。

如同装置艺术一般，卡拉扬的概念性作品转向了装饰（froufrou，有打扮轻浮之意）的转瞬即逝。他采用的方法是在现代主义空间中使用前卫音乐进行艺术实验（图 57）。与其他依靠流行人士和视频制作人进行时装秀策划的设计师不同，卡拉扬与产品设计师迈克尔·阿纳斯塔夏季斯（Michael Anastassiades）合作了一段时间。卡拉扬超越了自身的专业领域，与音乐家、珠宝商、纺织品和产品设计师跨界合作。他推翻了时尚系统的许多特征，比如强调季节性创新（他在不同系列中重复相同的图案和主题）和个性（他将模特的头隐藏在木箱或镜子中）。他设计了一封可以邮寄的航空邮件，展开之后邮件变成一件杜邦纸连衣裙，杜邦纸又叫特卫强（Tyvek），是一种用纸浆聚合纤维制成的结实的纸状织物，卡拉扬利用系在肩带上的氦气球将特卫强连衣裙悬挂在半空中。他的设计面料上印有飞行路线的图案（1995/1996 秋冬系列）、线框建筑图纸（2000 春夏系列），以及艾

30 . 'An Introduction from Philip Glass', sleeve notes to *Philip on Film: Filmworks by Philip Glass*, 7559-79660-2, Nonesuch Records, 2001.

雷岸本（Eley Kishimoto）设计的模仿计算机屏幕强烈色彩的像素图案（1996 春夏）。卡拉扬与纺织品设计师索菲·罗特（Sophie Roet）合作，开发了一种双层面料，可以作为内衣的装饰衬在下面。[31]

　　尽管卡拉扬从音乐和哲学中汲取灵感，但他向影像和新技术吸引力的转向也呼应了消费文化和景观社会。苏珊·桑塔格认为，在现代，我们对现实的感知是由我们接收影像的类型和频率决定的。她写道，从 19 世纪中叶起，人们"原本已不再相信通过影像的形式来理解现实，现在却相信把现实理解为即时影像、错觉。"接着她引用了费尔巴哈（Feuerbach）1843 年的论点，德波也在《景观社会》的开篇引用过："无疑，我们的时代偏爱影像而不信实物，偏爱复制而忽视原稿，偏爱再现而不顾现实，喜欢表象甚于内在。"[32] 的确，许多时尚历史学家和消费者倾向于将影像置于客体之上，这一点在卡拉扬时装秀影像和客体之间的循环变化中也有所体现。在卡拉扬的创新又复杂的再现游戏中，商品形式通过现代的不稳定影像和景观社会中的模糊角色，否认了自身的结构而重返当下。

　　"压抑的复现"是一个精神分析的概念，在这个概念中，未解决或被否定的事物必然会再现，通常表现为癔病症状。在时尚界，癔病症状成为了一种历史性症状，新近的创新不断地呼唤着拉巴特所说的"现代幽灵"（the ghosts of modernity）。[33] 卡拉扬的现代主义实验作品开启了影像和观点多重复杂的游戏，这种游戏开始服务于资本主义的生产和消费，尤其是 19 世纪中叶以来的市场营销。[34] 早在 19 世纪 50 年代，波德莱尔就写道："整个可见的宇宙不过是影像和符号的商店"。[35] 正如设计师们实验性的构想，因为背景设定于晚期资本主义时尚，因此卡拉扬的镜子和计算机动画也还原了 19 世纪巴黎百货商店里的双面玻璃柜和镜面玻璃窗，琳琅满目的展品映衬着新兴消费者自身的投影，同时将展品的影像变得多重而碎裂，[36] 卡拉扬的时装秀实验将坚硬闪亮的表层与镜子的多重深层融为一体。

漂移 DERIVE

与卡拉扬的伦敦时装秀类似，马丁·马吉拉的巴黎时装秀也如同一个艺术装置或者说一场表演，但避免了传统时装秀的浮华。模特们被关押在废弃的城市空间中，比如停车场、废旧地铁站、仓库和荒地。当印有 1997/1998 秋冬系列三场时装秀时间地点的巴黎免费宣传地图邮寄到记者手中时，大多数人都没有注意到这是时装秀的邀请函，他们以为自己收到了垃圾邮件，所以扔掉了地图。时装秀当天上

31 ． All these textile collaborations are documented in Sarah Braddock and Marie O'Mahony (eds), *Fabric of Fashion*, The British Council, London, 2000.

32 ． Susan Sontag, *On Photography*, Penguin Books, Harmondsworth, 1977: 153. For more empirically based studies of the impact of new visual technologies on sensibilities see Jonathan Crary, *Techniques of the Observer: On Vision and Modernity in the Nineteenth Century*, MIT Press, Cambridge, Mass., and London, 1990; Scott McQuire, *Visions of Modernity: Representation, Memory, Time and Space in the Age of the Camera*, Sage, London, Thousand Oaks and New Delhi, 1998.

33 ． Jean-Michel Rabate, *The Ghosts of Modernity*, University Press of Florida, Gainsville, 1996.

34 ． Richards, *Commodity Culture*.

35 ． Cited in Susan Buck-Morss, *The Dialectics of Seeing: Walter Benjamin and the Arcades Project*, MIT Press, Cambridge, Mass., and London, 1991: 177.

36 ． Emile Zola, *The Ladies' Paradise*, trans, with an intro, by Brian Nelson, Oxford University Press, Oxford and New York, 1995, opens with one such description.

午 5 点，一辆载有 35 名铜管乐队演奏者的公共汽车离开布鲁塞尔前往巴黎，在第一站目的地，它与另一辆载着 35 名模特的公共汽车相汇。这里是贝尔维尔（Belville）一个名为"La Java"的废弃封闭市场，此时是 10 点 30 分。11 点 45 分他们抵达了第二个地点——巨大的吉布斯大楼的玻璃装货区。15 点整他们到达帕门蒂埃一所 20 世纪 30 年代的舞蹈学校。在这个场地中，观众们欣赏模特和乐队的表演，然后跟随着游行的乐队缓慢地进入秀场。然而，在第三个地点，模特们并没有走进大楼，而是在街道上融入民众游行的队伍。他们始终跟随着穿着高级定制工作室传统实验白大褂的马吉拉的助手。

马吉拉通过偏离原定计划的行程，让模特们在城市的街道上"漂流"，打破了时装秀的传统走秀模式。马吉拉唤起了 19 世纪和 20 世纪两个关联的隐喻：其一是人群的流动，这是波德莱尔城市意象的核心，其二是情景主义的 "漂移"（derive）概念，它旨在抵制景观的影响。德波认为"漂移"是一种穿越"城市空间隐藏景观"的形式。[37] 马吉拉在三场时装秀中都使用了废弃的城市空间，正如贺尔·福斯特（Hal Foster）分析的，历史上这些空间都与 19 世纪文学和拾荒者的意象有关。[38] 波德莱尔将拾荒者指认为现代性的代表，他们从城市垃圾中捡拾起濒死之物，并在"工业女神的齿间"[39] 将其回收。

马吉拉的 1998 春夏时装秀，模特们完全消失，取而代之的是"时尚技术人员"（fashion technicians）。"T 台"有六个白色基座，上面投影了字典式的时装概述，比如"移位的肩部……不穿之时，衣服是完全平整的"。[40] 书面描述的文字与模特穿着衣服的影像剪辑在一起，背景音乐是雷鸣般的掌声。与此同时，身着白大褂的男士 [让人联想到高级定制设计师所穿的白大褂，比如于贝尔·德·纪梵希（Hubert de Givenchy）和克里斯托巴尔·巴伦西亚加（Christobal Balenciaga）] 将服装挂在随身携带的衣架上，向观众指明服装的特征来"展示"（demonstrated）这些衣服。次年，1999 春夏系列，马吉拉不再展示模特穿的真实服装，而是将每件衣服的照片印在夹心板上让模特背着走秀（图 58）。在《景观社会》（*The Society of the Spectacle*）中，德波提出了"异轨"（détournemen）的概念，这是一种让景观重返自身并"扭转其正常的意识形态功能"的方法。[41] 当马吉拉的模特们和路人们一起走在街头、融入城市人群的时候，或者当他使用技术人员和夹心板人来"展示"服装设计的时候，我们可以说马吉拉将景观法则转向了自身。这与 20 世纪 50 年代的情境主义艺术家爱舍·乔恩（Asger Jorn）很相似，他购买跳蚤市场的绘画作品并将其重新粉刷，用他的话说，将其"修改"（modified）为激进艺术。马吉拉也将旧货店的古典服装重新制作成前卫而现代的时装。

37　. See Jay, *Downcast Eyes*: 424.
38　. Baudelaire's poem, 'Le Vin des chiffonniers', or 'The Ragpickers' Wine', is discussed by Benjamin, *Charles Baudelaire: A Lyric Poet in the Era of High Capitalism*, trans. Harry Zohn, Verso, London and New York, 1997: 19.
39　. Baudelaire quoted in ibid: 79.
40　. *Women's Wear Daily*, 16 October 1997.
41　. Jay, *Downcast Eyes*: 424.

马丁·杰伊这样描述爱舍·乔恩的"异轨"绘画:"过去作品中的元素会不断贬值,它们融入新的合奏之中被赋予了新的意义。"[42] 针对时尚对创新性的追求,马吉拉也通过系列设计"回收"他的早期作品,人们能够发现许多系列中反复出现了过去某些设计主题或它的解构版本,这与时尚无止境地追求新鲜和变化的态度背道而驰。

踢踏舞资本主义 TAP-DANCING CAPITALISM

马吉拉创意无限的时装秀可以说是一种情境主义的策略,能够逃离无处不在的"景观社会"。同样我们也可以说,马吉拉仅仅是在一种特殊的文化资本上进行交易,而这种文化资本需要对新的时尚符号有内在认知。对于这些创新,马吉拉的时装秀扩大了城市景观和时尚的范围,而维克托和罗尔夫的设计则提出了一个模糊的疑问,一场时装秀能否从景观之外的重要角度进行批评,还是只能作为另一种景观的复原。从阿姆斯特丹搬到巴黎之前,他们的早期时装秀就在玩世不恭和创意革新之间划下了一道界限。1996 春夏系列"真空外观"(L'Apparence du Vide)的设计是全金色系,他们将这种颜色与包装纸联系在一起,批判整个行业的"马戏"(图 77)。讽刺的标题也让人回想起艺术家伊夫·克莱因(Yves Klein)1960 年拍摄的《坠入虚空》(Saut dans le vide),照片中的艺术家似乎从窗户跳入真空,但实际上这一场景是伪造的。

维克托和罗尔夫对艺术、政治和商业的观照展示了许多克莱因的辩证思路。克莱因在一次表演中,向藏家颁发了一张艺术情感证书换来一块金箔,然后将金箔扔进塞纳河里作为"报酬"。维克托和罗尔夫的第七组设计——1997 春夏系列在阿姆斯特丹的一个画廊里展出,他们说这里凝结了他们对未来希望的缩影。由

42 . 同注释 41。

VIKTOR & ROLF LE PARFUM

于没有钱举办时装秀，他们只能展出一些小型设计图，比如剧院的设计模型、一分钟的时装秀（图 59a）、商店、摄影工作室、画室和 V&R 香水展。V&R 香水展里包含了一个带有微型香水瓶的灯箱、一张虚构的广告宣传照片和 250 个模仿 20 世纪 20 年代香奈儿经典香水瓶设计的空香水瓶，每瓶售价 200 欧元（图 59b）。

　　他们在 20 世纪 90 年代对艺术和时尚商业的巧妙操纵，在 1996/1997 秋冬系列中凸显出来。他们没有设计任何服装，而是无赖地给时尚编辑们发了一张海报，上面写着"维克托和罗尔夫罢工"（Viktor & Rolf on strike），还把这些海报贴在巴黎街头（图 60）。时装设计师"罢工"、不设计服装是在拿产品开玩笑，这可能会波及整个行业。这种策略表明，设计师们清楚地意识到时尚是以牺牲产品为代价的消费的终极产品，这使得被牺牲的产品成为经典马克思主义时尚中的不可见之物。维克托和罗尔夫同时批判了时尚行业及其景观，然后以一种讽刺又理解的方式加入其中。

　　正如艾米·斯宾德勒（Amy Spindler）所言，维克托和罗尔夫的作品既充满了对时尚和时尚行业的热爱，又不乏讽刺意味。[43]Viktor & Rolf 1998 春夏高定时装系列的重头戏是一件白色丝绸晚礼服，搭配着一顶陶瓷草帽和一条由巨大白色瓷珠串起的项链，其中一颗瓷珠和模特的头一样大（图 61）。在走秀过程中，模特将帽子和项链扔到地上摔成碎片，似乎是为了强调在配饰之外时装本身的重要

43 . Amy Spindler in *Viktor & Rolf Haute Couture Book*, texts by Amy Spindler and Didier Grumbach, Groninger Museum, Groningen, 2000: 8.

61. 维克托和罗尔夫，1998春夏系列，摄影：杜默林和杰娃，图片提供：维克托和罗尔夫

62. 维克托和罗尔夫, 2001 春夏系列, 摄影: 彼得·斯蒂格特 (Peter Stigter), 巴黎, 图片提供: 维克托和罗尔夫

性。但这一姿态也是一场作秀, 一场浮夸的篝火, 在试图摧毁自身象征意义的同时, 也再次成为资本主义的景观。贝拉尔迪的玻璃紧身衣 (见图 43) 不加讽刺地将时装表演的景观具体化了, 很难说维克托和罗尔夫对瓷器帽子和项链的破坏是别具一格的, 只能将它当作一种深入理解的姿态。

维克托和罗尔夫的系列设计和早期时装秀涉及资本主义生产以及它掩盖其起源的方式, 例如通过狂热地迷恋商品进行隐喻, 使某一意象成为朱迪斯·威廉姆森 (Judith Williamson) 所说的 "凝结的渴望" (congealed longing) 的具体形式。威廉姆森将马克思对商品的描述称为 "凝结的劳动", 用以描述人们对商品的热望仿佛 "凝结" 在零售和广告的诱人展示中。[44] 维克托和罗尔夫的作品似乎在向这一观点致敬, 他们承认尽管当今的文化生产者和消费者知道自己正在被景观操纵, 但他们仍旧会被这种景观吸引、迷惑, 它削弱了对这种景观的抵抗力。就像安迪·沃霍尔 (Andy Warhol) 20 世纪 60 年代在街头演讲中所说的 "热爱" 资本主义一样, Viktor & Rolf 2001 春夏成衣秀致敬了好莱坞音乐剧, 时装秀没有选用普通的时装模特, 而是由巴斯比·伯克利 (Busby Berkeley) 的荷兰踢踏舞团进行表演。最后, 两位蓄着铅笔般纤长胡子、身着白色西服的设计师在台前鞠躬, 他们就像双胞胎弗雷德·阿斯泰尔 (Fred Astaire) 般欣然地融入舞蹈之中 (图 62)。他们的踢踏舞资本主义令娱乐景观成为时装秀的主题。

44 . Judith Williamson, *Consuming Passions: The Dynamics of Popular Culture*, Marion Boyars, London and New York, 1986: 12.

4. Phantasmagoria 幻影

魔术幻象 MAGIC DELUSION

亚历山大·麦昆为 Givenchy 设计的第四场高级定制系列时装秀（1999/2000 秋冬），代表作是褶皱袖、大翻领的烧花工艺连衣裙。这场秀在传统的 T 台上进行，但戏剧表演（coup de theatre）中传统的走秀模特却被透明有机玻璃脑袋的人体模型取代（图 63）。这些模型从活动门板中弹出，缓慢地在 T 台的木质圆盘上旋转，然后再次下降沉入它们来时的黑暗之中（图 64）。就像记者劳拉·克莱克（Laura Craik）所写的那样："这景象令人着迷，从来没有哪个假人看起来如此充满活力。"[01] 舞台下方，一个精致的脚手架系统容纳了这些人体模型，设计师也从下面的世界升起出现在舞台上，就像魔鬼墨菲斯托费勒斯（Mephistopheles）那样，他站在舞台的尽头，鞠躬致谢后又没入黑暗之中。这位暗藏的设计师、半演员、半操纵者在幕后控制着这场时装秀的运作，让人想起左拉《妇女乐园》中百货公司老板慕雷（Mouret）进行的斯文加利（Svengali）式的幕后操纵。慕雷这一形象的原型正是 1852 年巴黎百货公司——乐蓬马歇百货公司的创始人布希科（Boucicault）。

64. 亚历山大·麦昆, Givenchy 1999/2000 秋冬系列, 摄影: 尼尔·麦肯纳利

1999 春夏米兰时装秀，设计公司 Etro 用一条传送带取代了传统的 T 台，模特们站在传送带的旋转平台上摆出商店橱窗假人般的姿势，一位杂技演员摆荡在她们头顶。就像摄影的底片和正片一样，这两场时装秀表达了同样的观点：在 Etro 的时装秀中，真实的模特看起来像假人；纪梵希时装秀中的假人又似乎活了过来。对二者而言，幻影似的影像在有生命和无生命、灵动和死寂之间架起了一座桥梁。1802 年，"幻影"（Phantasmagoria）一词首次出现在英语中，用来描述另一种流行的景观形式。保尔·菲利普斯塔尔（Paulde Philipstal）的伦敦幻影展是一场神奇的幻灯表演，在蒙着薄纱的黑暗空间里，骷髅、鬼魂和其他灵异存在迅速地变大变小，突然冲向观众，最后沉入地下消失不见，这很像纪梵希时装秀中的人体模特。因此，"幻影"这个术语用来描述背光的光学幻象，通常是指魔术幻灯，它也隐喻了某种戏剧性的视觉欺骗或表演，虚幻的、抽象的存在显现其间，但终究会消散不见。[02]

西奥多·阿多诺（Theodor Adorno）在分析理查德·瓦格纳（Richard Wagner）的歌剧时，用幻影一词来指代 19 世纪商品文化中兜售虚假欲望的诡计、谎言和幻觉。[03] 由于观众看不见它的光源，幻影成为阿多诺笔下的一个喻体，隐喻着资本主义生产的运作机制被营销和零售策略所掩盖。[04] 同样，纪梵希的时装秀展品隐藏在走秀台之下，"无生命的"假人取代了活生生的模特，观众感到不安和焦

01 . Laura Craik, *The Guardian*, 19 July 1999.
02 . E.g. Scott's journal, 1808: 'in this phantasmagorical place [London] the objects of the day come and depart like shadows': Oxford English Dictionary.
03 . Theodor Adorno, *In Search of Wagner*, trans. Rodney Livingstone, Verso, London and New York, 1981, ch. 6, 'Phantasmagoria': 85-96.
04 . 卡尔·马克思用"幻影"这一比喻形容商品拜物教是"人与人之间的一种确定的社会关系，他们假设事物之间关系是一种幻影形式"。Karl Marx, *Capital*, vol. I, trans. Ben Fowkes, Penguin, Harmondsworth, 1976: 165. 但是，此处的翻译用英文"幻想 fantastic"代替了"幻影 phantasmagoric"。阿多诺的《寻找瓦格纳》（*In Search of Wagner*）的第 6 页，罗德尼·利文斯通（Rodney Livingstone）更恰当地将马克思的这一术语翻译为"幻影"，因为马克思在同一段落中的早期参考文献与 19 世纪的光学科学相关。马克思的论述为阿多诺分析瓦格纳歌剧时转化"幻影"的用法提供了依据。

63. 对页 _ 亚历山大·麦昆, Givenchy 1999/2000 秋冬系列, 摄影: 尼尔·麦肯纳利

65. 对页上 _ 华特·范·贝伦东克, W & LT, 1998/1999 秋冬系列, 摄影: 科琳娜·莱卡 (Corina Lecca), 图片提供: 华特·范·贝伦东克

66. 对页下 _ 亚历山大·麦昆, 1998/1999 秋冬系列, 摄影: 尼尔·麦肯纳利

虑。T 台下隐蔽的机械就像商业交易, 幽灵般的人体模型从黑暗中缓缓升起, 然后又没入黑暗, 暗示着梦幻世界中的幻影或"魔幻"(magic delusion)。[05] 加利亚诺的 1996/1997 秋冬系列设计基于一个幻想故事, 宝嘉康蒂公主在 20 世纪 30 年代来到巴黎遇到了华莱士·辛普森 (Wallace Simpson), 设计了她自己的时装系列 (其中包括珠扣时髦连衣裙) 并把它带回了印第安部落。加利亚诺制造了一个像阿多诺所描述的幻影一般的景观, 在这个故事里, 叙事时间被摧毁, "遥远的过去和临近的当下迷幻地结合在一起。"[06] 可以说加利亚诺的时装秀唤起了 19 世纪百货公司和世界博览会诱人的"梦幻世界", 消费者在幻觉和遐想中迷失了自我。同样, 我们也可以将他的时装秀运作模式视为 19 世纪用来掩盖时装秀商业本质和目的的幻影。

阿多诺写道: "在梦想最崇高的地方, 商品唾手可得。"欧洲的时装设计师们在一系列的"崇高梦想"中演绎了这一主题。[07] 华特·范·贝伦东克为 W&LT 设计的 1998/1999 秋冬系列"相信"(Believe), 在一个完全黑暗的大厅里展出, 观众们需要借助手电筒来进行观看。大厅里空无一人, 只有一面挂着荧光黄色帘布的墙, 一道白光照亮了蓝色电子 T 台, 观众席的长椅并列两旁。在演出的压轴部分, 幕布拉开后舞台上呈现出精灵们注视着观众的童话场景, 创造了一个类似于阿多诺描述的 19 世纪幻象的仙境 (图 65)。[08] 亚历山大·麦昆在同一季的时装秀上模拟凝固的黑色熔岩, 并在时装秀的高潮时刻围绕 T 台点燃了一圈火焰, 身着红色亮片的模特被困在"一场盛大的魔法火焰"中心, 阿多诺用"一场盛大的魔法火焰"来描述幻影的末世影响 (图 66)。[09] 他认为瓦格纳的歌剧"依靠作品的外观隐蔽了其中的生产价值", 这一结论也适用于 20 世纪 90 年代的时装秀, 在日益戏剧化的技巧手法背后, 时装的生产价值被掩盖。[10] 在马丁·马吉拉 2002/2003 秋冬系列中, 射光间断性地照亮黑暗的时装秀, 马吉拉穿着实验室白大褂的助手们将模特护送到各自的脚手架 T 台上, 助手们在离开之前打开了灯。在其中一个舞台上, 同样穿着实验室白大褂的助手拿着有机玻璃箱子, 里面装着一个覆盖着白棉布的手提包, 他以一种讽刺的方式向观众展示了流行的设计师手提包。因此, 正如阿多诺谈及 19 世纪晚期的商品文化时说的那样, "产品通过自我生产表现自我"。[11] 20 世纪后期的时装秀也诱惑性地向公众展示了它的奇观, 同时转移了人们的注意力, 使人们不再注意到一个事实: 就像高级百货公司里陈列的奢侈品一样, 除了少数特权阶级之外, 其他人都买不到它们 (因为即使有钱也买不到时装秀的席位, 也只有有钱才能买到名牌服装)。马吉拉在时装秀中对手提包的戏谑凸显了这种观念是如何潜移默化地形成的——通过当代消费文化和拜物教客体的日常策略。

05 . Adorno, *In Search of Wagner*. 85.
06 . 同上:86。
07 . 同上:91。
08 . 同上:86。
09 . 同上:90。
10 . 同上:85。
11 . 同上。

幻影对话 PHANTASMIC DIALOGUE

像马吉拉一样，Givenchy 的时装秀没有彻底掩盖时装的商业本质，而是利用人体模型使其成为一种景观（图 63 和图 64）。当有机玻璃模型在黑暗中诡异地起起落落时，它们身穿世纪之交的垂褶袖晚礼服，摆出的静态造型呼应着 1900 年巴黎展览会玻璃后面的蜡制假人（图 13）和尤金·阿杰特拍摄的反光玻璃窗和商店橱窗后面的假人照片（图 67）。幽灵般的人体模型无生命的本质，在景观中奏响忧郁的乐章，突显了商品形式的致命性。苏珊·巴克 - 莫斯（Susan Buck-Morss）认为，

67. 尤金.阿杰特，戈培林大道，1925 年，现代艺术博物馆，纽约，阿伯特征兵系列，摄影：斯卡拉，佛罗伦萨／现代艺术博物馆，纽约，2003 年

"在时尚中，商品的幻影最贴近皮肤。"[12] 而且，这些幻影以现代幽灵的形式回归，有一种令人窒息的压迫感。麦昆时装秀的黑暗是超自然的，冷酷模特和呆滞的玻璃人体模型描绘了资本主义现代性在当下重新出现时的黑暗与压抑。如果像拉巴泰所认为的那样，"现代性幽灵"的回归是因为现代主义为了构建一个新的乌托邦的未来而否定了自己的过去，那么这种回归就会变得极为混乱且脱离常轨，成为现代性遗留下来的残馀。[13]

追求永恒的变化和更新，同时在表面上拒绝、压抑过去是时尚的基本特征。"但是，（过去）又会扰乱和动摇现代人的信心。当下仍然持续地与过去进行幻影对话。"[14] 但这种对话不是简单的鲜明对比（比如过去对比现在），而是一种双方根植其中的模糊性对话。马丁·马吉拉的 1992 春夏系列在巴黎废弃的圣马丁地铁站展出，该地铁站自 1939 年以来一直无人使用。1 600 根蜂蜡蜡烛点亮了模特们走秀的三个主楼梯，蜡烛被自身融化的蜡油固定在金属扶手上（图 68）。这是一场全新的、革命性的时装秀，同时也是一场对战前遗弃物和诗意城市空间的招魂。这种过去和现在的复杂对话也融入了马吉拉对未来的展望，他新颖的时装展示方式为时装秀未来发展的可能性开辟了新的天地。

琳达·尼德指的这种"幻影对话"并不是字面上的引用或代表，例如一场简单的遍布幽灵的走秀，尽管这样的时装秀也已经上演了。Imitation of Christ 2001 春夏时装秀在纽约殡仪馆举行。演出模仿了守灵的场景，模特们以葬礼的步伐行进，头部缠着绷带，手腕上沾满了鲜血，造型如同蹒跚的伤员。亚历山大·麦昆为 Givenchy 设计了 1997/1998 秋冬系列，在这个系列中，模特们以幽灵的身份回来纠缠杀害他们的凶手（图 114）。一排复仇幽灵模特的幻想通过强调戏剧、叙事和表演技巧，以及幽灵般存在的核心隐喻，完美地印证了时尚景观。但是，"幻影对话"也可以追溯到过去和现在之间较少的文字描述和更多潜在的结构性联系。这就是商品本身的地位和作用，以及它与人类恐惧、欲望和身份认同的关系。如果说 Givenchy 的玻璃人体模型周围存在一片黑暗的话，那并不是字面上他们升起之地的黑暗，而是隐喻了资本主义企业自身的黑暗，无生命的人体模型取代了人类模特就是这种黑暗的代表。也许玻璃模型之所以引发了群众的焦虑，正是因为活生生的女性被装有假肢的女神取代了。

丽莎·提克纳（Lisa Tickner）认为，类似 19 世纪末这样的新技术发展时期会

12 . Susan Buck-Morss, The Dialectics of Seeing: Walter Benjamin and the Arcades Project, MIT Press, Cambridge, Mass., and London, 1991: 97.

13 . Lynda Nead argues in Victorian Babylon, Yale University Press, New Haven and London, 2000: 7, "绝对不可能有一种纯粹的、干净的现代性，因为构成这一历史时间性的话语承载着历史与现代性的幽灵。"尼德引用了米歇尔·德塞都（Michel de Certeau）的论述："任何自治秩序都是建立在它所消除之物之上的；这产生了一个注定将被遗忘的'残馀'。但被排除之物又重新渗入它的起源地——当下的纯粹（自尊）之地。它重新出现，搅乱当下，又将现在的感觉"在家"变成一种幻觉，潜伏着——一份"狂野"，一份"污秽"，这种"迷信"的"抵抗"——在庇护所之内，在所有者之后（自我），在异议对抗之下注明了另一方的规则。Michel de Certeau, Heterologies: Discourse of the Other, trans. Brian Massumi, University of Manchester Press, 1986: 4. This argument is also made in Mary Douglas's aphorism 'dirt is matter out of place' and by Julia Kristeva's mobilisation of Douglas's writing on hygiene in Kristeva's account of abjection. 玛丽·道格拉斯（Mary Douglas）的格言"不在其位之物为脏"以及朱莉娅·克里斯蒂瓦（Julia Kristeva）的卑污论也援引了道格拉斯这一论点。See Mary Douglas, Purity and Danger: An Analysis of the Concepts of Pollution and Taboo, Routledge, London and New York, 1992 [1966]; Julia Kristeva, The Powers of Horror: An Essay on Abjection, trans. Leon S. Roudier, Columbia University Press, New York and Oxford, 1982 [1980].

14 . Nead, Victorian Babylon: 8.

产生矛盾的社会反应。也许她的观点有助于解读麦昆在另一个技术快速变化时期——20世纪后期的"信息革命"——使用的奇异模特。"技术既带来了幻影的希望，也存在幻影的威胁：人类可能成为'假肢之神'，或沦为现代机器中的齿轮。"[15]关注新技术的异化效应也是马克思商品拜物教概念的基础，即人与人之间的关系和感情转移到物品上，人们只能间接地通过商品形式来维系关系。[16]因此，技术变革的幽灵和商品的幽灵都萦绕在麦昆的旋转人体模型之上；Givenchy

15　. Lisa Tickner, *Modern Lives and Modern Subjects*, Yale University Press, New Haven and London, 2000: 191. Tickner takes the phrase from Freud, and refers to Hal Fosters use of it in his essay 'Prosthetic Gods', *Modernism/Modernity*, vol. 4, no. z, April 1997: 5-38.

16　. Marx, Capital: 176.

时装秀的黑暗不仅是字面上的，更是隐喻层面的黑暗：既不是黑暗的空间，也不是人体模型的无生命性，而是商品形式影响社会生活的致命性。麦昆创作的物化的、无生命的假人让人联想到商品文化中人与物之间的倒转关系，就像人与物品的交易一样，商品本身充满一种神秘的生命力（"'已死的劳动'回来支配活着的人"[17]），而人类生产者则有一种机器的"死亡事实性"[18]。

如果说，麦昆为 Givenchy 设计的有机玻璃人体模型唤起了商品形式的致命性，将所有人类关系还原为一系列物体之间的相互作用，那么在麦昆 2001 伦敦春夏系列"沃斯"中，这一主题得到了进一步的深化。麦昆在 T 台中央搭建了一个巨大的镜面箱子，这样当观众入座后，他们就不得不在刺眼的灯光下观看自己的镜像。由于伦敦的时装秀通常会持续三刻钟到一个半小时不等，所以长时间面对自己镜像的观众会觉得越来越不舒服。每个人都必须把目光移开，看着别人或是看向自己。经过一段时间之后，这种自我审视产生了强烈而偏执的自我意识。这是个残酷但别有意义的场景，因为观众都是专业的时尚人士，正如记者萨拉·摩尔（Sarah Mower）形容的，这是"虚荣的核心仲裁者的聚会"。[19] 在这里，麦昆将观察者转化为观察对象，将他们对模特的苛刻审视转向自身，着重强调了模特和服装被时尚记者的目光所物化的程度。麦昆援引了卢卡奇和马克思对商品拜物教的论述，人们通过物品来维系彼此之间的关系，将人类的情感转移到事物上，让事物充满了意义。

在这一景观倒置之后，麦昆实现了更进一步的倒置。演出开始时他将观众变成了偷窥狂，灯光照射在观众身上，然后射进了箱子内部，箱子由反光的监视玻璃制成，正反两面都是镜子。箱子里的模特看不到观众，但她们可以清楚地看到自己的镜像。这样观众就能看到模特们在审视自己的状态。模特们梳妆打扮了十分钟，自恋地欣赏着自己的镜像，在镜子前进行孤独的表演。在现实生活中，这样的场景只会发生在卧室等私密空间内。模特们个体愉悦的模拟表演，对于隐藏在单面镜后面的时尚偷窥狂观众们来说就像一场性爱大片，令他们更加兴奋颤抖（图 69）。

对模特来说，基本的自恋是工作的一部分，她们的身体是她们的营生手段，她们的容貌是一种商品。然而，在这场时装秀中，随着衣服变得越来越令人不安，模特们日常的自恋消失了，而逐渐变得精神错乱、情绪失常。她们面色苍白、头上缠着绷带。这些衣服几乎都是由迷人的材料制作而成的：羽毛、锦缎、贝壳、木制紧身胸衣，一件服装上用拼图制成的古堡立体地架在模特的肩膀上。另一件则有猛禽在模特头上飞来飞去。还有两条用墨鱼和贝壳制成的裙子，以及一件从脖子到脚踝都挂满剃须刀外壳的时装（图 70）。模特凯伦·艾臣（Karen Elson）身穿的最后一件作品放大了裙子随动作而产生的叮当响声。这件作品外部是一条复

17 . Hal Foster, Compulsive Beauty, MIT Press, Cambridge, Mass., and London, 1993: 129.
18 . Hal Foster, 'The Art of Fetishism', The Princeton Architectural Journal, vol. 4, 'Fetish', 1992: 7.
19 . Sarah Mower, 'Politics of Vanity', The Fashion, no. 2, spring/summer 2001: 162.

古的丝绸和服制成的简单外裙，下面是另一件由 200 年历史的日本屏风制成的裙子，上面嵌着黑牡蛎贝壳（图 71）。麦昆破坏了一条历史遗留的裙子但同时也使它更具体更迷人。凯伦·艾臣一边走一边将外裙分开，露出里面的裙子，裙子上的贝壳鳞片相互撞击，叮当作响。裙子上面是珠宝品牌 Shaun Leane 的颈饰，尽管这条颈饰金银丝的花纹和一簇簇珍贵的大溪地孔雀绿珍珠看起来非常精致，但它那尖尖的银色树枝延伸到模特的脖子和脸颊上，令她的头像一个约束性的桁架。玻璃箱子的上方衬垫着白色的棉质垫料，时装秀景观的整体效果如同墙壁上铺着软垫的精神病房，在这里模特们因虚荣心而精神失常，缓慢地跳起了舞蹈。摩尔写道："这个令人毛骨悚然的观念逐渐深入人心，世界顶级模特们为我们表演了一场关于美丽女人被自己的倒影逼疯的情节。"[20]

最后一位模特从箱子里出来之后，T 台上另一个箱子的侧面轰然倒下，露出了箱子里恋物癖作家米歇尔·奥利（Michelle Olley）的裸体身影，她斜靠在覆盖了

花边布料的巨大牛角沙发上（图72）。这一场景改编自乔 - 彼得·威金 (Joel Peter Witkin) 的摄影作品《疗养院》(Sanitarium)，照片中一位 20 年代的中年妇女，通过一根呼吸管与一只毛绒猴相连。奥利的头部裹着绷带，蒙着一副鬼魅般灰色的猪皮面具，一根呼吸管似乎从她嘴中伸出来，而她的身体上铺满了又大又脆弱的飞蛾。有的飞蛾落在她身上，有的则在箱子里飞舞散落。[21] 在这场时装秀的舞台上，麦昆在美与恐怖之间摇摆，颠覆了传统的审美观念。尽管时尚界在性方面可能更容易接受各种各样的变态反常行为，但是对体形和身材的观念却很狭隘。其中最突出的就是时尚圈不能容忍脂肪，除了某些特例之外，脂肪是永远的禁忌。麦昆的演出将第一个箱子中瘦骨嶙峋的精神病模特们代表的所谓规范的美和时尚圈永远驱逐的庞大身躯并列在一起，他使用飞蛾（破坏衣服的飞蛾）、玻璃箱子和呼吸管隐喻了肥胖引起的恐怖。然而，麦昆的时装秀和服装本身依然魅力无穷。这场秀融合了美与恐怖，证实了幻影的本质是一种矛盾心理，按照阿多诺的说法：“将愉悦转化为病痛是幻影饱受谴责的任务。”[22] 阿多诺认为，如果瓦格纳的幻影是“梦幻妓院，那么这些妓院会同时遭到污蔑，没有人能从中幸免”。[23] 在那里，简单的快乐因为被展示而遭受诋毁和诅咒，因此“幻影从一开始就被它自身毁灭的种子污染了。”幻觉的深处孕育着幻灭。[24] 玻璃箱印证了这一点，首先它将观众反射给观众自己，随后，在软垫病房中向观众呈现模特们别具美感的精神病症状。最后，第二个箱子借由米歇尔·奥利丰满的肉体形象，用所谓的恐怖扭曲了所谓的美丽。

轻浮与死亡 FRIVOLITY AND DEATH

麦昆 2001 春夏时装秀时长 15 分钟，花费超过 7 万英镑。[25] 麦昆的创意总监凯蒂·英格兰（Katy England）提前四个月进行筹备策划，木匠、电工、机械工人和模型制作者组成的团队耗费 7 天时间建造了整个装置。大部分时装都由手工制作，服装团队将贝壳一个个缝制在衣服上，精心制作怪异的头饰，这些衣服很多都只是为了表演需要，永远也不会投入生产。在演出开始之前，常规的造型师和化妆师团队接手了模特们的妆发。萨姆·盖恩斯伯里（Sam Gainsbury）和安娜·怀廷（Anna Whiting）担任秀场制片人，艺术总监是约瑟夫·班尼特（Joseph Bennett），灯光设计由丹·兰丁（Dan Landing）负责，DJ 约翰·格斯林（John Gosling）担任音乐总监。另外还有一位老人负责照看这些飞蛾，以确保它们在演出前不会乱飞。

　　就像阿多诺所描述的幻影一样，这种大规模的生产劳动从来都是不可见的，

72. 模特: 米歇尔·奥利, 亚历山大·麦昆时装秀, "沃斯", 2001 春夏系列, 摄影: 克里斯·摩尔。图片提供: 亚历山大·麦昆

21 . See e.g. the photographer Nick Knight's website, www.showstudio.com, which has a feature from 2002 on high fashion for big women. For a discussion of late twentieth-century fashion and Western culture's ambivalence towards large women, see 'Flesh' in Rebecca Arnold, *Fashion, Desire and Anxiety: Image and Morality in the Twentieth Century*, I. B. Tauris, London and New York, 2001: 89-95. On women and body size see Susan Bordo, *Unbearable Weight: Feminism, Western Culture and the Body*, University of California Press, Berkeley, 1993; and Naomi Wolf, *The Beauty Myth*, Vintage, New York, 1991.
22 . Adorno, *In Search of Wagner*: 94.
23 . 同上。
24 . 同上。
25 . It was sponsored by American Express. See Louise Davis, 'Frock Tactics', *The Observer Magazine*, 18 February 2001: 36-39.

73. 对页 _ 约翰·加利亚诺，1997 春夏系列，摄影：帕特里斯·斯特布尔（Patrice Stable），图片提供：约翰·加利亚诺

74. 上 _ 亚历山大·麦昆，"好一个旋转木马"，2001/2002 秋冬系列，摄影：罗伯托·特基奥，图片提供：朱迪斯·克拉克时尚策展空间

时装秀掩盖了它背后的劳动。却给人们留下了生动的、夸耀的印象。如此强烈的意象会在脑海中留下视网膜的残像，然后慢慢消退。演出结束后，巨大的箱子被拆除丢弃，飞蛾死亡，模特们继续进行其他走秀。这场特别的时装秀像马戏团一样将愉悦和祸害结合在一起。年复一年的国际时装秀被时尚记者们称为"时尚马戏团"（fashion circus），这一隐喻指向了马戏团流动飘忽的特点以及其景观和表演的传统。这很像时尚：今天在这里，明天就消失了。然而，虽然马戏团是一个景观、游乐和遗弃的空间，但它也是一个充满逃避、危机和自我丧失的黄昏世界。20 世纪 90 年代的时装秀以马戏团和游乐场为基础，兼具了以上两个特征；一些时装秀唤起了现代乐观、活力的一面（图73），而另一些则充满了忧郁和疏离的碎片（图74）。

　　1999 年 9 月，朱利安·麦克唐纳德（Julien Macdonald）2000 春夏时装秀"Frock& Roll"在伦敦圆屋剧场上演了一场马戏团庆祝活动。伦敦名流在时装秀前排落座，黯淡的灯光映衬着德拉瓜迪亚剧团的杂技演员们在天花板上表演的身影。渐渐地，听起来像是淅沥沥雨滴的声音逐渐清晰，那是一串串气球和五彩纸屑飘落在帆布天花板上的声音。杂技演员们冲破天花板，表演蹦极、炸弹爆炸和空中飞人。一名观众被突然袭击拽到空中，再也没有回来。泡泡糖的明艳包装、熠熠生辉的亮片和火花组成了整场时装秀，这些都呼应着麦克唐纳德第一次在标志性针织衫中加入的彩虹色皮革和麂绒、格子纹理和银色镶边。时装秀的最后，天花板突然开裂，气球、五彩纸屑和聚苯乙烯球抛撒向观众。相比之下，亚历山大·麦昆的2000/2001 秋冬时装秀直观地再现了马戏团和游乐场的黑暗面。麦昆将时装秀舞台设置在维多利亚时代玩具店前的旋转木马上，强调了童年玩具的邪恶性，他将电影《万能飞天车》（*Chitty Chitty Bang Bang*）中抓小孩的歹徒的声音放入秀场背景音乐中。模特们的妆容以白面小丑为基础，每一个形象都流露着悲伤和疏离。（图74）马戏团恐惧而怪异的元素在这场秀中展露无遗，比如说一位穿着黑色衣服的模特脚下拖着金色的骷髅骨架（图75）。

　　1925 年，一家德国时尚杂志宣称："时尚只存在于极端之中。因为它天生追求极致，当它放弃某种特定的形式时，除了把自己献给相反的形式之外，别无他法。"本雅明认为："时尚所追求的最极端的极端就是：轻浮与死亡。"[26] 因此，模特的肉身被金色的骷髅骨架死缠烂打，在生死边缘游走的杂技演员扮成了疏离的小丑。这就是马歇尔·伯曼所指的现代性具有两面性，这和伊丽莎白·威尔逊对时尚的评论很相似："对时尚而言，资本主义的产物，像资本主义一样，具有两面性。"[27] 在伯曼的分析中，"现代性"的特征是资本主义生产和消费时期现代生活的活力、"鲁莽的冲劲"和"令人窒息的紧张感"。[28] 这就是现代性积极的一面，

26　. Walter Benjamin, *The Arcades Project*, trans. Howard Eiland and Kevin McLaughlin, Belknap Press of Harvard University Press, Cambridge, Mass., and London, 1999: 71.

27　. Elizabeth Wilson, *Adorned in Dreams: Fashion and Modernity*, Virago, London, 1985: 13 [2nd ed. I. B. Tauris, 2003 forthcoming].

28　. Marshall Berman, *All That is Solid Melts into Air." The Experience of Modernity*, Verso, London, 1983: 91.

76. 薇洛妮克·布兰奎诺，1998/1999 秋冬系列，摄影：霍布赖茨 / 丹尼尔斯（Houbrechts/Daniels），图片提供：薇洛妮克·布兰奎诺

当代时装秀刺激性、戏剧化的景观场面将现代性的这一面表现得尤为明显。19 世纪的现代性是工业化及其对人民和城市的社会经济生活的影响的结果。1845 年，夏尔·波德莱尔发现了一种日常生活中的英雄主义，这种英雄主义就包括漫无目的、无拘无束，这便是伯曼所称的"现代生活的漩涡"（the maelstrom of modern life）。[29] 它与 20 世纪后期的一些作家所认为的后现代愉悦或兴奋的方式是类似的。[30] 更注重经验主义的文化史学家们仔细研究了个体如何在当代通过时尚消费塑造自我的身份。[31] 个体通过着装创造自己的世界，并在其中标出自己的位置：波德莱尔认为，现代生活的史诗品质"让我们感觉到领带和漆皮靴是多么诗意而伟大。"[32] 和今天一样，时装在 19 世纪的城市中也很重要：它强调标签的不稳定性，这不仅意味着时尚具有新颖性，还意味着它提供了选择权和身份标志。时尚为男性和女性提供了一种方式，使他们成为现代化的主体和客体。[33]

然而，伯曼认为，现代性有其阴暗的一面。现代世界的刺激、对改变的执着和对新奇事物的渴望，因一种"分崩离析"的恐惧得到平衡，在那里"事物分崩离析，中心荡然无存。"[34] 用马克思的话说，一切牢固的、冻结的关系，连同它们那些古老的、可敬的偏见，都消散不见了。一切新形成的关系都在未僵化之前过时了。'所有固体都化成了空气'。"[35] 伯曼认为，两面性是资本主义本身的核心特征。因为资本主义的生产依赖于时装所体现的那种持续不断的创新，但创新是传统和连续性的敌人；它们产生一种不稳定感和永久的错位感。而且，为了使新事物不断地建立起来，它们必须不停地推翻过去，资本主义生产力的背面就是暴力的毁灭。[36] 尼采虚无主义的根源在于"市场经济陈腐的日常运作"[37] 和资本主义生产持续面临着走进深渊的威胁。这种对崩溃的恐惧侵入了现代性充满活力的一面，从而产生了一种阴暗的情感和审美，这在 20 世纪 90 年代的许多时尚设计中可见一斑。薇洛妮克·布兰奎诺 1998/1999 秋冬系列的灵感源于大卫·林奇（David Lynch）《双峰》（Twin Peaks）中劳拉·帕尔默（Laura Palmer）的双重生活。模特们穿着一系列"脱节"的衣服，这些衣服有着不合时宜的颜色，包括兔皮套头衫、厚重的外套

29 . See Baudelaire's review of the Salon of 1845 for the reference to 'the heroism of modern life' cited in ibid: 143. For the 'maelstrom' see 16.
30 . E.g. Jean Baudrillard, *The Ecstasy of Communication*, trans. Bernard and Caroline Schutze, Semiotext(e) Autonomia, Brooklyn, New York, 1988.
31 . There is a substantial body of writing on the relationship of fashion, consumption and identity from the eighteenth century to the twentieth. Notable among them are Alan Tomlinson (ed.), *Consumption, Identity and Style*, Comedia, London, 1990; Beverlie Lemire, *Fashion's Favorite: The Cotton Trade and the Consumer in Britain 1860-1800*, Oxford University Press, 1991; Stuart and Elizabeth Ewen, *Channels of Desire: Mass Images and the Shaping of America*, University of Minnesota Press, Minneapolis, 1992; Rob Shields (ed.), *Lifestyle Shopping; The Subject of Consumption*, Routledge, London, 1992; Daniel Roche, *The Culture of Clothing: Dress and Fashion in the Ancien Regime*, trans. Jean Birrell, Cambridge University Press, 1994; Philippe Perrot, *Fashioning the Bourgeoisie: A History of Clothing in the Nineteenth Century*, trans. Richard Bienvenu, Princeton University Press, 1994; Daniel Miller, *Shopping, Place and Identity*, Routledge, London, 1998; Christopher Breward, *The Hidden Consumer: Masculinities, Fashion and City Life 1860-1914*, Manchester University Press, 1999; Diana Crane, *Fashion and Its Social Agendas*, University of Chicago Press, 2000; Erika Rappaport, *Shopping for Pleasure: Women in the Making of London's West End*, Princeton University Press, 2000.
32 . Baudelaire's review of the Salon of 1845 cited in Berman, *All That is Solid*: 143.
33 . Mica Nava, 'Modernity's Disavowal: Women, the City and the Department Store', in Pasi Falk and Colin Campbell (eds), *The Shopping Experience*, Sage, London, Thousand Oaks and New Delhi, 1997: 57.
34 . W.B. Yeats, 'The Second Coming', 1. 3, in *Selected Poetry*, ed. A. Norman Jeffares, Pan, London, 1974: 99.
35 . Karl Marx and Frederick Engels, *The Manifesto of the Communist Party*, trans. Samuel Moore, Progress Publishers, Moscow, 1966 [1848]: 44-5. Also cited in Berman, *All That is Solid*: 21; see too Wilson, *Adorned in Dreams*: 60.
36 . Berman, *All That is Solid*: 100.
37 . 同上。

和披肩。模特的面孔惨白，牙齿漆黑，布兰奎诺这个系列都笼罩在神秘莫测的气氛中，让人联想到表面之下深不可测的双重含义（图76）。暗示着女孩和女人的秘密生活是一个地下世界，这种隐藏的暗流在这一系列设计中被引向表层，并与肤浅的外貌融合得浑然一体。布兰奎诺曾说："对我来说最重要的事情是，我意识到女人非常复杂，每个女人都有一个神秘的内在……我喜欢人类的黑暗面，黑暗的思想、黑暗的情绪、黑暗的衣服：我喜欢这个词，也喜欢这种情感，这就是我试图表达的。这是世纪末一代的浪漫。"[38]

　　Viktor & Rolf 1996 春夏系列也反映了这两方面，该设计的代表作是闪闪发光的金色时装，对应着每一套金色时装，工作室地板上都摆放了黑色衣服，这是这些金色衣服的"影子"（图77）。这些影子衣服就像那些闪闪发光的衣服一样可以穿。艾米·斯宾德勒评论说，"穿着奢华服饰的女人往往引人注目，但当她们穿

38 ．Cited in Luc Derycke and Sandra van de Veire (eds), *Belgian Fashion Design*, Ludion, Ghent and Amsterdam, 1999: 85.

77. 维克托和罗尔夫，"真空外观"，1996 春夏系列，帕特里夏·多夫曼画廊，巴黎，摄影：维克托和罗尔夫

上暗黑的衣服就会变得隐形……这一系列同样代表了时尚黑暗和光明的两面……时尚行业本身就是这样产生两极分化的。有些编辑只穿黑色衣服，退居到背景之中，还有些编辑则凭借穿着打扮来影响这个世界。"[39] 这种双面性也与现代主义时期的时尚史有关。19 世纪商品文化的兴奋和活力、对过去的坚决否定，都具有现代主义的专注乐观精神。然而，现代性的幽灵通过否定它们的结构重返当下，例如，时尚就是现代性和变化的一种文化表现形式。[40] 在更主流的时装生产中，比如朱利安·麦克唐纳德和约翰·加利亚诺的作品，我们能在其中看到现代性积极的一面，但本质上讲，麦昆和维克托、罗尔夫等设计师的作品触发了时尚的黑暗面。此时时尚就像一种病症，现代性的幽灵侵入其间。时尚造就了在欢庆与厌恶、性爱与死亡、快乐与恐惧之间摇摆不定的影像，科林·坎贝尔（Colin Campbell）认为，18 世纪末和 19 世纪初的浪漫主义运动是清教徒职业伦理与浪漫主义的混合体。[41] 伊丽莎白·威尔逊在时尚和现代性著作《梦想的装扮》（*Adorned in Dreams*）中也认为，浪漫主义运动中强烈的个人主义既是对科学进步和工业化的回应，也是一种反意识形态。[42]1985 年威尔逊将浪漫主义时期和当时进行了类比，21 世纪初的今天我们仍然可以运用这种类比。[43]

愉悦成疾 PLEASURE INTO SICKNESS

在 19 世纪，两极之间的振荡被认为是当时所特有的。马克思在 1856 年写道：

> 这里有一件可以作为 19 世纪特征的伟大事实，一件任何政党都不敢否认的事实。一方面 19 世纪产生了以往人类历史上任何一个时代都不能想象的工业和科学的力量。而另一方面却显露出衰颓的征象，这种衰颓远远超过罗马帝国末期那一切载诸史册的可怕情景。在我们这个时代，每一种事物好像都包含着自己的反面。[44]

马克思将进步与衰颓无情地联系在一起，波德莱尔将时髦的世界与罪恶的下层社会并置。[45] 伊丽莎白·威尔逊认为，艺术家是波希米亚人的神话正是在这一时期构建的，这是对西方工业社会中艺术和艺术家提出的问题的不负责的解决方案；"波希米亚人"（bohemian）这个词指向可能会出现一些犯罪的下层社会，后来这个词延伸到贫穷的艺术家和作家身上，他们的职业因此"变得具有社会

39 . Amy Spindler in *Viktor & Rolf Haute Couture Book*, texts by Amy Spindler and Didier Grumbach, Groninger Museum, Groningen, 2000: 10.

40 . Jonathan Dollimore, *Sexual Dissidence: Augustine to Wilde, Freud to Foucault*, Clarendon Press, Oxford, 1991: 279-325, uses the term 'transgressive reinscription' to describe the way that a quality or action can reverse into its opposite, so that, understood in psychoanalytic terms, what is repressed comes back via the very structures that repress it. 文章用"侵略性的重刻"（transgressive reinscription）一词来描述某种品质或行为逆转其对立面的方式，因此，从精神分析的角度来理解，被压抑之物通过压抑它的结构得以复现。

41 . Colin Campbell, *The Romantic Ethic and the Spirit of Modern Consumerism*, Basil Blackwell, Oxford, 1987.

42 . Wilson, *Adorned in Dreams*: 61.

43 . E.g. Philippe Lacou-Labarthe and Jean-Luc Nancy, *The Literary Absolute: The Theory of Literature in German Romanticism*, trans. Philip Barnard and Cheryl Lester, State University of New York Press, Albany, N.Y., 1988, relates German Romanticism to post-modernism.

44 . Karl Marx, speech made on 14 April 1856, London, printed in *People's Paper*, London 19 April 1856, repr. in *Surveys from Exile: Political Writings*, vol. 2, ed. and intro, by David Fernbach, Penguin in association with New Left Review, Harmondsworth, 1973: 299.

45 . Berman, *All That is Solid*: 143.

和道德的模糊性。"[46] 威尔逊在早期时尚和现代性的研究中得出结论，这一时期的时尚必然是模糊的，因为它反映了"分裂的现代性文化"。"时尚不仅大胆地表达欲望，还勇敢地呈现恐惧；精致的外壳，迷人的光环，总是隐藏着不为人知的伤口。[47]

现代性的双重性蕴藏在幻影的运作之中，使得一切都"孕育于它的对立面"，而进步却因"衰败的症状"而过剩。20 世纪 90 年代末，时尚是这种情况的典型案例，它可以非常好地表达现代性的双重性，因为时尚经常受到一些指责：时尚是肤浅的，痴迷于美丽、新奇和名流，是不断变化的焦点、引人注目的消费和不加节制的浪费。正是在这个意义上，我们可以说时尚是当代的核心。就其本身而言，时尚能够表达文化中的基本关注点，即如何寻找这个世界痛苦不安的真相。[48] 甚至在商业时尚的中心纽约，一些实验设计师也开始另辟蹊径，创造美国的哥特式风格。在纽约设计师埃伦娜·巴霍（Elena Bajo）的一场时装秀上，设计师让精神错乱的模特在走秀时崩溃爆发。[49] 美国设计师杰里米·斯科特（Jeremy Scott）于 1995 年在巴黎展出的第一个设计系列，灵感来源是车祸受害者。他说："我喜欢这样的想法，在车祸中，一个女人所有时髦的服装，都变得像纸裙一样，像高级时装和褶皱衣服，都很性感，并不像医院那样混乱。"[50] 与作家巴拉德的小说《撞车》（Crash）一样，斯科特想象车祸的受害者是情色的。正如前面提到的，英国设计师安德鲁·格罗夫斯的"可卡因之夜"（图 48 和图 49）中也呈现了这种魅力与恐怖的并置，格罗夫斯说："这是一个看起来很完美的系列设计，但是有很多暗藏的电流……我想展示完美的恐怖，魅力迷人实际上正是衰败和赤贫的另一面。"[51] 对于阿多诺来说，无论是理查德·瓦格纳的歌剧，还是百货公司陈列的消费品，19 世纪幻影的两面性都是将快乐转化为疾病，将性爱转化为死亡。[52] 此外他还认为，幻影以及其他幻觉产生的"浪漫抗议的梦幻世界"（dreamworld of romantic protest）只是政治观念的一个可怜的替代品。[53]

20 世纪后期消费周期逐渐加速，时尚更充分地阐明了消费资本主义的矛盾本质。两极并置在 19 世纪已经得到了充分呈现，波德莱尔的现代性产生了一种新的现代审美定义，即美丽与恐怖密切相关。[54] 安德鲁·格罗夫斯 1998 春夏系列"身份"（Status）以疾病为灵感。就像麦昆的镜箱系列一样，格罗夫斯将超模的外在美与被外部完美视觉影像吞噬的社会内部衰退并列在一起。衣服被解构，代表着腐朽和疾病。他构想女人们从外太空降临，她们看上去漂亮、完美，是无法触及的

46 . Elizabeth Wilson, *Bohemians: The Glamourous Outcasts*, I. B. Tauris, London, 2000: 21.
47 . Wilson, *Adorned in Dreams*: 246.
48 . 我非常感谢伊丽莎白·威尔逊的评论，它帮助我在这里重新阐明我的文本。
49 . Ginger Gregg Duggan, 'The Greatest Show on Earth' in Ginger Gregg Duggan (ed.), 'Fashion and Performance', special ed. of *Fashion Theory*, vol. 5, issue 3, September 2001: 267.
50 . *The New Yorker*, 30 March 1998: 108.
51 . Martin Raymond, 'Clothes with Meaning', Blueprint, no. 154, October 1998:31.
52 . 同上：94。
53 . Adorno, *In Search of Wagner*: 95.
54 . Christine Buci-Glucksmann, *Baroque Reason: The Aesthetics of Modernity*, trans. Patrick Camiller, Sage, London, Thousand Oaks and New Delhi, 1994[1984]: 75.

模特，但实际上她们的内在却已经腐烂不堪，这是波德莱尔《恶之花》(*Les Fleurs du Mal*) 的当代回响，艺术家马特·科里肖（Mat Collishaw）的癌变兰花中有所体现（图 78）。

在波德莱尔的诗《吸血鬼的化身》(*Les Metamorphoses du Vampire*) 中，一位性欲旺盛的诗人转身亲吻他淫荡而饥渴的情人，却发现她的皮肤变成了满是脓疮的山羊皮，到了早上她已经变成了一堆残骨。波德莱尔的先锋美学与消费资本主义的经济关系结构类似。就像美丽被恐怖扭曲一样，破旧的衣服是另一种商品，异化是另一种景观，生产苦痛也是另一种奢侈消费。当代时尚的自由市场经济将 19 世纪的自由放任经济政策带入当下。安德鲁·罗斯和更早的马克思一样，已经将时尚的残酷和非道德书写成一种生产体系。[55] 而吉勒·利波维茨基则描述了时尚的双重性质。一方面，他认为时尚鼓励我们成为灵活的现代人，随时准备改变；因为"如果个人被无形的原则束缚，如果新颖性没有赢得广泛的社会合法性，我们的社会要如何随着不断的变化而发展呢？"[56] 另一方面，时尚也彰显了现代民主国家的某些功能失调问题：处于统治地位的市场促使人们日益贪婪、苛求、自私而无情。时尚界也存在保守主义。时尚的自我保护和自我追求更倾向于牺牲那些贫穷而弱势的人，实际上这会放慢社会变化的节奏。利波维茨基认为，时尚的这种保守性往往与其现代化的潜力相矛盾。[57]

20 世纪 90 年代末，资本主义企业的阴暗面幻影式地出现在更具实验性的时装设计的小范围内。虽然实验性时装设计对死亡和衰颓的关注可能被认为过于做作或花哨，但至少它在象征意义上体现了消费资本主义的罪恶性和破坏性。如前几章所述，除了加利亚诺以外，20 世纪 90 年代时装中重演的并不是浪漫的拼贴，而是历史上的惨淡时刻。即便是加利亚诺的欢庆时装秀也可以被解读为花哨、夸饰而恐怖的材料、邪恶的商品和其固有的黑暗。通过这种方式，时装秀不再是单纯的庆祝活动，而可以从中体验夸张的幻觉。阿多诺认为这是"虚幻的绝对现实"(the absolute reality of the unreal)。[58] 他将这种性质归因于一种形式，即 19 世纪商品开始通过"戏剧幻觉的不真实感"(the inauthentic sense of theatrical illusion) 来掩盖其生产手段。[59] 阿多诺认为，幻觉的本质在 19 世纪末的景观中发生了变化，因此，随着真实性的观念被废除，"作为虚幻的绝对现实，幻象的概念变得越来越重要"。[60] 而且，正如我们所看到的，这也是 20 世纪 90 年代时装秀的主要特征，时装秀变得越发壮观华丽——它的商业运作本质遮掩在幻影般的景观之下。

55 . Andrew Ross (ed.), *No Sweat: Fashion, Free Trade and the Rights of Garment Workers*, Verso, New York and London, 1997.
56 . Gilles Lipovetsky, *The Empire of Fashion: Dressing Modern Democracy*, trans. Catherine Porter, Princeton University Press, 1994 [1987]: 149.
57 . 同上：150-151。
58 . Adorno, In Search of Wagner: 89.
59 . 同上：90。
60 . 同上：60。

5. Glamour 魅力

炫富 LOOKING RICH

朱利安·麦克唐纳德在 2001 春夏系列时装秀上展示了一件黑色针织迷你裙, 裙肩上的胸花饰品由上千颗手工切割的钻石构成 (图 79)。这件价值 100 万英镑的礼服是与钻石公司戴比尔斯 (De Beers) 合作生产的。戴比尔斯公司将它存放在保险箱里, 由 10 名保安护送到时装秀现场。麦克唐纳德说, 这是他能设计出的最昂贵、最迷人的服装, 只有世界上最富有的女人才能负担得起。他计划让一位模特展示它, 模特的睫毛和鞋上也镶有钻石。[01] 模特从头到脚都化身为财富的象征。然而, 如果说闪耀的珠光散发着无穷的魅力, 那其实是商品形式的魅力。

麦克唐纳德并不是唯一一位在时装秀上炫耀财富的设计师。在同一季, 伦敦的玛丽亚·格拉什沃格尔 (Maria Grachvogel) 时装秀发布了一件价值 25 万英镑的钻石礼服。前一年在米兰, 安东尼奥·达米科 (Antonio d'Amico) 也展示了一件价值 200 万美元镶有 350 颗钻石的婚纱礼服。这些展品引发了这样一个问题: 在时尚的过度景观化中, 究竟是谁、是什么被商品化了? 是模特还是时装? 这些价值连城的时装让人联想到歌舞女郎的着装, 巨大的羽毛、金线和珠宝在女郎的身体外拓展数十厘米, 它们构成的轮廓和装饰让人注意到女郎近乎赤裸的身体, 就像精美装置中的一颗珠宝。歌舞女郎的历史渊源和时装模特类似, 她们都源于 19 世纪后期的商品文化。麦克唐纳德 2001 春夏时装秀的娱乐性奢华风格更明显地触及了歌舞女郎和时装模特的联系, 正如早期的时装秀中, 风格独特的枝形吊灯制成的连衣裙暗示了女性往往被装扮成闪闪发光的物体。麦克唐纳德运用鲍德里亚的 "表象策略" (the strategy of appearances) [02], 在时装秀中创造了一个表象和幻觉的世界。这证明了, 他不仅是时装设计师, 也是演出策划和剧团经理人。

在创作价值百万英镑的裙子之外, 麦克唐纳德为了进一步强调着装对身份地位的影响, 又改造了英国电视剧《老大哥》(Big Brother) 中安娜·诺兰 (Anna Nolan) 的形象, 为她破旧的牛仔裤镶嵌上水晶, 令她从贫困潦倒变得看起来奢华富有。安娜穿着它走上镜面的 T 台, 身旁的模特们也同样穿着布满水晶的时装, 灯光下她们耀眼闪烁, 银色的彩纸屑漫天飞舞, 飘落在观众身边。麦克唐纳德用灯光、水晶和镜子将周围的一切——女人、时装、名流、T 台——点缀成金, 熠熠生辉。电视将普通人塑造成名人, 这种典型操作表明了名人和流行文化的价值来自于金钱的张扬外露。麦克唐纳德随后加入了 Givenchy, 被任命为亚历山大·麦昆的继任者, 这加强了法国高级定制时装的转变, 至少在 "Old money" 方面, 从坚持高定的质量和剪裁的传统价值观转向了对名流们糟糕品味的认可。安娜本人几乎是 "反奥黛丽" (anti-Audrey) 的, 到了 20 世纪 90 年代, 高级定制时装

01   . See Emine Saner, 'Designed in London: The£I m Dress', *The Sunday Times*, 24 September 2000.
02   . Jean Baudrillard, *Seduction*, trans. Brian Singer Macmillan, London, 1990 [1979]: 8.

80. 约翰·加利亚诺, Dior, 2001/2002 秋冬系列, 摄影: 罗伯托·特基奥, 图片提供: 朱迪斯·克拉克时尚策展空间

店延续了 20 世纪 50 年代优雅的沙龙风格。像 Balenciaga 中奥黛丽·赫本（Audrey Hepburn）式的时装, 已经成为吉尔·桑达 （Jil Sander）朴素优雅的极简主义风格的领地。

相比之下, 高级定制时装的意象与精英品味的观念开始脱节, 为了招揽顾客而低价出售的商品, 通过延续大众文化的形象——T 台上平凡的名流形象——增加了大众市场的销量。2001 年, 法国 LVMH 集团的利润增长了 30%, 仅化妆品和香水的销售额就上升了 24%。这并不奇怪, 在这段时期的大多数时尚影像中, 女性自身的景观逐渐与商品景观相交融, 这不禁引发了人们的困惑, 此类影像究竟想要出售的是什么? 从同一时期开始, Dior 的时装设计系列发生了明显的转变, 加利亚诺的"复古"历史主义开始让位于更混杂的美学风格, 这种美学融合了 20 世纪 80 年代俱乐部文化与嘻哈和色情文化相关的"珠光宝气"（bling bling）（图 80）。这暗示了 Dior 所面向的客户群体发生了改变, 与定义了时尚淑女的"旧"高级定制时装品味和贵族气质相反, 将 Lil'Kim 作为魅力女性的观念完成了伊夫·圣洛朗（Yves Saint Laurent）20 世纪 60 年代开始尝试的时装转型——将流行青年文化引入时尚美学之中。

20 世纪 90 年代末, 意大利时尚界继续创造本土性的炫耀性消费品牌, 这与意大利传统、迷人、奢华的时尚之都形象相称, 和伦敦或安特卫普更为前卫的实验性时尚截然相反。罗伯特·卡沃利（Roberto Cavalli）的 2001/2002 秋冬系列采用了华丽的材料将模特们重新塑造成奢华的客体, 她们穿着狐皮、貂绒、紧身胸衣、羽毛、锦缎和镶金布料（图 81）。这些性别模糊的商品化人物萦绕着她们独有的历史痕迹, 19 世纪中后期, 女演员、歌舞女郎、时装模特和妓女息息相关, 她们的形象在当时炫耀性文化消费的商品意象中成倍增加。本雅明描述 19 世纪的城市时提及, 妓女是现代性的关键人物, 正如他在阅读波德莱尔的作品时所观察到的那样, 妓女是"商品", 是"商品与卖方的合二为一"。[03]巴克-莫斯认为, "作为一种辩证意象, 妓女兼具商品的形式和内容。"[04] 此外, 她还与另一个物化的象征——时尚女性——共存: "时尚已经开启了女性和商品之间辩证交换的商业关系。"[05] 对本雅明来说, 时尚掩盖了身体的自然衰退过程, 让身体成为恋物癖的客体。他将女性、商品和消费联系在一起, 因为这三者都是"表象和幻觉"。[06]（然而, 矛盾的是, 他也认为时尚可以成为社会变革的象征）。朱利安·麦克唐纳德为 100 万英镑的裙装搭配了一位近乎赤裸的舞女, 她身穿由金链、人造钻石和羽毛头饰组成的华服, 麦克唐纳德由此进一步强调了女性气质可以被商品化。当一群

03 . Walter Benjamin quoted in Susan Buck-Morss, *The Dialectics of Seeing: Walter Benjamin and the Arcades Project*, MIT Press, Cambridge, Mass., and London, 1991: 184. The same phrase is translated as 'seller and sold in one' in Walter Benjamin, *The Arcades Project*, trans. Howard Eiland and Kevin McLaughlin, Belknap Press of Harvard University Press, Cambridge, Mass., and London, 1999: 10.
04 . Buck-Morss, *Dialectics of Seeing*: 184.
05 . Benjamin, *Arcades Project*: 62 and 881.
06 . See also Mica Nava, 'Modernity's Disavowal: Women, the City and the Department Store', in Pasi Falk and Colin Campbell (eds), *The Shopping Experience*, Sage, London, Thousand Oaks and New Delhi, 1997: 81.

81. 左 _ 罗伯特·卡沃利，2001/2002 秋冬系列，摄影：尤格相机，图片提供：罗伯特·卡沃利

82. 中 _ 范思哲，2000 春夏系列，摄影：丹·莱卡，图片提 | 供：范思哲

83. 右 _ 范思哲，2000/2001 秋冬系列，摄影：丹·莱卡，图片提供：范思哲

地位略低的名人穿戴着没有遮挡作用的闪耀时装出现在媒体面前时，麦克唐纳德成功地将歌舞女郎的历史商品化带入了名流文化的时代。

　　一年前，多娜泰拉·范思哲（Donatella Versace）超越了麦克唐纳德的历史拼贴风格，创造出一位更精致，也同样耀眼的现代版歌舞女郎，在 21 世纪重塑了歌舞女郎的历史形象。在 Versace 2000 春夏时装秀中，安伯·瓦莉塔（Amber Valetta）身穿竹子印花图案雪纺连衣裙，裙子从前胸口处分开，只在胯部用一个巨大的珠宝别针连接固定，裙子下摆也是张开的，露出模特裙底的珠宝内裤（图82）。和麦克唐纳德一样，多娜泰拉·范思哲的这件时装迅速登上媒体的八卦版面。这件令人赞叹的实验性设计师秀台作品，不仅仅是报纸上的一页，和范思哲的许多其他作品一样，这条裙子一经面世便被各界名流和女演员欣赏购买，其中包括美国的詹妮弗·洛佩兹（Jennifer Lopez）和英国的杰瑞·哈利维尔（Geri Halliwell）。在英国，记者丽莎·阿姆斯特朗（Lisa Armstrong）被邀请为巴斯时装博物馆提名年度最佳时装。最初她考虑过提名侯赛因·卡拉扬的实验性木桌裙，但后来她选择了这件范思哲的时装，她给出的理由是，这件时装似乎"代表了时尚与名人之间某种强有力的共生关系"。[07] 阿姆斯特朗继而指出，当今人们上瘾般贪婪地消费名人，因此某些设计师已经开始依赖名人的八卦形象来实现他们的时装转型与越轨设计。

　　在 Versace 2000/2001 年秋冬系列中，财富和地位已然融入该系列的设计主题。

07　. Lisa Armstrong, 'Frock'n'roll hall of fame', *The Times*, 24 July 2000.

无论是时装秀（图 83）还是史蒂文·梅塞拍摄的广告宣传片（图 84 和图 85），范思哲都构想了一位放荡、富有而自信的女人，她的身份地位和情感可以从她豪华的住所、珍贵的珠宝和奢靡的时装中直观地表现。在时装秀中，这一系列设计的特点是精致的毛皮大衣和超低的性感领口。模特们的明星发型和浓重妆容让人想起了 20 世纪 80 年代初的时尚形象；梅塞的广告宣传活动在面无表情的炫耀性消费和滑稽模仿之间游走，吸引了更多的关注。模特们昂贵的发型、米色的妆容和匀称的美腿，呼应着精致剪裁的浅驼色、奶油色和海军蓝系列设计，70 年代的印花、优雅的针织衫和华丽的毛皮大衣上也点缀着简洁而昂贵的粗大金饰。她们玻璃般的眼睛和坚定的目光，一眼不眨地注视着快门的闪光，寂静的大理石布景中几乎可以听到快门的咔嗒声，仿佛那相机直接舔上了模特们的面庞。

范思哲的炫耀性消费比麦克唐纳德的无用的庆祝更为复杂。它没有沉醉于自身的庸俗奢华，反而从欧洲和美国的历史时装中调用阶级和金钱的观念，主要针对富裕的新兴阶级，这一阶级的品位体现在他们位于瑞士、德克萨斯或加利福尼亚的房产的室内装饰中。尽管多娜泰拉·范思哲将这一风格定义为"绝对高级"（definitely high class）[08]，但它是欧洲版的阶级定义，主要以财富来划分，大多数人通过虚构形象的财富、美丽和自信的外表来辨别它，就像杰克·柯林斯（Jack Collins）参演的故事大片和 20 世纪 80 年代的电视剧《达拉斯》（*Dallas*）和《王朝》（*Dynasty*）中的形象。在 20 世纪 90 年代末的这些设计中，时尚女性具备了双重性质，

08 . Quoted in Heath Brown, 'Donatella's Dynasty', *The Times Magazine*, 15 July 2000: 62.

85. 乔治娜·格伦维尔和安伯·瓦莉塔（Amber Valetta），
Versace 广告，2000/2001 秋冬系列，造型：戈德斯坦，摄
影：史蒂文·梅塞，图片提供：范思哲

即穿戴奢侈品的同时女性本身也是奢侈品，这一点便折返回了 19 世纪时尚女性的双重性质——既是性别化消费者欲望的主体，也是客体。19 世纪中叶，女性的时尚消费具有阶级维度，[09] 中上层阶级女性积极参与自我时尚形象的塑造，这也在史蒂文·梅塞为 Versace 拍摄的奢华室内风格广告中有所体现。丽莎·阿姆斯特朗认为这个造型是"富有的棕榈滩专家"，并认为这个系列巧妙地反映了那个时代的渴望和情感，一夜之间互联网亿万富翁和股市海盗的诞生具有象征意义。[10] 当然，该系列对 20 世纪 80 年代《王朝》《达拉斯》以及撒切尔主义者的猫咪领结的改用，也描绘了那十年中福利国家和终身工作的旧确定性开始逐渐瓦解的背景，继 1989 年柏林墙倒塌后，这一进程在 1991 年苏联解体和全球资本主义的蔓延中再次加速。

物化 REIFICATION

1999 年，文森特·彼得斯（Vincent Peters）为 *Big* 杂志拍摄的巴西模特吉赛尔·邦辰（Gisele Bündchen）的照片敏锐地捕捉了待售女性这一主题。照片中，模特站在一扇窗户前，面对着遍布玻璃钢筋的无名城市。观众们可以借由模特的视线从橱窗向外看到逛街浏览橱窗的一系列纽约形象——商人、拉丁裔家庭、街头孤儿、富人区购物者——他们将吉赛尔视为一种奢侈的商品，完全忽略了她作为活生生的女人被摆在橱窗里的事实。她的服饰暧昧不明，既像歌舞女郎，又像舞会皇后，腰上还系着看起来并不时髦的腰带。她自恋地打扮着，全然无视周围的观众，在

09 . See Philippe Perrot, Fashioning the Bourgeoisie *A History of Clothing in the Nineteenth Century*, trans. Richard Bienvenu, Princeton University Press, 1994- Christopher Breward, *The Culture of Fashion*, Manchester University Press, Manchester and New York, 1995: 147-169.
10 . Lisa Armstrong, 'Versace Seizes her Moment', *The Times*, 26 February 2000.

橱窗内的狭窄空间里仿佛一只异域的蝴蝶。吉赛尔被夹在两个平行的橱窗玻璃之间，过往的购物者透过橱窗审视她，观众也通过镜头观察感知她。作为旁观者，我们的目光与那些浏览橱窗的购物者的视线相呼应，他们的视线正反映了我们的偷窥视角。现代主义设计参考了 20 世纪的设计意象，橱窗里吉赛尔的性感姿态让人想起了彼得·拜利（Peter Bailey）所说的维多利亚晚期陪酒女郎的"性欲倒错"（parasexuality），她们并没有完全被周围的环境和观众影响。[11] 因此，在商品文化中，女性的性倾向具有表演性，并通过表演寻求消费者的凝视，再经由这种凝视棱镜进行调解中和。就像模特腰带上的 Versace 标志所描绘的美杜莎（Medusa）的头（图83），为了避免让旁观者被石化，人们只能透过玻璃欣赏。

文森特·彼得斯的照片概括了与时尚紧密相关的女性形象，当然众所周知许多迹象都表明男性时尚也已经逐渐被纳入"时尚系统"。女性与时尚的历史关联或许更应该被理解为女性与外貌的关联，在这种关联中，外貌具有强烈的象征性，并承载着社会意义。[12] 丽莎·提克纳认为，19 世纪女性形象是社会组织的关键要素。[13] 因此，女性形象既是正常的又可以成为正常化的标准，可以衡量所有的偏差。尽管妇女解放运动已经进行了一个多世纪，20 世纪 70 年代女权运动历经第二次浪潮，但是，女性形象在今天仍然模糊不明。19 世纪人们对性别和性别表达的恐惧与担忧弥漫在公共领域之中。在时装秀和杂志的页面上，性别作为一种文化建构，始终以形象和观念的形式被审视。

然而，时尚形象中被异化和物化的并不一定是女性。1923 年，卢卡奇把这种能够将一切——甚至是人类——转化为商品的能力描述为"物化"（reification），他认为这种能力主导了所有的社会关系。[14] 然而，两性关系的不平等程度，可以通过照片——比如"一个男人在玻璃盒子里"——所引起的不适程度来衡量。2000 年，艺术家菲利普 - 洛卡·迪科西亚（Philip-Lorca diCorcia）为时尚杂志 *W* 拍摄了这幅作品，倒置了女性符号的传统景观（图 86）。在梅塞拍摄范思哲广告描绘的奢华环境中（图 84 和图 85），迪科西亚让一个裸体男人站在玻璃柜后面，以此思考他的身份——他究竟是表演者、艺术品还是赤裸的商品。对那些打扮得精致优雅的女人们来说，他显然是一个有趣的话题，引起了诸多猜测，但是，人们也能在镜子反射中看到身穿制服的警卫，他无动于衷地注视着裸体男人。图像中女人的脸被框在画面中心裸体男人张开的双腿之间，这具有强烈的性暗示意味，但是在某种程度上，凝视主体和客体的性别对位也显示了图像所传达

11 . Peter Bailey, *Popular Culture and Performance in the Victorian City*, Cambridge University Press, 1998; 'Parasexuality and Glamour: The Victorian Barmaid as Cultural Prototype', Gender and History, vol. 2, no. 2, 1990: 148-72.

12 . Christopher Breward's *The Hidden Consumer: Masculinities, Fashion and City Life 1860-1914*, Manchester University Press, 1999, 本书将男性重新融入时尚历史之中，主要是通过视男性的时尚参与为一种消费形式，而不是将男性形象作为欲望对象和欲望客体。相比之下，女性与时尚历史的联系始终明显与美丽、性别、实用性与商品性相关。

13 . Lisa Tickner, *The Spectacle of Women: Imagery of the Suffragette Campaign*, Chatto & Windus, London, 1987: 226. 然而，伊莱恩·肖纳特（Elaine Showalter）认为，19 世纪 80 年代起女性解放的过程产生了所谓的"性别危机"，其对男性产生的影响并不亚于女性。因此，在世纪之交，社会所面临的问题是性别的规范化而非"越轨性"。Elaine Showalter, Sexual Anarchy." Gender and Culture at the Fin de Siecle, Bloomsbury, London, 1991: 8-11.

14 . Georgy Lukacs, *History and Class Consciousness: Studies in Marxist Dialectics*, trans. Rodney Livingstone, Merlin Press, London, 1977 [1923].

86. 菲利普－罗卡·迪柯西亚（Philip-Lorca diCorcia），
W 杂志，2000 年，摄影：菲利普·罗卡·迪柯西亚，图片
提供：纽约佩斯／麦吉尔画廊

的性别模糊性；如果将图像指涉的内容反转过来，这种情况其实在历史上更为
常见，想象两个衣着完好的男性在橱窗外审视裸体女人，显然这会产生完全不
同的解读。

　　传统上，女性的身体经常作为现代性的象征符号，通过各种表现形式被不断
地神话化和寓言化。的确，克里斯蒂娜·布希-格鲁克斯曼认为 19 世纪的现代性"被
女性萦绕"。[15] 彼得·拜利、雷卡·巴克利（Reka Buckley）和斯蒂芬·冈德尔（Stephen
Gundle）认为，从 19 世纪末开始，女性、魅力和商品形态的组合与现代商业文化
有着因果联系，尤其是印刷、摄影、灯光、展示和包装技术的进步扩大了视觉文

15　．Christine Buci-Glucksmann, *Baroque Reason: The Aesthetics of Modernity*, trans. Patrick Camiller, Sage, London, Thousand
　　Oaks and New Delhi, 1994:84-5 and 80. See too Tamar Garb, *Bodies of Modernity: Figure and Flesh in Fin-de-Siecle France*,
　　Thames & Hudson, London, 1998.

化的影响力。[16] 拜利所指的魅力和现代性通过商品形式的视觉诱惑实现，这种诱惑可以借由女性的身体加以体现，就像那个时期诱人的橱窗展品一样。巴克利和冈德尔写道："社会地位很重要，但名声和上镜之美也很重要。"他们指出现代魅力的起源就在于世纪之交的上流社会交际花和名妓的形象，她们华丽的外表引发了无数幻想，将性欲商业化，这一切结合在一起共同构成了"影像、幻想、性欲、商业和文化的耀眼展品。"[17]

美杜莎 MEDUSA

巴克利和冈德尔提炼了范思哲从 20 世纪 80 年代到 1997 年离世前设计中的现代魅力，将其与历史渊源联系在一起。[18] 直观地看，范思哲的设计毫无疑问是极具魅力的形象、沁人心脾的香脂，甚至削弱了女性侵略性性行为的不安感。范思哲设计的金色女神，基于老式的好莱坞魅力形象，通常穿着紧身晚礼服，以 1990 年以来他大力推广的"超级名模"（supermodels）为标准形象，如琳达·伊万格丽斯塔（Linda Evangelista）和克莉丝蒂·杜灵顿（Christy Turlington）（图 88）。20 世纪 90 年代初期，范思哲推出了与传统时尚瘦弱、甚至略显怪异的模特截然不同的超级名模，她们展示曲线美，拥有带有加州风情的小麦肤色和健身方式，她们不再是面色苍白、体弱多病的后继者，而倡导了"更健康"更积极的女性气质。超模们的完美体现了一种人为构建的女性气质，这种女性气质本身很普遍，看起来没有人性，危险又致命，[19] 这一点在布莱恩·福布斯（Bryan Forbes）的电影《复制娇妻》（The Stepford wives）（1974 年）中有所体现。

此外，这种女性气质似乎得到了过多的呈现以至于开始戏仿自身。正如 20 世纪 20 年代精神分析学家琼·瑞维尔（Joan Riviere）将女性气质视为伪装一样，在这些具有魅力的奢华形象中，性别可以被理解为表层而非深层问题，于是人们开始质疑表面之下真实女性气质的本质主义观念。[20] 性别本身就可以表现为一种变装行为，蒂埃里·穆勒的 1992 春夏时装秀聘请康妮女孩（Connie Girl）作为模特明确地解释了这一推论（图 87）。如果男性比女性更有女人味，那么这对我们理解自然、性别和表现力有什么启示？尽管时装秀的风格属于老派时尚，但穆格

16　. Reka C. V. Buckley and Stephen Gundle, 'Fashion and Glamour' in Nicola White and Ian Griffiths (eds), *The Fashion Business: Theory, Practice, Image*, Berg, Oxford and New York, 2000: 53. Bailey, Popular Culture. See too the discussion of Bailey's article in Reka C. V. Buckley and Stephen Gundle, 'Flash Trash: Gianni Versace and the Theory and Practice of Glamour', in Stella Bruzzi and Pamela Church Gibson (eds), *Fashion Cultures: Theories, Explanations and Analysis*, Routledge, London and New York, 2000: 331-48, and Abigail Solomon-Godeau, 'The Other Side of Venus: The Visual Economy of Feminine Display', in Victoria de Grazia and Ellen Furlough (eds), *The Sex of Things: Gender and Consumption in Historical Perspective*, University of California Press, Berkeley, Los Angeles and London, 1996.

17　. Bailey, *Popular Culture*, and Bucldey and Gundle, 'Flash Trash': 335. See too Heather McPhearson, 'Sarah Bernhardt: Portrait of the Actress as Spectacle', *Nineteenth-Century Contexts*, vol. 20, no. 4, 1999:409-54.

18　.Bucldey and Gundle, 'Fashion and Glamour' and 'Flash Trash'.

19　. Steve Beard, 'With Serious Intent', *i-D*, no. 185, April 1999: 141.

20　. In 'Womanliness as a Masquerade' [1929], repr. in V. Burgin, J. Donald and C. Kaplan (eds), *Formations of Fantasy*, Routledge, 1989: 38, 琼·瑞维尔质疑"真正的女性气质"这一概念，她认为可以从女性化的行为和装扮上识别女性气质或女性性别。"因此，人们可以将女性气质作为面具，既可以掩盖男性气质，又可以避免男性气概暴露后遭受报复行为——就像小偷会翻开自己的口袋并要求搜查，用以证明他没有偷东西一样。读者可能会问我如何定义女性气质，或者如何在真正的女性气质与"伪装"之间划界线。但我的建议是，不应存在任何这样的差异。无论是内在的还是外在的，它们都是同一回事。"See Intro., n. 17 above. 这一概念似乎也清楚地解释了艺术和大众文化中操纵性别和身份的例子，比如流行歌手麦当娜（Madonna）在 20 世纪 80 年代至 90 年代进行的形象系列转换以及 20 世纪 70 年代至 80 年代艺术家辛蒂·雪曼（Cindy Sherman）的《无题电影剧照》（*Untitled Film Stills*）系列。

88. 詹妮·范思哲与琳达·伊万格丽斯塔，超级名模：克莉丝蒂·杜灵顿和娜奥米·坎贝尔（Naomi Campbell），1991春夏系列，摄影：贝佩·卡格利（Beppe Caggli），图片提供：范思哲

89. 对页_叶万达夫人，爱德华·梅耶尔夫人装扮的美杜莎，1935年，Vivex 打印，私人收藏，叶文德肖像档案馆

勒的红色水钻女牛仔的超女性气质，难以令人安心，反而充满了威胁性：康妮女孩的走秀某种程度上揭示了女性气质几乎是"变装"，这破坏了生理性别与社会性别、外观与本质之间的一切自然关系。如果是这样的话，那么女性也只能将自己"变装"成为女性，甚至掩盖了表面之下危险的阳刚气息。[21]

加拿大精神分析学家乔治·扎瓦塔罗斯（George Zavataros）将戏仿自身的特征称为"顺势恋物癖"（homeovestism）（与异性异装癖相对）。女性"变装"为女性的时候并没有诱人的吸引力，反而存在威胁的成分。尽管如此，正如露易丝·卡普兰（Louise Kaplan）观察的："在时尚界，作为现代工业经济的基础，女人被装扮成女性的反常行为，就像埃德加·爱伦·坡（Edgar Allan Poe）笔下被偷走的那封信，被巧妙地伪装在最公开显眼的地方。"[22]尽管范思哲的标准展现了所有表层可见的传统女性气质，但变装元素构成的威胁仍旧暗藏在美杜莎头像的徽标之中（图83）。西方传统中的美杜莎如今已经成为女性性诱惑的象征，她那魅惑的双眼能将男性变成石头，西方艺术往往将其作为女性危险力量的象征。在古希腊神话中，美杜莎是一只长着青铜獠牙的丑陋野兽，但到了19世纪末，西方艺术衍化出了更具有性意味的美杜莎。美杜莎是魅惑的蛇发女妖，她的致命属性与性诱惑存在某种联系，这一观念在颓废风格的绘画中浮出水面，美杜莎像朱迪丝（Judith）和莎乐美（Salome）一样，被描绘成淫荡的"蛇蝎美人"（femme fatale）。西格蒙德·弗洛伊德在1922年的文章中将美杜莎视为阉割情结的象征，[23]而本雅明则用美杜莎的隐喻来描述19世纪巴黎商品的物化本质："现代性的面孔注视着我们的消亡，正如美杜莎凝视着希腊人。"[24]布希-格鲁克斯曼（Buci-Glucksmann）在解读波德莱尔的作品时认为，美杜莎的"女性"外观石化而不朽，因此被召唤成为了现代的核心概念。[25]

1935年，摄影师叶万达夫人（Mme Yevonde）描述了她创作女神（Goddess）系列时，拍摄爱德华·梅耶尔夫人（Mrs Edward Meyer）的美杜莎肖像的方式（图89）："美杜莎是冷酷的纵欲者和施虐狂……我们为她的双唇涂上一层深紫色，面色化得粉白。经过绿色滤光片的光效处理，画面的背景光影斑驳、略显阴森。"[26]这便是范思哲选择的美杜莎——美丽女人掠杀的毁灭性力量，而不是传说中青面獠牙的丑陋野兽。[27]玛乔丽·嘉伯（Marjorie Garber）研究了与莎士比亚相关的离奇事件，她认为阉割焦虑通过性别焦虑的形式表现出来。美杜莎，像残忍恶毒的麦克白夫人一样，成为了性别歧义的象征，她既不是纯粹的男性，也不是简单的女性，

21 . 在这种情况下，有人认为变装皇后例证了他的力量是暗藏在女性表面之下的菲勒斯之力。See Peter Ackroyd, *Dressing Up: Transvestism and Drag: The History of An Obsession*, Thames & Hudson, London, 1979, and Mark Simpson, *Male Impersonators: Performing Masculinity*, Cassell, London, 1994.

22 . Louise J. Kaplan, *Female Perversions: The Temptations of Madame Bovary*, Pandora, London, 1991:262.

23 . Freud, 'Medusa's Head' [1922], SE, vol. XVIII, 1959: 273-274.

24 . Walter Benjamin, 'Paris - the Capital of the Nineteenth Century' [1935], cited in Buci-Glucksmann, *Baroque Reason*: 163.

25 . 同上。

26 . Quoted in Robin Gibson and Pam Roberts, *Madame Yevonde: Colour, Fantasy and Myth*, National Portrait Gallery Publications, London, 1990: 36. She also commented that her sitter had 'eyes of the strangest and most intense blue': ibid.

27 . See Jean Baudrillard, *Symbolic Exchange and Death*, trans, lain Hamilton Grant, Sage, London, Thousand Oaks and New Delhi, 1993 [1976]: 103.

而是一个怪异的混合体："美杜莎张开的双唇，颈上的蛇锁，以及与之相关的女性气质、阉割和勃起，最终使美杜莎的头不能取代女性或男性生殖器象征，而成为难以确定性别的存在。"[28]

正是这种性别不确定性的威胁，使得詹尼·范思哲的过度女性化设计变得不稳定，这与迪科西亚在玻璃柜中展示裸体男子的模糊形象（对比图86和图87）并无二致。事实上，菲勒斯的象征性力量可能隐藏在迷人的女性形象之后，尽管被性感女性气质所掩盖，但这种力量仍然浮现在鲁·保罗（Ru Paul）变装秀闪耀的红色牛仔帽中。在Versace的品牌标志中，美杜莎和魅力相结合成为同性异装的一种形式。因此，过度女性化可能偏离了诱惑的效果而与恐惧相关。马克·辛普森（Mark Simpson）称美杜莎是"一切魅力之母，也因此是变装之母"。[29]辛普森认为，如果魅力是由女性对男性的吸引力构成的，那么它同时也是一种阉割威胁。在蛇蝎美人的形象中，女性力量与魅力是统一的。"glam-our"的词源是苏格兰语"grammar"的变体，与"神秘学"相关，因此"glam-our"的意思是魅力或魔力，沃尔特·司各特（Walter Scott）在19世纪首次使用该词。20世纪早期，吸血鬼（Vamp，Vampire的简称）被用作动词。吸血鬼暗示着一种活跃的女性呈现形式，其中女性魅力并不令人安心，可以被视为潜在的威胁。

玛丽·安妮·多恩（Mary Ann Doane）认为，电影中的蛇蝎美人及其在艺术中的末世再现，与其说是女性力量的女权主义意象，倒不如说它其实是男性对女权主义的一种恐惧症状。[30]她还写到了关于蛇蝎美人的矛盾心理："她不是权力的主体，而是权力的载体。"其中包含了一切病症的内涵。[31]同样的联系也可以建立在加利亚诺的作品中，20世纪90年代后期他为Dior设计了吸血女郎引诱男性的电影幻象，这也与它们的历史原型相关。如果说吸血女郎唤起了某种欲望，那一定是一种充满恐惧的欲望。蛇蝎美人危险而致命，她在诱惑男性的同时也会将之毁灭。安吉拉·卡特（Angela Carter）提出，我们永远不可能将蛇蝎美人的性欲描绘成现实生活中的样子，因为它是虚构的故事，是不正当的男性私欲投射在女性身上形成的，而女性将最终付出生命的代价。[32]19世纪后期，这种矛盾的情绪在当时的先锋派绘画中蔓延开来，借由绘画中的朱迪丝和莎乐美，消费资本主义的景观呈现从商品世界转移到了女性本身。比如，奥伯利·比亚兹莱（Aubrey Beardsley）的设计或居斯塔夫·莫罗（Gustave Moreau）的《舞蹈的萨洛美》（*Dancing Salome*）（图90），这些都被加利亚诺再次唤起呈现在现代的颓废风格之中，比如他为1997/1998秋冬系列苏西·斯芬克斯（Suzie Sphinx）设计的吊带裙之下的文身印花连体丝袜（图91）。

在此背景下，加利亚诺着迷于19世纪末至20世纪初轰动的历史人物，特别

90. 居斯塔夫·莫罗，"跳舞的莎乐美"，居斯塔夫·莫罗博物馆，1876年，92×60cm，图片提供：RMN-R. G. Ojeda

91. 对页_约翰·加利亚诺，"苏西·斯芬克斯"，1997/1998秋冬系列，摄影：尼尔·麦肯纳利

28 . Marjorie Garber, *Shakespeare's Ghost Writers: Literature as Uncanny Causality*, Methuen, London, 1987: 109.
29 . Simpson, *Male Impersonators*: 178.
30 . Mary Ann Doane, *Femmes Fatales: Feminism, Film Theory, Psychoanalysis*, Routledge, London and New York, 1991: 2-3.
31 . 同上：2。
32 . Angela Carter, 'Femmes Fatales' in *Nothing Sacred*, Virago, London, 1982: 132.

是那些以性感迷人立足于世的女性们，这种迷恋在现代主义时期唤起了性、商业和时尚之间的暧昧关系。[33] 他为迪奥设计的 1997/1998 秋冬高级定制系列重构了"美好年代"，其中最典型的就是，科莱特装扮成一位歌舞女郎，唤醒了观者对战前巴黎奇观奢华之城的回忆。次年，加利亚诺的 1998/1999 秋冬系列作品，唤醒了战后的柏林——一座充满现代主义实验痕迹和颓废气息的城市。作品涉及奥托·迪克斯（Otto Dix）的画作，以及魏玛时期德国卡巴莱的吸血鬼和模糊的性别特征，暗示着时尚与变装的内在联系（图 92）。源于同一时代和社会背景的克里斯提安·查得（Christian Schad）的肖像画（图 93）反衬出加利亚诺在他超女性化设计下创作的男性变装，并显示出他对表面细节的考究观察，情人的特写镜头停留在衣服和皮肤的质感上。

92. 对页_约翰·加利亚诺，1998/1999 秋冬系列，摄影：尼尔·麦肯纳利

93. 克里斯提安·查得，圣热诺瓦伯爵（Count St Genois d'Anneoucourt），1927 年，木版油画，86×63 cm，私人藏品，摄影：布里奇曼艺术图书馆

　　詹尼·范思哲不断地重现好莱坞标志性的女性魅力，热切地追捧女性气质，与之相比，加利亚诺对女性性存在的表达则相对模糊。科林·麦克道尔（Colin McDowell）评述了加利亚诺一件投射性感女性形象的作品，并讨论了设计师的矛盾心理，他说"这件作品呼应着鸦片窟里的妓女、艺妓、舞女……我们知道约翰爱女人，但显而易见的是：这种爱中隐藏着一种恐惧，必须通过模仿才能消除这种恐惧，这甚至有可能是一种极其强烈的爱意，其中包含了某种程度的仇恨。"[34] 这种解释表明，蛇蝎女人的形象必定出自厌恶女性之人之手。然而，尽管穆格勒对女性气质的戏谑确实暗示了防御性的女性形象并流露出厌恶女性的心理，但许多时装设计更为复杂，有的看似美丽，有的骇人听闻。例如，亚历山大·麦昆作品中后现代的蛇蝎美人与范思哲和穆格勒的表达就全然不同，他时装秀上的模特不是恐怖的客体，而变成了可怕的题材（如下一章所讨论的）。1985 年，伊丽莎白·威尔逊认为，后现代时尚不仅表现了"魅力"的张力，而且进一步质疑了魅力的必要性。[35] 的确，将当代蛇蝎美人似乎比任何东西都更适合作为歧义的化身。如果范思哲的现代美杜莎，即"所有变装之母"，揭示了女性气质本身是一种性别表现，类似于颓废时期的艺术技巧，那么它就可以被解读为兴奋和恐惧，美杜莎在这两极之间摇摆，成为性别不稳定的代表意象。

不育 STERILE OR BARREN

正因为女性气质是一个不稳定的状态，所以这一类意象可能会从极富魅力转化为暗藏恐惧：被束缚压制的女性气质有可能转化为精神失常。这股暗流贯穿了 20 世纪 90 年代的诸多电影和时尚意象，这表明，恐惧与控制难以驾驭的女性气质之间存在一种不稳定的平衡。西蒙娜·德·波伏娃（Simone de Beauvoir）在 20 世纪 40 年代曾提出过这样的论点："如果……女性摆脱了社会规则，她将回归自然，回

33 . Showalter, *Sexual Anarchy*: 144-168.

34 . Colin McDowell, *Galliano*, Weidenfeld & Nicolson, London, 1997: 117.

35 . Elizabeth Wilson, *Adorned in Dreams: Fashion and Modernity*, Virago, London, 1985: 10; 2nd ed. I. B. Tauris, 2003 forthcoming.

归恶魔。"[36] 在 20 世纪 90 年代的时尚影像中，女性要么是疯狂的，要么是失控的：她们的性欲不能直接而坦然地展露，总是与复杂、越轨、失常并存。特别是两种"越轨"意象的出现，即女同性恋和吸血鬼。范思哲的 1999 年 Versace 时装广告活动，由史蒂文·梅塞拍摄，登上了意大利版 Vogue 和美国 W 杂志，展示了爱德华时代幽闭乡村别墅内部的一组模特。模特们身着薄纱、丝质硬纱和手工刺绣制成的晚礼服，头发像疯子般蓬松，比鸟巢还要凌乱狂野，配合着男爵室内杂乱无章的各种标本：填充的孔雀、装裱的鹿角，植绒的壁纸和鹿角制成的椅子。封闭的房间毫无自然光线的照射，让人陷入窒息的幽闭之中，无论白天黑夜，模特们都穿着正式的晚礼服。在这些令人压抑的空间里，她们戴着串珠装饰或裸露着胸部，懒散地躺在精致的场景中，彼此之间强烈的引力暗示着某种形式的女同性恋唯我主义。

布希-格鲁克斯曼在对波德莱尔和本雅明的分析中指出，"在双性恋的人类学乌托邦之中，在女同性恋和双性恋二者之中，女性不仅仅是现代性的寓言（allegory of modernity），也是对现代性的英勇抗议（heroic protest against thismodernity）。"[37] 因为女同性恋的形象不仅回避了基于婚姻和繁衍的性行为，而且体现了"对工业现代性的不满与将女性的身体和形象用于繁殖的抗争。"[38] 2001 年，泰利·理查森（Terry Richardson）为 Pop 杂志拍摄了两位憔悴苍白、看上去不健康的模特，她们住在英剧《恐怖锤屋》（Hammer House of Horror）的哥特式乡村别墅中，贵族式的慵懒中掺杂着女同性恋的颓废气质。一位模特瘦骨嶙峋，她漫不经心的目光（图 94）连接着杂志摄影作品中的另一位女性，暗示着在"资本主义大众体系"（the mass institutions of capitalism）[39] 的相互运作之外，婚姻、生育和卖淫等体系的另一种想象正在上演，它们就像消费文化的商业机构一样，也需要生产和交易。

女同性恋和吸血鬼的时尚意象是女性性欲的非生育形式。19 世纪末，蛇蝎美人有时被描绘为女同性恋，有时被指认成吸血鬼。[40] 西恩·埃利斯（Sean Ellis）的"欢迎来到诊所"（Welcome to the Clinic）是 1997 年 3 月伊莎贝拉·布罗（Isabella Blow）为杂志 The Face 设计的作品。其中女同性恋的性欲被表现为"颓废"（decadent）和"死亡"（deathly），以一种非生殖性的性行为呈现出吸血鬼性别已然死亡的挣扎。在这样的影像中，世纪末的蛇蝎美人成了历史矛盾情绪和阉割焦虑的最终产物。荡妇与吸血鬼之间存在着性别模糊的领域。在马蒂娜·霍格兰·伊万诺（Martina Hoogland Ivanow）拍摄的"永无乡"（Neverland）中，性别模糊、雌雄同体的模特们

36 . Simone de Beauvoir, *The Second Sex*, trans. Howard Madison Parshley, Penguin, Harmondsworth, 1972 [1949]: 222.

37 . Buci-Glucksmann, *Baroque Reason*: 104.

38 . 同上：108。

39 . 同上。

40 . Bram Dijksra, *Idols of Perversity: Fantasies of Feminine Evil in Fin-de-Siecle Culture*, Oxford University Press, Oxford and New York, 1986:145-59 and 333-351.

营造了朦胧暗示的吸血鬼场景，让人联想到吸血鬼（vampire）是"荡妇"（vamp）这个词的衍生（图95、图96）。就像艺术家杰夫·沃尔（Jeff Wall）1991 年创作的《吸血鬼野餐》（*Vampire Picnic*）一样，这些人物唤起了一种暧昧不明的性存在和一种同性恋的伦理关系。沃尔谈及他的作品说：

> 我认为这幅画描绘了一个庞大、不安的家族。吸血鬼没有生殖性行为，他们通过一种特殊的吸血行为创造新的吸血鬼。这是一个纯粹的选择过程，就像收养一样，仅仅基于欲望。吸血鬼在某个激情的时刻直接创造了另一个吸血鬼，这是一个吸引、排斥和对抗的混合状态，是纯粹的性欲亢奋。所以吸血鬼的"家族"是多样的、交融的，相互矛盾的欲望的幻影。[41]

女同性恋或荡妇的性欲让人想起弗吉尼亚·M. 艾伦（Virginia M. Allen）的论述，"蛇蝎美人"是母性的对立面："她不孕不育，在一个崇拜生产的社会里，她什么也不创造。"[42] 在这样的分析中，最大的堕落是不生育，因此非生殖性性欲的存在就成了越轨的表征。

马克思用吸血鬼这一意象比喻资本的贪婪："资本是死劳动（物化劳动），它像吸血鬼一样，只有吮吸活劳动才有生命，吮吸的活劳动越多，它的生命就越旺盛。"[43] 因此，吸血鬼意象似乎再次重返 20 世纪 90 年代魂绕在其他表现形式之上的资本主义生产和消费的幽灵与幻影。正如蛇蝎美人与资本主义现代性及其无穷的创造力息息相关一样，20 世纪后期的吸血鬼也可能与新兴的文化、意象和技术形式相关，利用性"越轨"来呈现新类型的商品拜物教。

美女之死 THE DEATH OF BEAUTIFUL WOMEN

如果非生育性性欲的"越轨"形象表达了对失控女性气质的恐惧，那么再现美丽女性的死亡则可以成为对抗这种恐惧的一种形式。19 世纪后期，埃德加·艾伦·坡写道："一位美丽女人的死亡无疑是世界上最富有诗意的话题。"[44]19 世纪的艺术和文学中出现了女性与死亡的恐怖联系，在随后的一个世纪里，苍白、病态而美艳的女性形象复兴带动了维多利亚时代对死者的崇拜。路易斯·桑奇斯（Luis Sanchis）的"湖"（The Lake）是根据"哈姆雷特"（图97）中奥菲莉娅（Ophelia）的人物性格创作的一组时尚杂志跨页大片，它再现了奥菲莉娅溺水而死的梦幻和

41　. Cited in Thierry de Duve, Arielle Pelenc and Boris Grays, *Jeff Wall*, Phaidon, London, 1996: 21. See too Norman Bryson, 'Too Near, To Far', Parkett, 49, 1997: 85-89. for a discussion of Jeff Wall and vampirism. See also Showalter, *Sexual Anarchy*: 179-184.

42　. Virginia M. Allen, *The Femme Fatale: Erotic Icon*, Whitson, Troy, New York, 1983: 4, quoted in Doane, *femmes Fatales*: 2. 对吸血鬼的另一种解释是，它表达了年轻人的消费理念（吸血鬼是贪得无厌的消费者，渴望永葆青春）see Rob Latham, *Consuming Youth: Vampires, Cyborgs and the Culture of Consumption*, University of Chicago Press, 2002.

43　. Karl Marx, *Capital*, vol. I, trans. Ben Fowkes, Penguin, Harmondsworth, 1976: 342. Other instances of the metaphor are: 'the prolongation of the working day, only slightly quenches the vampire thirst for the living blood of labour' (367), and 'the vampire [capitalism] will not let go' (416).

44　. Edgar Allen Poe, 'The Philosophy of Composition' [1846], cited in Elizabeth Bronfen, *Over Her Dead Body: Death, Femininity and the Aesthetic*, Manchester University Press, 1992: 59.

97. 路易斯·桑奇斯，"湖泊：你已拥有太多水了，可怜的奥菲莉娅"，*The Face*，1997 年，造型：加布里埃尔·费利西亚诺（Gabriel Feliciano），凯伦·埃尔森（Karen Elson）戴着松田塑料铁丝项圈，摄影：路易斯·桑奇斯/托马斯·特劳哈夫特（/Thomas Treuhaft）

浪漫，将她的精神错乱转化成水晶剔透的饰品，令人联想到 19 世纪中叶约翰·埃弗里特·米莱斯（John Everett Millais）将伊丽莎白·西达尔 （Elizabeth Siddal ）绘制成奥菲莉娅的肖像画（图 98）。

根据福柯的观察，对波德莱尔来说，现代画家是"了解如何以现代方式再现这个时代与死亡相伴而生的本质性、永久性迷人关系的人"。[45] 时尚与死亡的结

45 . Michel Foucault, 'What is Enlightenment?' trans. Catherine Porter, in Paul Rabinow (ed.), *The Foucault Reader*, Penguin, Harmondsworth, 1984: 40.

98. 约翰·埃弗里特·米莱斯，"奥菲莉娅"，1851-1852 年，布面油画，76.2 厘米 × 111.8 厘米，泰特美术馆，伦敦，2003 年

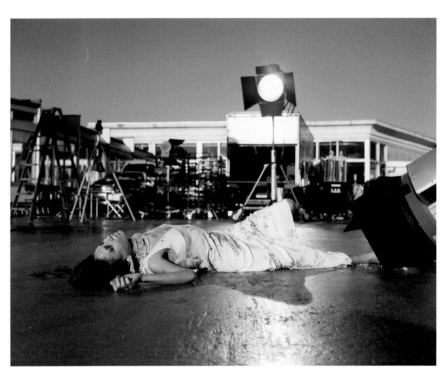

100. 菲利普·崔西, 1996/1997 秋冬系列, 摄影: 尼尔·麦肯纳利

101. 格兰威尔, 永恒之旅 (Voyage pour l'eternite), 1830 年, 朗卢夫梅平板印刷, 耶鲁大学贝纳内克善本和手稿资料馆

合建立在现代性的结构之上: 在时尚摄影作品"身着约翰·加利亚诺的深泽艾丽莎"(Fukasawa Elisa wears John Galliano) 中, 一位美丽无瑕的女演员死在日本富士山下一座破落的主题公园里, 相机的强光照射着废弃电影场景中的尸体 (图99)。大约在 1995 年至 2001 年, 艺术家伊岛薰 (Izima Kaoru) 与许多女演员和模特合作拍摄了一系列影像作品, 将高级时尚和暴力结合, 再现了关于完美死亡的荒谬思考。这些照片具备杂志拍摄的美感意境和制作价值, 其中包括知名设计师设计的服装, 比如加利亚诺、保罗和乔 (Paul& Joe)、山本耀司、维维安·韦斯特伍德。影像中模特的美貌和精致的着装都被她濒死状态的冷酷暴力抵消。然而, 正如克里斯·汤森德 (Chris Townsend) 所言, 伊岛薰"执着于伤痕与命名……而命名的部分正从时尚而来。"[46] 这些美丽女人的服饰和妆容掩盖了难以解释的暴力与死亡, 高级时装用品牌或标志性风格特色标记着身体, 品牌和风格特色武装起高级时装使其免于湮灭。

早在 1824 年, 意大利诗人贾科莫·莱奥帕尔迪 (Giacomo Leopardi) 就将时尚与死亡联系在一起, 并在他的《时尚与死亡的对话》(*Dialogue Between Fashion and Death*) 中将它们拟人化为"同生于短暂"的姐妹。[47] 弗洛伊德在其 1916 年的文章《论短暂》(*On Transience*) 中写道, "所有美丽都是短暂的, 这种想法便是伤痛的预兆"。[48] 时尚持续关注着变动的一切, 刻画着青春的短促与美丽的无常。因此, 借用乔纳森·多利莫尔的话来说, 死亡一向是时尚的本质。[49] 尽管时尚始终否认, 但其结构本身却体现着这一点。然而, "美女之死"的再现, 同样也会产生新的含义。菲利普·崔西 (Philip Treacy) 作品中的浓妆女性, 有着血红的唇, 苍白致命的肤色, 骷髅般的轮廓, 她的腰被紧身胸衣所束缚, 黑色蕾丝像切碎的肉一样飘动 (图 100), 性与死亡之间建立起了色情联系。这张照片让人回想起 17 世纪菲利普·阿里耶斯 (Philippe Aries) 对性与死亡关联的描述, 如今这重新成为人们关注的焦点: "人们与死亡进行危险游戏, 甚至与其同床共枕。"[50] 紧身胸衣勾勒的轮廓也暗示了本雅明认作是时尚女性典型特征的非生物技巧, 这是她致命性的来源。根据本雅明的说法, 时尚女性本身就是致命的:

> 因为时尚一向只是对华丽装饰尸体的戏仿, 是通过女性、(身陷嘈杂噪声、各种宣传口号的) 苦痛与腐朽对死亡的挑衅, 这便是时尚。正因如此, 她变化得如此之快, 不断戏弄着死亡, 当死亡似乎要击垮她的时候, 她已然成为另一种新的存在。[51]

19 世纪的现代性引入了一个新术语, 改变了"美女之死"的病态形象, 这种魅力的观念因恐怖而充满内在的诱惑。波德莱尔的诗《美的赞歌》(*Hymn to*

46 . Chris Townsend, 'Dead for Having Been Seen', *Izima Kaoru*, fa projects, London, 2002: 6.
47 . Giacomo Leopardi, 'DialogodellaModa e dellaMorte' in *Operette Morali*, Rizzoli, Milan, 1951 [1824]: 30.
48 . Sigmund Freud, 'On Transience' [1916], in *Works: The Standard Edition of the Complete Psychological Works of Sigmund Freud*, under the general editorship of James Strachey, vol. xiv, Hogarth Press, London, 1955: 306.
49 . He argues that where death is eroticised, in Western culture, it is consequently bound into or 'interior to desire': Jonathan Dollimore, *Death, Desire and Loss in Western Culture*, Allen Lane, Penguin Press, London, 1998: xii.
50 . Philippe Aries, *The Hour of Our Death*, trans. Helen Weaver, Allen Lane, London, 1981: 406.
51 . Walter Benjamin cited in Buck-Morss, *Dialectics of Seeing* 101.

Beauty）赞美了"在你的首饰中，妩媚要数恐怖"，[52] 而他的诗《死亡之舞》（*Danse Macabre*）描绘了一个腰身苗条的跳舞骷髅，就像一位穿着褶裙、鞋上垂坠着绒球卖弄风情的女人。[53] 在格兰威尔（Grandville）的画作《永恒之旅》（*Journey to Eternity*）中，也出现了荡妇骷髅的女性形象，她是一位精致的资产阶级女士，但却将自己的骷髅头骨遮掩在时髦面具之后（图 101）。20 世纪后期，这种意象以颓废和自我实现的女性欲望的形式重新出现，这些欲望不再依赖男性的认同或否定。我们只要对照一些作品就能发现，比如莫罗的莎乐美（图 90）、亚历山大·麦昆的蛇蝎美人（图 106）和尼克·奈特（Nick Knight）拍摄的丽贝卡·博岑（Rebekka Botzen），特写镜头中黑色的嘴唇、雪白的牙齿舔舐着黑色的珍珠（图 102）。布希 - 格鲁克斯曼认为"莎乐美掌握了爱情产生的关键——'悲哀策略'（funereal strategies）"。[54] 如果爱情和死亡的碰撞诞生了末世女性意象，那么在尼克·奈特的现代莎乐美中，死亡的身体便化为了自身的对立面：一块生命碎片。

52　. 'De tes bijoux l'Horreurn'est pas le mains charmant': 'Hymne a la Beaute' from Charles Baudelaire, *Spleen et Ideal, Complete Poems*, trans, Walter Martin, Carcanet, Manchester, 1997: 59.

53　. 'Danse Macabre' from *Tableaux Parisiens* in ibid: 251.

54　. Buci-Glucksmann, *Baroque Reason*: 156.

6. Cruelty 残酷

牺牲 VICTIMISATION

1992 年 2 月，亚历山大·麦昆于伦敦中央圣马丁学院时装设计硕士毕业。他的第一个系列设计灵感来自维多利亚时代，其设计风格规避了诗情画意的再现，转而描绘 19 世纪的黑暗面。他的毕业设计（图 103）以开膛手杰克和维多利亚时代的妓女为原型，她们剪去自己的头发做成锁链定情信物卖给别人：麦昆在血红的衬里下嵌入了锁链状的头发。和麦昆后来的许多作品类似，这一系列作品也交织着性爱、死亡和商业的主题。他还用有机玻璃包裹起自己的头发，创造了一个既是纪念品又是死亡象征（memento mori）的存在。就像他所构思的那样，他将自己献给了设计系列。

整个 20 世纪 90 年代中期，麦昆通过设计一系列诡谲的时装表演形成了自己的审美体系。他毕业系列后的第一场时装秀举办于 1993 年 3 月，该系列灵感来自电影《出租车司机》（Taxi Driver），模特们被紧紧地裹在保鲜膜中，看起来伤痕累累。他的第二场时装秀"虚无主义"（Nihilism）于 1993 年 10 月上演。这场秀的代表作是被腐蚀镀金的爱德华时代夹克，夹克表面溅满了鲜血或污垢（图 47）。《独立报》（Independent）对这一系列的报道标题为《麦昆的残酷剧场》（McQueen's Theatre of Cruelty）："亚历山大·麦昆的首演是一场恐怖秀……24 岁的麦昆来自伦敦东区，他的观点围绕着遭受虐待的妇女、充斥暴力的生活、麻木精神的日常，以及狂野的、潜藏毒品的夜间俱乐部，在那里，一切入内者都被要求半裸着装。"[01] 这篇文章谈及了暴力和施虐，但没有提到时装秀中蕴含的历史折衷主义。该系列在未来几年影响了其他设计师，奠定了风格基调。他们拥有着相似的情绪，毁灭而失落，狂野而忧郁，黑暗又浪漫。麦昆通过这些作品缔造了一种残酷美学，它的灵感来源各不相同：16 和 17 世纪解剖学家的作品，特别是安德烈·维萨里（Andreas Vesalius）的作品，20 世纪八九十年代乔尔 - 彼得·威金的摄影作品，还有帕索里尼（Pasolini）、库布里克（Kubrick）、布努埃尔（Bunuel）和希区柯克（Hitchcock）的电影。

麦昆的第二个系列设计引起了巨大轰动，媒体并没有普遍表达负面评价，后续的设计系列也在新闻报道[02] 中持续获得了好评。[03] 审美冲击策略在第四个系列"鸟"（The Birds）中延续，该系列的特点是基于马路杀手概念的冷酷剪裁（图 48）。秀场上的模特们周身缠绕着胶带，涂有油性轮胎的痕迹。类似的轮胎痕迹也同样印在夹克上，看起来仿佛模特被车轮碾过一样。然而，1995 年 3 月，麦昆的第五个系列"高原强暴"（Highland Rape）在伦敦时装周期间引发了无数争议（图 104），这是他在英国时装理事会（BFC）的支持下于其官方舞台上演的第一场时装秀。该系列混合了军装夹克、麦昆格子呢和苔藓羊毛，量身定制的夹克与撕裂的蕾丝连衣裙、破碎的短裙形成鲜明对比。麦昆那摇摇欲坠、血迹斑斑的模特们充

103. 亚历山大·麦昆，中央圣马丁艺术与设计学院毕业系列时装秀，1992 年，摄影：尼尔·麦肯纳利，图片提供：亚历山大·麦昆

对页 _ 图 106 细节

01 . Marion, Hume, 'McQueen's Theatre of Cruelty', The Independent, 21 October 1993:29.
02 . 同上。
03 . Ashley, Heath, 'Bad Boys Inc', The Face, vol. 2. no. 79, April 1995: 102.

满野性、烦躁不安地走在布满石南花和蕨类植物的 T 台上, 她们的胸部和臀部暴露在破烂的蕾丝和裂开的皮衣之下, 夹克外衣的袖子也不见踪影, 紧身橡胶裤和短裙的臀部剪裁得很低, 仿佛在对抗地心引力。

这场时装秀被认为是"充满侵略性而不安的"(aggressive and disturbing)。[04] 由于系列名称中使用了"强暴"一词, 同时还出现了半裸、摇摇欲坠的残酷女性形象, 大部分的媒体报道都集中指控作品中的厌女症。然而, 麦昆声称强暴针对的是苏格兰人, 而不是个别模特, 因为该时装秀的主题是詹姆斯党人叛乱 (Jacobite Rebellion)。"我研究了苏格兰的叛乱和清洗运动……'高原强暴'讲的是英格兰强暴苏格兰的故事。"[05] 丑陋的风格是为了抵消苏格兰历史的浪漫印象: "我想通过作品表明, 苏格兰人和英格兰人之间的战争从根本上讲是种族灭绝。"[06] 这时正值西方媒体大量报道波斯尼亚和卢旺达暴行, "种族灭绝"这一历史话语重获了当代意义。

然而, 对麦昆作品中厌恶女性的批评, 往往掩盖了它的典型特征, 即残酷的戏剧表演。这一点在他的作品系列中已然表现得非常明显, 同时, 他的残酷美学也延伸到了其设计理念之中, 不仅仅是设计的主题, 还内化为他的剪裁技巧和构造方法。在麦昆的早期系列中, 布料通常是被切割、刺破或撕裂, 每件衣服都是以虐待为主题的变体。1997 年, 他来到巴黎担任 Givenchy 首席设计师, 当时的工作人员每每看到麦昆手持剪刀接近一件衣服, 便会倍感恐惧, 因为他们知道他要剪破刚刚完成的高级定制时装, 就像邪恶的剪刀手爱德华。他在 1997 年初的一次采访中说: "我要将一切剪碎。"[07] 除了剪破完好的时装, 麦昆还创造了一种与众不同的剪裁风格, 他也因此而闻名于世: 利刃 (razor sharp), 它的缝合线像外科手术切口一样勾勒出身体的轮廓, 削过之后诞生了尖锐的翻领和锋利的肩部轮廓。

造型师伊莎贝拉·布罗成为麦昆的赞助人, 她谈到了麦昆的剪裁技巧和历史拼贴的方式:

> 亚历山大吸引我的地方是他从过去汲取思想并将其彻底破坏的模式——在当下的语境中用剪裁使过去焕然一新。正是他剪裁方法的复杂性和破坏性使他显得如此现代。他就像一个"偷窥狂"(Peeping Torn), 用撕扯、刺破织物的方式探索身体的一切性感地带。[08]

布罗说麦昆融合了"破坏与传统、美丽与残暴", [09] 布罗提到了迈克尔·鲍威尔的电影《偷窥狂》(Peeping Torn) (1960), 在这部电影中, 主人公是一名摄影师, 他在三脚架上安装刺刀谋杀女性, 从而使相机成为记录死亡的工具。

04 . *Women's Wear Daily*, 14 March 1995: 20.
05 . Lorna V., tall Hail McQueen', *Time Out*, 24 September-I October 1997: 26.
06 . *Womens Wear Daily*, 14 March 1995: 10.
07 . Cited in 'Cutting Up Rough' (*The Works* series, produced by Teresa Smith, series editorMichael Poole), BBC2, broadcast 20 July 1997.
08 . Cited in Sarajane Hoare, 'God Save McQueen', *Harpers Bazaar* (USA), June 1996:30 and 148.
09 .'Cutting Up Rough'.

1996 年，在麦昆发布的 1997 春夏系列时装秀"人偶"（La Poupee）中，黑人模特黛布拉·肖（Debra Shaw）的手腕和脚裸被金色的镣铐束缚，扭曲地前行（图 105）。麦昆否认了这一作品中明显隐喻的奴隶制内涵，就像他否认"高原强暴"中的厌女症指控一样，麦昆声称他希望这种限制身体的首饰能够让模特做出玩偶或木偶般机械的动作。[10] 这一系列基于汉斯·贝尔默（Hans Bellmer）20 世纪 30 年代创作的玩偶，这位艺术家强硬地将这些玩偶拆解重组，拍成一系列照片，罗莎琳·克劳斯（Rosalind Krauss）形容这个过程为"通过肢解构造"（construction

10　.Lorna V., 'All Hail McQueen', 26.

through dismemberment）。[11] 尽管麦昆的系列设计并非完全还原了对贝尔默洋娃娃（Poupée），但在这一时期的所有作品中，他都表现出类似的强硬态度，进行解剖和探究。贝尔默 1933 年创作的玩偶腹部装有 6 个微型球状模型，这些球状模型上装饰着照明灯泡，玩偶左乳头上的按钮控制着灯泡开关，人们能够透过肚脐上的窥视孔进行观察，这些球状模型代表着"年轻女孩的思考和梦想"。[12] 麦昆的第一个系列设计深入传统时尚的表皮之下，探索了其内在的禁忌区域，打破了内外之间的界限。虽然在当代艺术中揭秘身体内部的幽微幻想并不罕见，但由于时尚强调外表、完美和变化，这一点往往被人们习惯性地忽视。相比之下，麦昆更热衷于探索女性的身体与残酷修辞之间的关系。一次电视采访中，正在为系列"外面的世界是丛林"（It's a Jungle Out There）做筹备的他在摄像机前举起一块夹裹着金色头发的布料，说："这一设计的灵感来自一个场景，一头野兽咬住了一位可爱的金发女孩，她正挣扎着想要挣脱。"[13]

蛇蝎美人 FEMME FATALE

麦昆设计的女性形象固有的残酷性是设计师对更广阔视野中世界残酷性的一部分认知，尽管他的观点是绝对悲观的，但其中没有过度的厌女情结。这并不是因为这位设计师经常谈论其设计中"坚强"、不妥协的女性，[14] 而是因为他对坚定性和侵略性的情有独钟。1996 年 3 月，麦昆在"但丁"（Dante）系列（1996/1997 秋冬系列）中展示了一种性欲（图 106），类似于世界末的蛇蝎美人，这种女性的性行为危险甚至致命，因此对她们来说，男性的欲望总是与恐惧相连。在此背景下，麦昆迷恋女同性恋的"堕落"，这在他创作蛇蝎美人时极为重要："那些视我为厌女症的批评家完全搞错了，他们甚至没有意识到大多数模特都是女同性恋。"[15]

> 我不会说我的时装为女同性恋而设计，但是我的很多好朋友都是独立的女同性恋者，在设计之时我便考虑到了她们。如果有人说我的时装秀叛逆或反女性，那我所叛逆和反对的对象便是他们，而不是坐在前排的漂亮主妇。任何人的设计都不可能取悦所有人。[16]

在"但丁"系列中，麦昆调用了著名的"益血"模特奥纳·弗雷泽（Honor Fraser）、伊丽莎贝塔·福马吉亚（Elizabetta Formaggia）和安娜贝尔·罗斯柴尔德（Annabel Rothschild），她们的妆容凸显了深邃的轮廓、白皙的肌肤和乌黑的双唇。该系列的特点是精美刺绣、军装配饰、镶边的骠兵夹克、18 世纪风格的金

11 . Rosalind Krauss, 'Corpus Delicti', in Rosalind Krauss and Jane Livingston, *L'Amourfou: Photography and Surrealism*, Abbeville, New York and Arts Council of Great Britain, London, 1986: 86.

12 . Peter Webb, *Hans Bellmer*, Quartet, London, 1985: 29-30.

13 . 'Cutting Up Rough'.

14 . E.g.，"我不喜欢镶边华丽的服饰，女性可以凭借完美的着装显得坚强而明艳动人。"詹妮弗·斯库比（Jennifer Scruby）援引亚历山大·麦昆的话. 'The Eccentric Englishman', *Elle American*, July 1996: 154; 在为麦昆的时装秀挑选模特类型时，他的助手凯蒂·英伦说："她们必须能够把衣服脱掉，同时也要漂亮。有些年轻的女孩很美好，但是她们还没有准备好成为麦昆的模特，她们只是没有足够的态度。我们需要坚强有胆量的女孩。"Katy England in Melanie Rickey, 'England's Glory', *The Independent* Tabloid, 28 February 1997: 4.

15 . Cited in Lorna V., All Hail McQueen', 26. McQueen was referring here to his sixth show after graduation, The Hunger, Spring-Summer 1996.

16 . Cited in Heath, 'Bad Boys Inc', 102.

a

c

f

h

色锦缎上将大衣,珠宝商、艺术总监西蒙·科斯丁(Simon Costin)制作的碎花边
连衣裙和黑色喷漆头饰(图 106e)。麦昆在 1992 年的毕业时装秀中使用过科斯
丁的早期珠宝,采用了动物标本剥制术和解剖技术(图 107 和图 108)。这个系
列具有明显的死亡意象,时尚成为了黑暗蕴意的载体。墨黑的头饰暗示的死亡象
征清晰可见,麦昆的蕾丝上衣蔓延至头部,像侩子手的兜帽一样覆盖住模特的面
庞(图 106b)。科斯丁还负责设计了一具坐在观众前排的塑料骷髅(图 106i)。
麦昆从乔-彼得·威金的《恐怖木偶剧》(grand guignol)照片中"盗取"了一些
形象,比如戴着十字架面具的模特,更深层地指向死亡蕴意;科斯丁设计的垂
着鸟爪的耳环,手臂上缠绕着镀银荆棘王冠,还有维多利亚时代的喷珠工艺。史
蒂娜·坦娜特(Stella Tennant)身穿一款淡紫色和黑色蕾丝紧身胸衣,延续了该系
列的哀伤色调:黑色、米色、淡紫色和灰色(图 106c)。[17] 模特的浆果色嘴唇紧贴
着苍白的皮肤,像吸血鬼一样危险而致命。紧身胸衣的高翻领像夸张的燕子领,
迫使模特的下巴抬高保持一种姿势,象征着矫形支架。但在阴暗的性欲中,这一
形象也让人联想到世纪末蛇蝎美人的意象,她的恐怖魅力对男人而言极为致命。

　　可以说,19 世纪的蛇蝎美人是一种恐怖的再现,她们将女性的性存在附上变
态甚至死亡的色彩,呼应着世纪之交人们对女性社会地位提高、经济独立和性解
放的恐惧。[18] 世纪之交人们对梅毒的恐惧也明显表现在性欲有毒的女性形象上,
设计师暗示这些女性是疾病的携带者,以此来确证梅毒传染和性行为之间的联
系。[19] 和 19 世纪的女性一样,20 世纪后期的女性也可以被认为指向了人们对疾病、

17 . Suzy, Menkes, 'The Macabre and the Poetic', *The International Herald Tribune*, 5 March 1996: 10. 门克斯(Menkes)引用
麦昆对该系列的评论:"这不是死亡,而是意识到它的存在。"
18 . Bram Dijkstra, *Idols of Perversity: Fantasies of Feminine Evil in Fin-de-siecle Culture*, Oxford University Press, Oxford and
New York, 1986; Elaine Showalter, *Sexual Anarchy: Gender and Culture at the Fin-de-Siecle*, Bloomsbury, London, 1991.
19 . 同上。See too Christine Buci-Glucksmann, *Baroque Reason: The Aesthetics of Modernity*, trans. Patrick Camiller, Sage, London,
Thousand Oaks and New Delhi, 1994; Mary Ann Doane, *Femmes Fatales: Feminism, Film Theory, Psychoanalysis*, Routledge,
London and New York, 1991; Elizabeth Bronfen, *Over Her Dead Body: Death, Femininity and the Aesthetic*, Manchester
University Press, 1992.

死亡和性的恐惧，从 20 世纪 80 年代中期开始，艾滋病毒和艾滋病携带者造成了群众的恐惧心理。这一时期，"身体"广泛成为艺术家和文化理论家讨论的主题，这一现象与恐惧心理有一定的联系。具体来说，艺术和时尚的意象都渗透在克里斯蒂娃（Kristeva）的"贱斥体"（the abject）、弗洛伊德的"怪怖"（uncanny）和巴塔耶的"无形式"（informe）概念中，这些都是 20 世纪 90 年代美国和欧洲主要展览的主题。[20]

麦昆20世纪后期对蛇蝎美人的刻画不同于世纪之交的创作，其区别在于女性人物不再被塑造成恐惧的对象而成为了恐惧的主体。蛇蝎美人极度性感的外表本是一种防御机制，但却逐渐演变成了一种攻击武器。像美杜莎一样，麦昆设计的女性能石化观众，她们的着装就算不是为了令人厌恶或作呕，至少也是为了与男性保持距离，而非吸引魅惑他们。在"但丁"系列中，一位戴着（Philip Treacy）鹿角帽的模特（图109）塑造了一位半人的狂野女性形象，令人联想起鲍德里亚《致命的策略》（*Fatal Strategies*）中的一句话："想象一件吸收了丑陋全部能量的美丽事物：这就是时尚。"[21]她那尖锐、混合的美和致命的苍白让人想起"魅力"（glamour）和"荡妇"（vamp）的词源——一种令人不安的、潜藏的恐惧与魅惑。麦昆宣称他要通过恐惧而不是诱惑，去创造这样一位女性："她如此完美，无人敢触碰。"这一阐释令人联想到他承受家庭暴力的姐姐。[22]

107. 左下 _ 西蒙·科斯丁，针，1998 年。带有威尼斯玻璃珠的漆面鱼皮，动物标本玻璃眼球，赤铁矿，维多利亚昆虫翅膀盒和 9 克拉金针。摄影：西蒙·科斯丁

108. 右下 _ 西蒙·科斯丁，亚当和夏娃王冠，1987 年。小蜥蜴，橄榄石眼睛，铜，金，橙黄色翅膀，摄影 安迪·富尔格尼（Andy Fulgoni），图片提供：西蒙·科斯丁

20 . E.g. these eponymous exhibition catalogues: Jeffrey Deitch, *Post Human*, Musee d'Art Contemporain, Pully/Lausanne, 1992, Museo d'Arte Contemporanea, Turin, 1992, Desle Foundation for Contemporary Art, Athens, 1992-3, Deichtorhallen, Hamburg, 1993; Mike Kelley, *The Uncanny*, Gemeentemuseum, Arnhem, 1993; *Abject Art: Repulsion and Desire in American Art*, Whitney Museum of American Art, New York, 1992-3; *Biennale*, Venice, 1994; *Elective Affinities*, Tate Gallery, Liverpool, i993; Stuart Morgan (ed.), Rites of Passage: Art at the End of the Century, Tate Gallery, London, 1995; *L'Informe: mode d'emploi*, Centre Georges Pompidou, Paris, 1996; *The Quick and the Dead: Artists and Anatomy*, Royal College of Art, London, Warwick Arts Centre, Coventry and Leeds City Art Gallery, 1997-8. The exhibition 'UAmour Fou: Photography and Surrealism' at the Corcoran Gallery of Art, Washington D.C. in 1985 and then at the Hayward Gallery, London in 1986 was an important predecessor.
21 . Jean Baudrillard, *Fatal Strategies*, Semiotext(e) New York, 1990: 9.
22 . Marion Hume, 'Scissorhands', *Harpers & Queen*, August 1996: 82.

我设计服装是因为我不想让女性看起来天真无邪, 我知道她们会面临什么。我想让女性看起来更强大。[23]

我不喜欢女性被利用, 这是我最难以忍受的。我厌恶男人在大街上向女性吹口哨, 女性应得到更多的尊重。[24]

我想让男性和女性保持距离, 我喜欢他们被击昏在入口处。[25]

我见过一个女人差点被她丈夫打死。我知道厌女症是什么……我想让人们害

23 . 同上。
24 . Cited in Tony Marcus, 'I am the resurrection', *i-D*, 179, September 1998: 148.
25 . Cited in *The Sunday Telegraph Magazine*, 22 September 1996: 36.

怕穿着我设计的时装的女性。[26]

　　尤其是在时装秀"但丁"中，模特们冷漠而优雅，她们穿戴着抛光的翅膀、鹿角和荆棘，与麦昆剃刀般锋利的剪裁技术结合在一起，营造了一个欲望和恐惧并存的场景，就像雕刻在盾牌上的美杜莎之头，在不确定的世界中作为护身符，保护着它的持有者。

恐怖 TERROR

女性性存在再现恐怖的历史由来已久，其中，女性的表现力或诱惑力往往被描绘为恐怖甚至致命的。[27] 像艺术家凯西·德·蒙查克思（Cathy de Monchaux）在 20 世纪 90 年代创作的壁挂式阴道枢椎（vagina dentata）（图 110），揭示了一种狂欢的邪恶和旺盛的性欲。它取代了美杜莎冰冷静止的状态和鲍伯（Baubo）的淫秽笑声。

26　. Cited in *Vogue* (USA), October 1997: 435.
27　. Efrat Tseelon, *The Masque of Femininity: The Presentation of Woman in Everyday Life*, Sage, London, Thousand Oaks and New Delhi, 1995.

111. 查尔斯·艾森（Charles Eisen），"魔鬼散退"，拉封丹《纸面恶魔》插图，故事集，18 世纪 50 年代

110. 凯茜·德·蒙肖（Cathy de Monchaux），"从前"，1992年，黄铜，皮革，天鹅绒，17 厘米 ×14 厘米 × 6 厘米。图片提供：凯茜·德·蒙肖

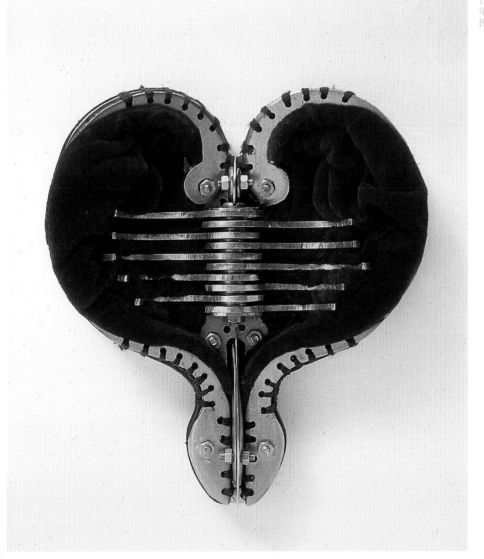

根据《牛津古典词典》的说法，鲍伯是一位古老而淫秽的女妖，她"炫耀"着自己的阴户，令人联想到弗洛伊德说的"当女人展示她的阴户时，魔鬼都逃走了"（图 111）。[28] 世界末的蛇蝎美人将 20 世纪 90 年代与 80 年代区分开来，成为麦昆的早期设计中残酷的象征和女性统治的缩影。

从 19 世纪晚期的绘画到 20 世纪早期的电影，许多蛇蝎美人的再现形式都具有矛盾性，令人恐惧又着迷。玛丽·安妮·多恩指出，其中大部分女性都走向了悲剧结局，因为蛇蝎美人往往表达了过渡时期男性对女性社会和性流动的恐惧。[29] 然而，麦昆所描绘的女性性存在极其强势，以至于没有人敢对她施暴。她将自己的性张力视作利剑，而不是盾牌，比起继承世纪末的荡妇和 20 世纪早期电影的形象，麦昆创作的蛇蝎美人形象更早古、更叛逆。无论是麦昆剪裁中的残酷风格，

28 . Sigmund Freud, 'Medusa's Head' [1922] in *Works: The Standard Edition of the Complete Psychological Works of Sigmund Freud*, under the general editorship of James Strachey, vol. XVIII, Hogarth Press, London, 1955: 273-274.
29 . Doane, *Femmes Fatales*: 2.

还是时装模特的选择与造型，麦昆的创作让人联想到萨德侯爵笔下伟大的女性思想者，以及她们野蛮的统治力和驾驭力。萨德笔下的危险女性都是女强人，她们如此与众不同，以至于几乎超越了性别的界限；这些女性人物的令人恐惧之处恰恰在于其纯粹生理性的女性气质和跨性别行为之间的差距。1997年3月，麦昆为Givenchy设计的首个成衣系列强调了模特高挑的身材，长外套和迷你短裙凸显了她们的身高，高度夸张的假发和高跟鞋更强调了这一特点（图112）。这些高得吓人的亚马逊人漫游在一座古老巴黎马厩前的鹅卵石小径上，倚靠着金属栏杆摆出站街拉客的姿势。在路易斯·布努埃尔的电影《白日美人》（Belle de Jour）（1976）中，凯瑟琳·德纳芙（Catherine Deneuve）饰演的上层资产阶级（haute bourgeoise）家庭主妇每天下午穿着Chanel的时装去妓院里卖淫。这部影片暗示了巴黎时尚与卖淫之间的联系，麦昆将两者结合，从而讲述了巴黎时尚更具侵略性而不是怠惰性的一面。到了1997年左右，早期系列中伤痕累累、淤伤受虐的模特已经让位于一群熠熠生辉的超级女性。和萨德侯爵一样，麦昆沉醉于讨论受害者和侵略者之间的辩证关系，他创造的T台女性则更像萨德笔下的侵略者而不是受害者。这与蒂埃里·穆勒在1992春夏系列中将真正的变装皇后当作模特来使用以表达讽刺和幽默相去甚远（图87），麦昆的时装秀暗示了一个没有男人的世界，不是因为男人的缺席（他们没有缺席），而是因为这个世界被那些既是超级女性又在某些方面极度男性化的女性所扰乱。

麦昆在这一时期的设计系列中，开始表现出对权力动态的迷恋，特别是捕食者与被捕食者、受害者与侵略者之间的辩证关系。在"但丁"中，史蒂娜·坦娜特戴着一顶兜帽，手腕上拴着一只猛禽；在"重组肢解"（Eclect Dissect）中，麦昆带着一只被拴住的猛禽出场致谢。麦昆的视觉想象经营了一种类似复式簿记的经济学，每一份美好都被残酷平衡，每一种支配的姿态也都裹挟着屈从。随着时装秀的进行，模特的受害者形象让位于更强大的状态，猎物跃身成为了捕食者。1997年2月，麦昆"外面的世界是丛林"时装秀在伦敦的博罗市场上演，该系列灵感来自于汤氏瞪羚以及其在捕食者面前的脆弱无助。他用自然界中动物本能的概念比喻城市丛林中"狗咬狗"的天性。一块40英尺高的波纹铁屏风上布满仿制的弹孔，撞毁的汽车包围在四周，时装秀在弥漫的干冰和深红色的灯光中拉开帷幕。麦昆接受电视采访时说：

> "整场时装秀的氛围都与汤氏瞪羚有关。那是一只可怜的小动物——可爱的斑点，乌黑的眼睛，黑白相间的斑纹和棕色的侧纹、犄角——但它位于非洲野兽的食物链底端。它一出生就面临死亡的威胁，我的意思是如果它能存活几个月那就是幸运的，这也是我对人类生活的看法。我们都很容易被抛弃……你在那里，你离开，外面是一片丛林！[30]

113. 亚历山大·麦昆，"外面的世界是丛林"，1997/1998秋冬系列，摄影：克里斯·摩尔，图片提供：亚历山大·麦昆

30　. Cited in 'Cutting Up Rough'.

然而，一件设计的造型却颠覆了汤普森瞪羚与生俱来的脆弱与被动，肩部高耸的兽皮夹克上矗立着一对扭曲的瞪羚角，模特戴着金属的隐形眼镜看起来仿佛外星人（图113）。尽管模特戏剧性的黑白妆容、犄角和兽皮外套暗示了动物特性，但麦昆又重新定位了动物的各个部分，并增加了高耸的垫肩和金属隐形眼镜，创造了一个更像瑞德·哈格德（RiderHaggard）《她》（*She*）中的主人公：掠夺的、恐怖的、强大的半兽女性。这就是麦昆创作中蛇蝎美人的特征，这一造型颠覆了女性的温吞脆弱，再现了女性的可怖力量。

　　女权主义媒体机构Virago于1979年首次了出版安吉拉·卡特（Angela Carter）的《萨德式女人》（*The Sadeian Woman*），这是20世纪晚期对萨德所提出的关于女性文化决定性问题的一种解读。她写道，萨德笔下的女主人公通过性暴力治愈了自己在社会中遭受的创伤，因为"一个压抑的社会将所有色情都变成了暴力"。[31]她说："萨德切碎了女性的身体，再用自己的妄想重新将她们组合。"[32]四位代表性的女性——冷酷无情、自私自利的朱丽叶（Juliette），贵族气质、愤世嫉俗的克莱尔维尔（Clairwil），微生物学家、毒药师、魔术师杜兰德（Durand）和耽于酒色的鲍格才公主（Borghese）——她们仅仅是安吉拉·卡特所谓的萨德召唤出的"女怪物博物馆"的四个例子，[33]因为"在一个不自由的社会里，自由的女性将成为怪物"[34]。

　　1997年7月，麦昆为Givenchy设计了第二套高级定制时装系列"重组肢解"，他在其中打造了自己的"女怪物博物馆"（图114）。展览前的一段时间里，他的艺术总监西蒙·科斯丁将麦昆当时苦苦找寻的维多利亚时代晚期服装和16世纪安德烈·维萨里解剖图纸上一系列生动的骷髅与扒皮人相结合（图115）。该系列中部分时装的剪裁方式受到解剖图纸人物的影响，图纸上的骷髅似乎充满了时尚气息，甚至成为了自己身体的模特。这一时装秀主题的故事背景来自科斯丁撰写的一段话，他幻想出了一个虚构的世纪末外科医生和收藏家，他周游世界收集怪诞的物品、纺织品和妇女，然后将其切割并在实验室中重新拼合。时装秀"情景"再现了这些惨遭肢解的鬼魅女性，她们重回故地纠缠着活人。时装秀布置在巴黎的一所医学院里，秀场内挂满了血红的天鹅绒帷幕，摆放着医学标本当作装饰。模特们扮作逝去女人的鬼魂，她们穿着杀人者旅居国外时收集的异域风情服饰，西班牙蕾丝、缅甸项链、日本和服和俄罗斯民俗服饰，其中还混杂着动物标本、鸟类和其他动物的头骨。波德莱尔曾写道：

> 永远不要将时尚视为已死之物，你不妨去欣赏高挂在旧布经销商橱柜里的破布烂衫，它就像圣巴尔多禄茂（St Bartholomew，基督教译为巴多罗买，耶稣十二门徒之一）的皮肤一样松弛而毫无生气。然而，身穿它们的漂亮女人都

31 ．Angela Carter, *The Sadeian Woman: An Exercise in Cultural History*, Virago, London, 1979:26.
32 ．同上。
33 ．同上：25。
34 ．同上：27。

114. 亚历山大·麦昆, 纪梵希, "重组肢解", 1997/1998
秋冬系列, 艺术指导: 西蒙·科斯丁, 摄影: 尼尔·麦
肯纳利

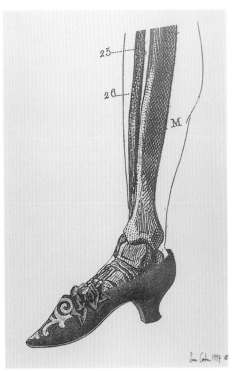
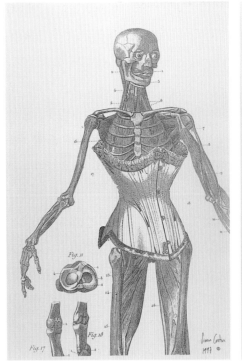

将它想象得光彩照人、魅力四射。[35]

　　波德莱尔直观地比较了穿着时髦服装的皮肤和身体与被活剥皮的骇人的圣巴尔多禄茂，这段话暗示着美丽女人内心存在某种鬼魅的想法，她们对时尚的追求将会唤醒无生命之物。在"重组肢解"中，时装模特们模仿死去女人的鬼魂回来报复残害她们的凶手，时装秀刺激了她们的幻想。气场强大的高挑模特们，不再是孱弱的受害者，而成为了复仇的幽灵。其中一位模特阔步而来，身上的时装将蝴蝶夫人（Madame Butterfly）的媚俗融入女施虐狂的形象中：日本和服的宽腰带（obi）改为紧身胸衣，和服成了紧身西式裙装，20世纪后期的此类创作重新诠释了米尔博（Mirabeau）世纪之交的作品《秘密花园》（*The Torture Garden*）。将医生和设计师类比为解剖学家是顺理成章的，麦昆本人便可以被视为一位解剖学家，他解剖并剥落了传统的时尚形态，为我们揭开了死亡头颅表面之下的深邃，以及20世纪90年代贯穿时尚影像的性爱和死亡的纠葛。

　　安吉拉·卡特称萨德是"幻想的恐怖分子"（terrorist of the imagination）、"性游击队"（sexual guerrilla），他揭露了日常生活中的社会、经济和政治关系都反映在性关系中。在萨德的著作中，政治家、王子和教皇的残忍程度超过了其他所有人。然而，他笔下的女性更加残忍，她们利用自身的性魅力报复这个世界，以反抗这个世界仅能提供给她们的无尽压迫的黑暗生活——没有权力或自主权只能忍耐，就像萨德笔下贤惠的贾斯汀（Justine）一样。因此，尽管"恐怖分子般的情色小说家"可能不认为自己是女性的朋友，但他始终是女性的无意识盟友，因为他抵达了两性关系和权力的某种象征性真理。

35　. Charles Baudelaire, *The Painter of Modern Life and Other Essays*, trans. Jonathan Mayne, Phaidon, London, 2nd ed., 1995: 33.

卡特形容萨德18世纪晚期的作品处于现代时期的开端，在回顾旧制度的同时展望了革命性的未来。百年后，20世纪初的法国诗人兼批评家纪尧姆·阿波利奈尔（Guillaume Apollinaire）将萨德笔下荒诞怪异的"朱丽叶"与"新女性"相提并论，用赞赏的笔墨写道，朱丽叶是只有19世纪初的萨德能预料的女人。[36]而卡特证实了她最初的论断，即萨德的女性是自由的女性。在他那致郁的机械世界里，女性要么是受害者，要么是仪式上的女杀手，但无论任何一种情况，女性都受制于男性，在这个世界里，每一种自由都被一份压制所平衡。这种辩证性的结构可以映射到麦昆的视觉体系之中，受害者变成了亚马逊女战士，盾牌变成利剑，女性的身体象征美杜莎的头。然而，萨德的浪荡女性或麦昆的亚马逊风格都不能被简单地归类为新时代的新女性，因为身为侵略者的女性并不比她的辩证对象——身为受害者的女性——更容易摆脱性别关系的束缚。如果说一方是卒子，另一方是王后，皇后可以去任何她想去的地方，但是在棋盘的某一处总会有一位国王，即游戏之王。[37]尽管萨德笔下恣意浪荡的朱丽叶已然在某种程度上超越了被压迫的凄惨的贾斯汀，但朱丽叶也和贾斯汀一样难逃性别、权力和性暴力辩证法的束缚。

萨德的色情叙事也批判了权力的本质及其运作，尤其针对他所处时代的政治压迫。和麦昆一样，他的视觉风格异常黑暗。正如卡特所写，对萨德来说"所有柔软都是虚伪的……所有温床都是布雷区"。[38]同样，麦昆也认为，历史、文化或政治都不可能是纯洁神圣的。一切历史既不别致也不浪漫。那些观点只是为了掩盖邪恶的现实，而麦昆的设计正是要褪去历史的浪漫伪装。加利亚诺这类设计师将历史和文化浪漫化了，但麦昆却将其打造得刺目而痛苦，就像"高原强暴"系列（图104）。记者们为了塑造麦昆"不良少年"的形象，特意强调了他工人阶级的成长环境、受教育于东伦敦的一所"渣滓"学校，以及他父亲的出租车司机身份，但记者们没有充分强调他的母亲是当地历史学家和前讲师这一事实。麦昆还是个孩子的时候，母亲便带他到伦敦的一座档案馆里，在那里她研究了麦昆家族的起源，发现他们是斯皮塔佛德的胡格诺派教徒，这影响了麦昆对"但丁"系列场地的选择——斯皮塔佛德的霍克斯莫尔基督城。麦昆的母亲讲述了在她研究家族起源的时候，她年幼的儿子是如何调查开膛手杰克的故事的，这一主题后来为他的毕业设计提供了素材。[39]

醒悟 DISENCHANTMENT

麦昆视觉风格中的暴力倾向源于"褪去浪漫裸露真相的欲望"[40]，正如萨德作品中的暴力源于他自己的政治叛变和失落的乌托邦理想。麦昆"但丁"系列中阴冷的蛇蝎美人装扮成酷似洛杉矶黑帮青年的男模，穿着印有唐·麦卡林（Don

115. 西蒙·科斯丁，亚历山大·麦昆影印拼贴画，1997/1998秋冬系列，图片提供：西蒙·科斯丁

36　. Carter, *Sadeian Woman*: 75.
37　. 同上：80。
38　. 同上：25。
39　. Judy Rumbold, Alexander the Great', *vogue* (UK), July 1996, catwalk report supplement.
40　. Hume, 'Scissorhands': 82.

McCullin）战争照片的夹克（图 116）。这个系列与历史中因宗教而起的战争有关。时装秀布置了一座布满烛火的十字 T 台，秀场以闪烁的背光彩绘玻璃窗为背景，场地里回响着维多利亚时期教堂的音乐。时装秀一开始，宗教音乐便被枪声和硬核俱乐部的音乐淹没了。在此场景中，麦昆酷烈的女性形象发生了变化，并开始服从。

除了表面风格上的残酷，萨德和麦昆的作品还缔结了更深的结构联系，将截然不同的人物统一在同一传统中。麦昆 T 台上华丽诡谲的"木偶剧"（grand guignol）表演让人联想起 18 世纪 90 年代艺术家雅克·路易·大卫（Jacques Louis David）创作的革命场景，比如他在巴黎科德列尔教堂精心创作的"被刺杀的马拉

的葬礼"。[41] 麦昆历史文化观的阴暗与萨德绝望中的乌托邦政治理想主义相呼应。《闺房哲学》（*Philosophy in theBoudoir*）中超过一半的极端暴力和情色哲学都出自一篇政治论文，题为《再加把劲吧，法国人，假如你们要成为共和党人》（*Just one more effort, Frenchmen, if you would become republicans*）。这篇论文是从它的情色内容中提炼出来的，并且再版印刷成小册子在 1848 年革命中由乌托邦理想主义者圣西蒙的追随者们相互传阅。萨德遗留的藏书中包括卢梭和伏尔泰的全部著作，然而他的色情幻想却摒弃了理性和启蒙，倾向于认为世界从根本上是由权力关系驱动的。对萨德来说，自由只存在于反对暴政的对立面，自由由暴政定义。在这种看似摩尼教二元论的推动下，萨德的矛盾扩展到了性选择和政治理想上。尽管他的情色文字极为残忍，但他还是会说断头台上血的味道让他感到恶心。虽然他是革命的支持者，但他反对死刑，并且曾在恐怖时期因"温和派"（moderatism）的指控而被短暂监禁。[42]

正是萨德的虚无妄想使他具有现代性，也让他感性地拉近了性和政治的距离。事实上，我们可能会问，为什么残酷会复兴成为20世纪晚期的修辞，不论是20世纪90年代上流社会的施虐受虐狂，还是像《搏击俱乐部》（*Fight Club*）和《美国精神病人》（*American Psycho*）这样电影中的残酷风格，电影中硬汉的身体与消费文化的恋物癖交织在一起。萨德和麦昆的世界都是后伊甸园（post-Edenic）式的。二者都描绘了一个悲剧性的宇宙，一个波德莱尔现代性的异化世界，正如约翰·拉奇曼（John Rajchman）所写的那样，在这个世界中，性成为和睦与"中心"之爱的废墟："现代出现了一种色情文学，它与爱、幸福或责任无关，而勾连着创伤、异类和无法言说的真理。"[43]这类文学并不新鲜：从萨德到波德莱尔再到热奈（Genet）和巴塔耶（Bataille），至今已经有200年的历史了。然而，在20世纪末，这些思想在一位时尚设计师的作品中得到了淋漓尽致的表达，这也许是自18世纪末这类文学作品问世以来的首例。后革命时期的法国时尚迎面而来，比如，女性在脖上系上红丝带隐喻受害者的断头台。在一幅1798年的时尚图纸中，血红的丝带从女性脖子上垂下，穿透胸衣，用以表明它们的佩戴者愿意为她的爱人牺牲一切（图117）。[44]像麦昆的许多设计一样，政治创伤变得情色，恐怖流向爱欲。

艺术史学家埃瓦·拉杰-伯恰特（Ewa Lajer-Burcharth）认为，在督政府时代，创伤以身体的形式表达。如果身体是自我的历史特权文化代表，督政府时尚风格便再现了屈服于恐怖的历程，这是一个历史性的创伤时刻，必须通过随后一系列的身体实践来消化治愈。然而，根据拉杰-伯恰特的说法，尽管督政府风格的身体"以创伤为特征"，但同一时期身体的自我陶醉也再次复苏，并通过一种愉悦的再现治愈了伤痛：时尚的公开走秀，体操运动和游泳池的兴起，以及通过发展

41 . Simon Schama, *Citizens: A Chronicle of the French Revolution*, Viking, London and New York, 1989: 742-746.
42 . Carter, *Sadeian Woman*: 32.
43 . John Rajchman, 'Lacan and the Ethics of Modernity', *Representations*, 15, Summer 1986: 47.
44 . Aileen Ribeiro, *Fashion in the French Revolution*, Batsford, London, 1988: 124.

117.《女性与时尚杂志》，1798 年，法国国家图书馆，巴黎

乳膏和面霜开拓一种全新的身体护理和娱乐产业。[45] 正是这种身体中相互竞争力量的平衡——一方面令人感知伤痛，另一方面打造享乐主义的身体美——这使后革命时代的身体具有了现代性。安东尼·吉登斯（Anthony Giddens）将身份认同称为现代性中的自我意识和自我反思，而这种不断自我审视和自我创造的过程，是通过极其平庸的日常仪式进行的：美化、锻炼和追求富有美感的身体。[46] 然而，麦昆这样的设计师们正是在同样的身体上，打造了 20 世纪末的创伤和焦虑意象，这完全是因为西方消费资本主义推崇健美的身体，实验设计师们在已经拥有的身体画布上绘制了悲惨的副本。

萨德的书籍在面世后 200 年的大部分时间里都被禁止公之于众。而如今这个时代正如法国大革命时期，在革命自由和国家或公司压迫之间不稳定地震荡，这些书也得以重新出版面世。如果用安吉拉·卡特的话来说，"我们的肉体从历史中走来。"[47]（她对福柯历史决定性观念的表述更为诗意），那么也许这种时尚姿态映衬呼应着文化创伤的时刻，而我们只能开始描绘它们。20 世纪后期的哲学虚无主义、巴勒斯坦、卢旺达和巴尔干半岛的起义、种族灭绝和酷刑的黑暗现实，以及英国和美国媒体对奸杀、虐童和街头犯罪的大肆报道，引用的尽是肤浅、乏味的画面。然而，在 20 世纪 90 年代，麦昆对美丽女性的虚构想象，就像安德鲁·格罗夫斯基于北爱尔兰动乱创作的系列一样，当它们伪装在"时尚"的亮丽下时，就变得深不可测。那些报道了当代恐怖新闻的报纸也将时尚与美纳入它们的报道范围。在 20 世纪 90 年代的美国小说中，杰·麦克伦尼（Jay McInerney）和布莱特·伊斯顿·埃利斯（Brett Easton Ellis）都将时尚与病态暴力联系在一起。埃利斯的《美国精神病人》（*American Psycho*，1991）将虐待狂谋杀和设计师配饰相连结，而他的《格拉莫拉玛》（*Glamorama*）（1998）将美国人痴迷名望和时尚与欧洲的恐怖主义和虐待酷刑相提并论。埃利斯的恐怖场景掩盖在时尚的粉饰之下，模特成了时尚的象征，小说中也不时提到一些品牌和标签：Gucci、Prada、Comme des Garçons、Versace。事实上，随着黑暗的中心逐渐靠近家庭，更前卫的欧洲先锋品牌逐渐不再被提及，取而代之的是 Brooks Brothers 和 Gap 等美国品牌。在电影《灯红酒绿》（*Bright Lights Big City*）（1984）中，杰·麦克伦尼直接将模特同化为人体模型，凸显出资本主义的死亡凝视。在《模特行为》（*Model Behaviour*）（1998）中，作者将主人公野心勃勃的"肤白貌美的花瓶"模特女友和他聪明、受过良好教育、漂亮但有厌食症的妹妹相对比，妹妹无法去工作，每天都在看联合国战争罪法庭中目击者对波斯尼亚暴行的证词录像带，她的男朋友在一家大型公立医院的创伤科工作。就

45 . Ewa Lajer-Burcharth, Necklines: *The Art of Jacques-Louis David after the Terror*, Yale University Press, New Haven and London, 1999: 2.

46 . Anthony Giddens, *Modernity and Self-Identity: Self and Society in the Late Modern Age*, Polity Press, Cambridge, 1991. 如果现代性的概念意味着社会科学中可以测量的某种自我意识或自我审视，那么克拉克已经在再现的领域而非社会实践的领域里确立了一种类似的自我意识，或者更确切地说，是一种自我反思。克拉克认为，艺术中的自我反思是现代主义的决定性时刻，最初呈现在 19 世纪 60 年代马奈（Manet）笔下的巴黎与大卫笔下 18 世纪 90 年代的巴黎的关联之中：*The Painting of Modern Life: Paris in the Art of Manet and his Followers*, Knopf, New York, 1984; *Farewell to an Idea: Episodes from a History of Modernism*, Yale University Press, New Haven and London, 1999.

47 . Carter, *Sadeian Woman*: 9.

像美国电视连续剧《急症室的故事》(ER)中的角色，她不断在"创伤和科技语言、心脏骤停和心碎"之间摇摆，[48] 麦克伦尼的角色模仿了人们在纽约时尚精致的生活环境中无休止重复的创伤体验。

正是 20 世纪晚期的时尚与小说中摇摆的美丽与恐怖，让我们回想起在黑暗中出现的美好瞬间。19 世纪中叶波德莱尔的先锋派美学在 20 世纪后期重新浮出水面，凸显了波德莱尔现代性与 20 世纪末后现代性之间的联系。但在麦昆的作品中隐现的不是 19 世纪 40 年代至 50 年代的幽灵，而是 1789 年法国大革命后时期的幽灵，提供了历史创伤和破裂的可比模型。艺术史学家 T.J. 克拉克（T. J. Clark）将最初的"现代性的时刻"（moment of modernity）归于 19 世纪 60 年代的巴黎，[49] 但随后在分析大卫的画作《马拉之死》(The Death of Marat)时，他又纠正了此论点，将这一时刻追溯至法国大革命后不久的时期。[50] 对克拉克来说，艺术现代主义勾连着政治和偶然性，他认为现代主义与政治的连结是"接受世界的幻灭"。麦昆的作品也是对政治的扭曲交锋，其间的创伤借由原始的感官肉欲和精致的残酷描绘出对这个世界强烈的幻灭之感。

48 . Mark Seltzer, 'Wound Culture: Trauma in the Pathological Public Sphere', *October*, 80, spring 1997:26
49 . Clark, Painting of Modern Life.
50 . Clark, Farewell.

7. Deathliness 死亡

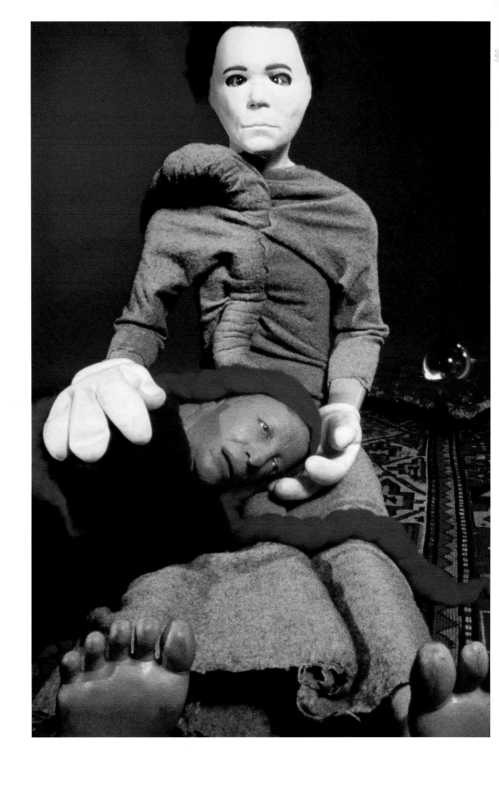

118. 辛蒂·雪曼，"无题 304"，1994 年，彩色照片，图片
提供：辛蒂·雪曼 / 广告图片

活娃娃 LIVING DOLLS

1981 年，德国流行乐队发电站乐队（Kraftwerk）发行了一首名为《那位模特》（*Das Model*）的歌曲，他们在歌词中写道"她像展示商品那样炫耀自己的身体"，突显出这位时尚模特模糊的身份状态，在服装造型过程中她的身体成为了客体。[01] 1986 年，电影制作人奎氏兄弟（The Brothers Quay）根据布鲁诺·舒尔茨（Bruno Schultz）的中篇小说改编创作了电影《鳄鱼街》（*Street of Crocodies*），剧情中，裁缝的假人有了生命，控制了裁缝店。它们抓住以前的主人，像组装玩偶一样把他拆掉，仿佛他是一个 Stockman（陈列道具公司，以生产服装始闻名）假人，它们对他进行测量，仔细检查了布料和装饰品的样品，为他缝制了一套合身的衣服。艺术家辛迪·雪曼为 Comme des Garçons 1994/1995 秋冬系列"变形"（Metamorphosis）拍摄了宣传品，垮坐的怪诞玩偶成了设计师的直接邮寄广告（图 118）。20 世纪 90 年代末，欧洲设计师马丁·马吉拉、侯赛因·卡拉扬和亚历山大·麦昆等人也尝试了类似的主客体倒转。他们用假人代替时装模特走秀，或者使用机器人质感的模特，以牺牲有机元素为代价强调模特的无生命性。他们的假人或玩偶呼应了 19 世纪以来模特主客体身份的模糊性，让人回想起左拉那本描绘 19 世纪百货公司的小说《妇女乐园》的开篇。年轻的乡村女孩黛妮丝来到巴黎，被布满假人的商店橱窗诱惑吸引，橱窗玻璃映照着无数假人，它们穿着最华丽、最精致的时装。经过巧妙的设计，橱窗两侧的镜子将这些形象无限地反射出来，使得街道上满是这些"高价待售的漂亮女人，她们顶着大字的标价牌子当作头颅"。[02] 左拉描写的景象强硬地将商品拜物教放置于小说的主导地位，而"丰满的酥胸"和"美丽的女人"则点明了 19 世纪 80 年代巴黎女性形象的复杂性，当时的女性既是消费欲望的主体，也是欲望消费的客体。[03]

朱莉·沃斯克（Julie Wosk）认为，在 19 世纪：

艺术家的机器化影像成为面临剧烈技术变革的社会理想和梦魇的核心隐喻。当今世界中，节约劳动力的新发明正在拓展人类的能力边界，越来越多的人受雇于工厂系统，那里强调的是机械动作和客观效率。19 世纪的艺术家们面临着新技术提出的最深刻的问题之一：人们的身份和情感生活被机械属性操控的可能性。[04]

到了 20 世纪，希勒尔·施瓦茨（Hillel Schwartz）指出，现代主义的主流观点是："现代生活，以其基本的工业逻辑，将我们的世界和我们的身体最终处理成

01 . Caroline Evans, 'Living Dolls: Mannequins, Models and Modernity', in Julian Stair (ed.), *The Body Politic*, Crafts Council, London, 2000: 103.
02 . Emile Zola, *The Ladies' Paradise*, trans, with an intro, by Brian Nelson, Oxford University Press, Oxford and New York, 1995: 6.
03 . Janet Wolff, 'The Invisible flâneuse. Women and the Literature of Modernity', *Feminine Sentences: Essays on Women and Culture*, Polity Press, Cambridge, 1990: 34-50; Mica Nava, 'Modernity's Disavowal: Women, the City and the Department Store', in Pasi Falk and Colin Campbell (eds), *The Shopping Experience*, Sage, London, Thousand Oaks and New Delhi, 1997: 56-91. Christopher Breward, *The Culture of Fashion*, Manchester University Press, Manchester and New York, 1995: ch. 5, 'Nineteenth Century: Fashion and Modernity': 145-79.
04 . Julie Wosk, *Breaking Frame: Technology and the Visual Arts in the Nineteenth Century*, Rutgers University Press, New Brunswick, 1992: 81.

破碎的、物质的、空洞的、可加工的元素。"[05] 这些元素重新出现在当代时尚影像中，玩偶代替了模特，模特看起来像机器人一样（图9）。在雪莱·福克斯的一个系列中，她研究了伦敦维多利亚与艾伯特童年博物馆的维多利亚娃娃展区。珠宝商娜奥米·菲尔默（Naomi Filmer）为时装秀制作了瓷制的下颌板，并将模特的手浸了一层蜡，使其更像洋娃娃。马丁·马吉拉的系列作品采用了大型机械编织物和按扣（图119）等比放大的娃娃服装。"多莉什锦糖"（Dolly Mixture）风格从2000年开始流行，它指将时装模特打扮成维多利亚娃娃的样子，与穿着相似衣服的真正的维多利亚娃娃并排摆在一起（图120、图121）。这场流行逐渐扩散开来，复刻的娃娃和人类模特尺寸相等。所有娃娃的设计都很诡异，功能失调又令人毛骨悚然，光秃的前额、歪斜的头发和不稳定的姿势，不安地暗示着20世纪30年代汉斯·贝尔默的玩偶娃娃。在一篇随附的短文中，加比·伍德（Gaby Wood）引用了弗洛伊德关于"怪怖者"（uncanny）的文章来解释"无生命和有生命之间徘徊的不确定性"，这使得玩偶娃娃内在具有暗恐性：

> 但是，洋娃娃的历史，这套小小的寓言，对女人构成了什么威胁呢？"活娃娃"依旧是一种赞美吗？为什么时装模特仍然被称为人体模特？这些奇妙而令人不安的照片似乎在说：如果你想让女人看起来像娃娃，那这就是你将面临的现实——疯狂、腐朽、颓废，到处都是支离破碎的四肢，她们是秃顶的神秘情人，不自然地摆动着身体，随时可能发出恐怖的、惊悚的笑声。[06]

这些时尚影像中的娃娃是我们的"熟人"，它是人文主义主题的结构性反转，即异化的他者。[07] 但这并不导致它性别界定的模糊：正如伍德的文字所暗示的，女性玩偶，尤其是半机械人，也可以联系到西方文化中对完美身材的追求，这种完美身材通常出现在时尚女性的理想化形象中，也出现在无处不在的芭比娃娃中。"对完美形象的渴望让女性疏远自身，将她们自己变成了机器人。"[08] 萨迪·普朗特（Sadie Plant）认为，女性、现代性和机器的结合最早可以追溯到20世纪初，当时第一批电话接线员、操作员和计算机程序员都是女性，"第一批电脑甚至第一批电脑程序员也是如此。"[09] 但是，在大规模生产时代，女性作为商品的黑暗形象掩盖了女性作为进步和美好未来的工具和形象的乌托邦幻想。这种阴影可以追溯到更早的巴黎拱廊街，在本雅明的作品中能够看到对这一阴影的恐惧描写。他的随笔中包括这样的段落："再没有像蜡像博物馆里保存的浮游生物和时尚造型那样永远令人不安的东西了"，此处引用了安德烈·布勒东（Andre Breton）的

05 . Hillel Schwartz, 'Torque: The New Kinaesthetic of the Twentieth Century', in Jonathan Crary and Sanford Kwinter (eds), *Incorporations, Zone 6*, Zone Books, New York, 1992: 104. Schwartz himself, however, disagrees with this interpretation of modern life.
06 . Gaby Wood, 'Dolly Mixture', *The Observer Magazine*, 27 February 2000: 36-41.
07 . V. Sobchack, 'Postfuturism', in G. Kirkup et al (eds), *The Gendered Cyborg: A Reader*, Routledge in association with the Open University, London, 2000: 137.
08 . R. Fouser, 'Mariko Mori: Avatar of a Feminine God', *Art Text*, nos 60-2, 1998: 36.
09 . Sadie Plant, 'On the Matrix: Cyberfeminist Simulations', in Kirkup et al., *Gendered Cyborg*: 267.

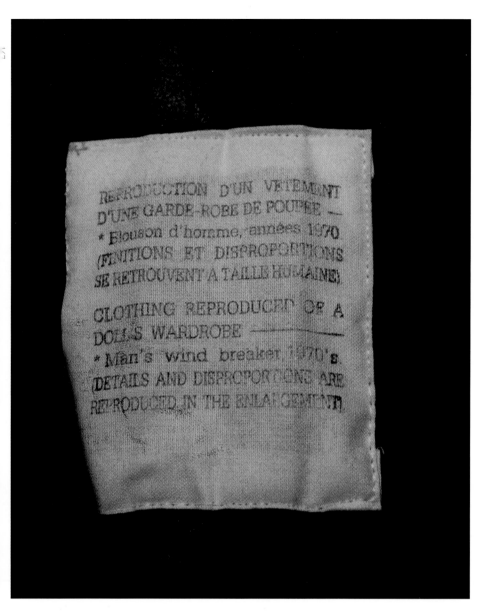

119. 放大的洋娃娃衣服的标签（放大至正常尺寸5.2倍），马丁·马吉拉，1994/1995秋冬系列，摄影：安德斯·埃德斯特伦（Anders Edstrom），图片提供：马丁·马吉拉之家

120. 下页 _ 迈克尔·鲍姆加滕（Michael Baumgarten），"表演者"，观察家报，2000年，造型：乔·亚当斯，时装：山本耀司，摄影：迈克尔·鲍姆加滕

121. 第169页 _ 迈克尔·鲍姆加滕，"表演者"，观察家报，2000年，造型：乔·亚当斯，裙子：香奈儿，底裙：玩偶，摄影：迈克尔·鲍姆加滕

《娜嘉》（Nadja），在这部小说中，诗人深深迷恋上了巴黎格雷万蜡像馆的蜡像模特，并且为她调整吊带袜。[10]

1993年，在维克托和罗尔夫的首次时装秀表演中，模特们站在基座上，摆出古典雕塑般的姿势。安妮特·库恩（Annette Kuhn）指出，"女性被描绘成一种机器人，一个活生生的洋娃娃"。[11]然而，这样的影像也可以解释为在现代性异化影响下形成的一种与女性形象有关的幽灵。这一点在美国品牌 Imitation of Christ 纽约时装秀中隐晦地有所体现，在该时装秀中，人们常见的女性真人走秀被虚构的假人服装拍卖取代。本雅明的笔记中有这样一句话："爱情的市场强调女性的商品特

10 . Walter Benjamin, *The Arcades Project*, trans. Howard Eiland and Kevin McLaughlin, Belknap Press of Harvard University Press, Cambridge, Mass., and London, 1999: 69.
11 . Annette Kuhn, *The Power of the Image: Essays on Representation and Sexuality*, Routledge, New York and London, 1985: 14.

征。"[12] 1931 年, 西奥多·阿多诺的一场演讲讨论了狄更斯的《老古玩店》(*The Old Curiosity Shop*), 他认为蜡像馆、木偶剧院和墓地都是"资产阶级工业世界的寓言"。[13] 狄更斯的《我们共同的朋友》一书中, 洋娃娃裁缝珍妮·雷恩 (Jenny Wren) 与鸟兽标本制作家、人类骨骼整装家维纳斯先生 (Mr Venus) 形成鲜明对比, 维纳斯先生用不同的身体部位组装人骨出售。[14] 根据推论, 珍妮·雷恩的娃娃类似于维纳斯先生的骷髅骨架, 由死者的碎片和身体部位构成。回收人类遗骸的"解剖学家"的形象是拾荒者的影子 (这个人物也出现在小说中, 是小说中为数不多的有良知的犹太人物之一)。为了强调颠覆世界的疯狂, 珍妮·雷恩称自己的父亲为孩子, 把利亚 (Riah) 当作教母, 将玩偶娃娃幻想成人类, 视活人为娃娃。

12 . Benjamin, *Arcades Project*: 895.
13 . See Esther Leslie's discussion of Adorno's lecture in *Walter Benjamin: Overpowering Conformism*, Pluto Press, London and Sterling, Va., 2000: 10-11.
14 . Charles Dickens, *Our Mutual Friend*, ed. With an intro, by Stephen Gill, Penguin, Harmondsworth, 1985 [1864-5]: 128.

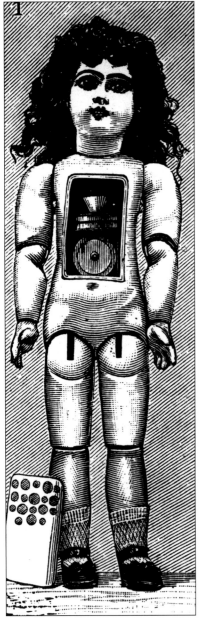

小说最后的黑暗接触仿佛是在强调企业的资本主义本质，并提醒人们这是一部关于金钱及其影响的小说。因此，资本主义生活中的腐朽和死亡，正如维纳斯先生抽屉中的人类牙齿，不知不觉地变化生发。[15]

1894 年,《科学美国人》(*Scientific American*) 展示了一张会说话的法国玩偶设计图，图纸上的玩偶用"清脆的童声"唱着笑着，并讲述了她的母亲将如何带她去剧院。[16] 它还显示了在托马斯·爱迪生 (Thomas Edison) 工厂制造的同类型产品，爱迪生在 1877 年发明了留声机，其工厂的一半精力都用于制造留声机娃娃（图122）。图纸向我们展示了一位年轻女孩，她将玩偶的话语录制在蜡筒上。画面两侧我们能看到两个玩偶，左边的穿着衣服，右边的脱下衣服，露出里面的语音机械。下图展示了爱迪生的工厂，许多人正在生产这些留声机娃娃。这幅插图的配文完美地描述了现代生产线的异化效应：

> 爱迪生有不少从事留声机制造工作的员工，其中有一半在玩偶部门工作。走进工厂，你会对这里满满的秩序感到钦佩。一切都按照美国的方式进行，分工原则得到了最广泛的应用。这里每天可以生产 500 个可供娱乐的玩偶。
>
> 我们可以在图片的中央看到一名女雇员正在连续地对着一个个蜡筒说话。[17]

因此，在（当时）最先进的现代工厂里，我们看到年轻的女性机械地对着蜡筒说话，每天 500 次，用以生产活着的或者至少是会说话的人类女性的拟像。活娃娃获得了真实女孩的一些生动的品质，而女孩在机械重复的话语中与玩偶交换，变成了类似于玩偶的存在，援引马克思对商品拜物教的描述，即工人日益丧失人性，消费者开始借由商品活在自己的世界里。[18] 当人们与事物进行类似于商品的交易时，商品就具有了超出自身范围的不可思议的生命力（已逝的劳动再次回归统治着人们的生活[19]），而人类生产者则获得了无生命的机械性能。一切都是以进步的名义完成的，20 世纪初亨利·福特的生产线就是美国生产方式的代表。[20] 在图 122 中，马克思关于通过工业生产过程实现工人异化的观念与作为奇观和商品的女性形象相融合；在大规模生产时代，商品不再具有独特性，而是可以不断复制生产的。

这幅图像呼应着柏林的魏玛时期和 20 世纪 30 年代纽约传奇音乐厅的康康大腿舞，它们统一的高度、整齐的舞蹈和相同的服装否定了 64 副女性身体的物质差异（图123）。齐格弗里德·克拉考尔 (Siegfried Kracauer) 1927 年发表的《大众装饰》(*The Mass Ornament*) 是他担任《法兰克福日报》(*Frankfurter Zeitung*) 记者时写的，书中他将歌舞团整齐的直线状态描述成"建筑模块，仅此而已……只是作为整体的一部分，而不是那些相信自己是由内而外形成的个体，这样的人成了某种图形的

15 ．同注释 14: 125。
16 ．Reprinted in *Der Natuur*, 26 April 1894, trans, and reproduced in Leonard de Vries, Victorian Inventions, John Murray, London, 1971: 183.
17 ．同上。
18 ．Karl Marx, *Capital*, vol. I, trans. Ben fowkes, penguin, harmondsworth, 1976: 165.
19 ．Hal Foster. *Compulsive Beauty*, MIT Press, Cambridge, Mass., and London, 1993: 129.
20 ．Hal Foster. 'The Art of Fetishism', *The Princeton Architectural Journal*, vol. 4 'fetish', 1992: 7.

123. 康康大腿舞，无线电城音乐厅，纽约，20 世纪30
年代

一部分。"[21] 克拉考尔认为歌舞团是资本主义生产过程的一种象征性表现形式，这种形式造就了泰勒制和生产线上的工人，因为艺人歌舞表演的大规模形式是一种将现实中重要组成部分视觉化的方式，这种方式在我们的世界中已经逐渐消弭了。"大众装饰是对现行经济制度所追求的理性的审美反映。"[22] 换句话说，现代性的工业美学描绘了它的经济根源，在这一点上时尚模特不亚于歌舞团女郎。20 世纪末，就像 20 世纪开始之初，女性形态的神秘复制和标准化，集中在商店橱窗里的假人、歌舞女郎或时尚模特身上，她们汇集了两种观点：一是在大规模生产时代女性不断被商品化，二是福特式的生产线，在这条生产线上，人类穿梭在机器中间作为齿轮运作。

同样的视觉冲击策略也经常被运用于当代时装秀的结尾，当所有模特走上秀台集体展示时：所谓关于个性的时尚，实际上呈现了一致性，像三宅一生这样的设计师已经利用这一点，卓有成效地达到了戏剧性的效果（图 125）。被生产的身体是有纪律的、流水线的、现代主义的身体，在这个身体中，紧身胸衣的外部纪律已经让位于饮食和运动的内部纪律。20 世纪 20 年代，设计师可可·香奈儿和让·巴杜（Jean Patou）设计了一种符合现代主义美学的身体，该身体具有功能性和反装饰性，并且一直通过特定的饮食和运动继续生产，就像福特的产品流水线一样。[23] 同样，20 世纪 30 年代巴斯比·伯克利音乐剧的怪异克隆，也呼应了亨利·福特在本世纪初发明的生产线。如今，人们可能会在唐娜·凯伦（Donna Karans）的职业

21 . 'The Mass Ornament' [1927] in Siegfried Kracauer, *The Mass Ornament: Weimar Essays*, trans. Thomas Y. Levin, Harvard university press, Cambridge, mass., and London, 1995:76.
22 . 同上：76-79.
23 . Peter Wollen, *Raiding the Ice Box: Reflections on Twentieth Century Culture*, Verso, London and New York, 1993: 20-21 and 35-71.

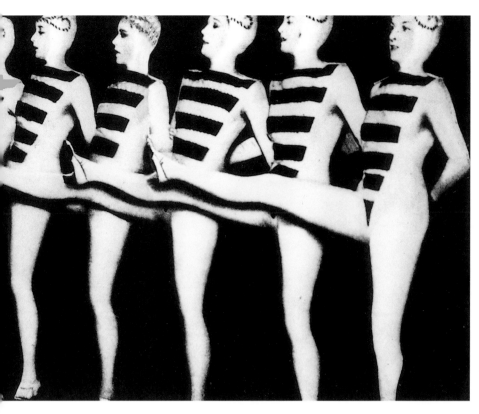

女性"制服"（uniforms）中找到同样的呼应，她时装秀中健美的模特和阿德尔·罗茨坦（Adel Rootstein）公司的假人模型都是依据有个性的真实模特身体建模，并以此批量生产的通用模具。

1990 年的一张照片显示，模特维奥莱塔（Violetta）的侧面轮廓与仿照她的阿德尔·罗茨坦假人的侧面相似（图 124）。她们摆出同样的姿态、彼此呼应，维奥莱塔的手放在她分身的肩膀上。两副相同的侧颜引人注目：哪一个是真实的女人，哪一个是复制品？如果说商业资本主义的经济交易如此神奇，那正是因为它能够让有生命与无生命、生与死、主体与客体之间的滑移成为可能。该影像表明，有生命的真人模特仅仅是无生命假人的最新变体，而拜物教的过程（在本例中指商品拜物教）让一切意义和主题从有生命的女性转移到无生命的玩偶之上。拜物教的理论，无论是商品拜物教还是性恋物癖，都基于一个原始的、有机的、欲望的对象，其中的情感被取代了。但是模特和人体模型的整体关系以及它们的历史渊源，都让人们在面对几乎难以区分的二者之时，对原版的本质产生了怀疑。[24]

在 17 世纪和 18 世纪，时装娃娃是成年女性的玩物，从某种意义上讲，穿着最新时装的娃娃来自巴黎，它们能指引裁缝们了解最新的时装流行趋势。第二次世界大战结束后，法国高级定制联合会立即创建了时装剧院（Théatre dela Mode），一系列时装娃娃身穿巴黎时装设计师的设计作品被派送到世界各地，推广法国时装。因此，即使客户没有亲自前往巴黎，这些娃娃也能穿上法国时装，

124. 模特维奥莱塔和阿德尔·罗茨坦的人体模型（1990 年），
图片提供：阿德尔·罗茨坦

24 . For a discussion of doubling, see Hillel Schwartz, *The Culture of the Copy*, Zone Books, New York, 1996.

维克托和罗尔夫在他们1996年的迷你时装秀上可能就是想到了这一点——穿着手工定制时装的娃娃（图59a）。[25]苏珊·斯图尔特（Susan Stewart）描述了凯瑟琳·德·美第奇（Catherine de Medicis）的故事，她的丈夫死后，人们在她家中发现了8个时装娃娃，它们都穿着精心制作的丧服。斯图尔特还提醒我们，"物的世界永远存在'我们中间的死者'"，而玩具则提醒我们："作为世界呈现的普遍倒置的一部分，无生命之物可以化为生命之物。"[26]弗洛伊德认为，孩子们期待他们的娃娃活过来："活娃娃"的想法根本不会让他们感到恐惧。[27]他讨论"神秘和令人恐怖的"（unheimlich）的论文开篇讨论了E.T.A.霍夫曼的著作《睡魔》（The Sandman），文中包含了奥芬巴赫歌剧《霍夫曼的故事》（Tales of Hoffmann）第一幕中出现的奥林匹亚玩偶的原型，顺从而迷人的未婚妻变成了机器人。尽管弗洛伊德为了提出阉割的讨论主题不断地淡化文中玩偶的寓意，但他还是通过蜡像、娃娃、机器人与相似的活人之间存在的暗恐等内容展开他的讨论，反之亦然。[28]

照片中真实的时装模特旁边摆放的时尚模型既是一个与其人类形象格格不入的洋娃娃，又是一个相似的对应物。弗洛伊德认为双重对应物也是暗恐的，因为它既是对死亡和毁灭威胁的安慰，又是对人类个性留存的艰巨挑战。[29]他回想起了自己关于"红灯区"怪诞的梦（"除了浓妆艳抹的小姐什么都没有"），每次他转过头她们的人数都会莫名其妙地翻倍。[30]尽管弗洛伊德拒绝采用女性气质和玩偶的主题，但妖艳的女性是一切道路复返的意象归宿。在讨论了更多的案例之后，他总结了自己的分析观点并指出，对某些敏感的男性来说，女性气质本身可能就是怪怖者：女性的身体，尤其是其内部和外部的性器官，既隐蔽神秘又令人毛骨悚然（heimlich and unheimlich）。[31]

在资本主义过剩的阴影世界里，当代模特是历史人物的怪诞化身，无论这化身指的是无生命之物还是有生命之物。将模特复刻在虚假的形象之中形成恐怖重影，在时装秀T台上无限复制，正如左拉在《妇女乐园》中形容的，这些恐怖重影就像商店橱窗玻璃中的幻象"无限地复制"。亚历山大·麦昆的红发双胞胎模特在雪暴时装秀中将惊悚的重影与神秘而恐怖的双胞胎融合在一起（图126）。这样，时装模特便兼具了双重性和死亡性这两个主题。马克·塞尔泽（Mark Selzer）指出了20世纪晚期模特与创伤、死亡的联系，在强迫性的重复行为中，T台上模特身体暗恐的复刻和重影（图127）与创伤结构本身具有相关性。他这样描述：

> 时装秀中程式化的模特身体，是一种极为普遍的美，甚至可能携带着一个条形码；不断移动的身体没有情感，同时它自我迷恋、自我陶醉、自私自利又

---

25 . *Viktor & Rolf Haute Couture Book*, texts by Amy Spindler and Didier Grumbach, Groninger Museum, Groningen, 2000: 8.
26 . Susan Stewart, *On Longing: Narratives of the Miniature, the Gigantic, the Souvenir, the Collection*, Duke University Press, Durham, N.C. and London, 1993: 57.
27 . Sigmund Freud, 'The Uncanny'[1919]in *Works: The Standard Edition of the Complete psychological Works of Sigmund Freud*, under the general editorship of James St trachea, vol.XVII hogarth Press, London, 1955: 223.
28 . 同上：226。
29 . 同上：235-237。
30 . 同上：237。
31 . 同上：245。

自我消遣：是一位不露身份像变色龙一样的超级巨星。[32]

塞尔泽评论了"时尚界的公共梦想空间"如何将模特简化还原成具有死亡内涵的对象，有生命与无生命的物体彼此同化。引用本雅明的话，时尚将生命体与无机世界相结合，它主张身体的权利，以及"无机生物的性感"。[33] 塞尔泽进行这一分析的那段时间，超级名模被更为纤瘦的凯特·摩丝（Kate Moss）等模特所取代。20 世纪 90 年代，许多模特的生活方式被大众媒体广泛宣传，使纤瘦的形象更加动人，受到这种情况的影响，药物滥用和饮食失调变得极为普遍，原本苗条的模特们承受着巨大的压力努力保持身材。*The Face* 杂志 2001 年 7 月刊以西恩·埃利斯的时尚风格为核心，用一具骷髅摆出了裁缝师手下假人的造型。

如果说 20 世纪末的时尚模特充满了死亡性，那这种死亡性不是基于生活方式或形态的表面相似性，而是与她的工业起源有着结构性联系。这种联系可以追溯至 19 世纪消费资本主义的倍增和大规模生产。女孩们来来往往、更新换代，20 世纪 90 年代纤瘦的时尚取代了超模的时尚。[34] 然而，尽管这些视觉风格被称为"垃

32 . Mark Seltzer, *Serial Killers: Death and Life in America's Wound Culture*, Routhledge, new York and London, 1998: 271.
33 . Benjamin, *Arcades Project*, cited in ibid.
34 . For a discussion of the relation among fashion, women and fluctuating body ideals, see Rebecca Arnold, 'flesh', in *Fashion, Desire and Anxiety: Image and Morality in the Twentieth Century*, I. B. Tauris, London and new York ,2001:89-95.

圾摇滚"（grunge）和海洛因时尚（heroin chic），有着致命性的内涵，但 20 世纪 90 年代的完美超模其实更为致命，因为它后来取代的是更为普遍的风格，以戴文·青木（Devon Aoki）和凯伦·艾尔森（Karen Elson）等模特为代表的荒诞和古怪缺陷美。意识到这一点，文化批评家史蒂夫·比尔德（Steve Beard）在英国时尚杂志 i-D 中回顾了世纪末的 10 年：

> 克丽丝特瓦认为，最终可怜的身体是人类的尸体。经过美化和电子化处理的人类尸体非常接近于模特走秀召唤的灵晕。过去十年的超级名模被比作流水线上的电子人、科幻后人类和变性人，但也许像辛迪·克劳馥（Cindy Crawford）和克劳迪亚·希弗（Claudia Schiffer）这样的超级名模总是比任何敢于想象的人都更接近一具行走的尸体。[35]

模特异化 MODELLING ALIENATION

现代性的时间接力在亚历山大·麦昆 1999 年春夏系列中上演，该系列探索了 19 世纪工艺美术运动与他所称的"纺织技术的坚硬边缘"之间的关系（图 128）。除了延续前工业时代的工艺意象和后工业时代的城市疏离感之外，该系列还将模压皮革紧身胸衣和白色泡泡花边、有孔洞的木质折扇裙和摄政时期条纹丝绸相结合。时装秀中运动员兼模特艾米·穆林斯（Aimee Mullins）（图 128a 和图 128b）穿着麦昆设计的一副手工雕刻的假肢走开场（艾米·穆林斯出生时没有胫骨，一岁时她膝盖以下的双腿被截肢）。而时装秀闭幕时模特莎洛姆·哈洛（Shalom Harlow）（图 128k 和图 128l）像个八音盒玩偶一样在转盘上旋转，身上的白色裙子被 T 台上突然动起来的两个诡异的工业喷漆器喷成了柠酸绿色和黑色。这场秀将有机与无机（模仿玩偶的模特、模仿人体运动的喷漆机和增强人体性能的人工腿）并置在一起，扭曲了主体和客体之间的关系，人们可以从中联想到马克思的商品交换，即人与物之间的交换：人类社会关系具有客体关系的性质，商品也具有人的主观能动性。[36] 在这两个年轻女性的形象中，马克思和卢卡奇（Lukács）的幽灵似乎在 20 世纪末重新复活，成为异化、物化和商品拜物教的具体表现形式。

因此，当代模特的历史根源于 19 世纪欧洲的城市现代性，这一现代性的特点是马歇尔·伯曼重新解读马克思时得出的：一方面欧洲城市繁华、璀璨而生生不息，另一方面也具有极强的破坏性，贪婪而无情。[37] 伊丽莎白·威尔逊认为，时尚和现代性具有两面性，因为它们都形成于"早期资本主义城市"这一坩埚。[38] 从这个意义上讲，我认为模特是资本主义的幽灵（Doppelganger），一种有形的幽灵，或者说是一种哀痛的体现形式，它通过商品拜物教的形式和交易魂绕在消费者关系之上。在让 - 皮埃尔·卡泽姆（Jean-Pierre Khazem）拍摄的 Diesel2001 冬季

35 . Steve Beard. 'With Serious Intent'. *i-D*, no. 185, April 1999:141.
36 . Foster, 'Art of Fetishism': 7.
37 . Marshall Berman, *All That is Solid Melts into Air: The Experience of Modernity*, Verso,London, 1983; Marshall Berman,Adventures in Marxism, Verso, London and NewYork, 1999.
38 . Elizabeth Wilson, *Adorned in Dreams: Fashion and Modernity*, Virago London, 1985: 9.

128. 亚历山大·麦昆，1999 春夏系列，摄影：尼尔·麦肯纳利

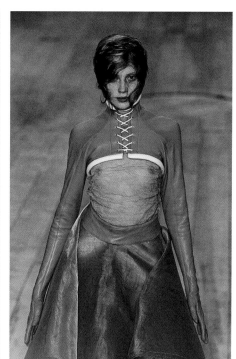

129 和 130. Diesel，保持年轻／拯救自己，2001 秋冬系列
广告，摄影：吉恩 - 皮埃尔·卡泽姆，图片提供：Diesel

广告中，现代鬼魂的回归得到了更真实的描绘。广告拍摄的模特头部被透明的硅胶面具取代，而面具上的眼睛是无神的玻璃状，表情也如同死神一般（图 129 和图 130）。伴随着虚构的文字，每个人物都被赋予了历史和个性，这些广告暗示着一位从过去穿越而来的人物，她被立即冻结为暗恐的活人模仿品。在广告《窒息》（*Breathless*）中，这个人物被命名为"玛丽亚·德里恩（Maria Deroin），生于 1891 年"。她的现代发型、当代时装和皮包与她的复古项链、蕾丝手套形成鲜明对比；一张蜡黄的面庞和凝视的呆滞眼神让人联想起了 1900 年巴黎世博会中的假人，一位充满女性魅力的幽灵复返，困扰着当下的一切。她的介绍文字中写着："我每天限制自己只能呼吸几次。它帮助我保持像一个世纪前一样美丽。活了这么久，也许会有古怪的味道，但我为什么要在意那些——我看起来绝对美极了。"

无论是 19 世纪的奢侈品和装饰物，还是 20 世纪更为规范的现代主义身体，卡泽姆摄影作品中的当代模特身体的普遍美感不仅呼应着历史上的前辈们，也唤起了女性作为奇观的历史。他的艺术装置"暂停"（Pause）在斯德哥尔摩法格法布里肯艺术中心展出，当地的 5 名妇女在一个布满镜子的空间里戴着半透明的蜡质面具，裸着身子摆出造型，使人联想起 20 世纪 20 年代的假人。她们的镜像喻指着资本主义炫耀行为中的一系列重复行为。经过进一步的强调和修饰，她们的照片被依次镶嵌在有机玻璃底座中示人。[39] 该装置表明，现代主义的大部分女性身体都是被操纵、生产和标准化的身体，就像模特通过美丽的经典标准来决定其代表的身体一样。

现代性的幽灵萦绕在这个时尚的身体之上，并以精神失常的症状回归当下，在 20 世纪末的时装表演和时尚摄影图片中，它就是客体—人体—模型。三位设计师在他们的 1999/2000 秋冬时装秀中以假人为主题，探索了模型、模特、活娃娃和假人之间的联系。马吉拉用真人大小的木制关节木偶代替了真人模特。与卡拉扬曾经密切合作过的简·豪（Jane How）担任该设计的造型师，两位身穿黑衣的木偶师分别操控木偶让它们沿着 T 台移动（图 131）。马吉拉的时装秀充满了测量感，雕刻的木制人体模型似乎比控制它们的黑衣木偶师稍大一些，它们被真人的影子笼罩，在 T 台上邪恶怪诞地行走。麦昆展示了他为纪梵希设计的时装系列，模特的树脂玻璃头从黑暗的 T 台上升起又落下（图 63 和图 64）。维克托和罗尔夫让他们的观众坐在一个小房间里，房间正方形舞台的中心放置了一个基座，上面摆了一双鞋。身材娇小的洋娃娃型模特玛姬·瑞泽（Maggie Rizer）穿着一块边缘磨损散开的短小麻布，两位身着黑衣的设计师维克托·霍斯廷和罗尔夫·斯诺伦跟在她身后。他们将她引导到基座上，她穿上鞋子然后就像八音盒里的玩具芭蕾舞木偶一样旋转起来。此时，设计师们消失了，他们回来的时候为她穿上了蕾丝和水晶连衣裙，调整了裙子的下摆和她脖子上的蝴蝶结。当她在基座上旋转的时候，维克托和罗尔夫离场去拿她的下一套衣服，那是一件镶嵌着钻石的花椒壶形连衣裙，他们将它穿在之前的几层服饰外面。该系列由施华洛世奇（Swarovski）水晶公司赞助，几乎每套时装都以水晶搭配黄麻为特色。紧随其后的是一件僵硬的连衣裙，上面装饰着硕大的珠宝，再加上一件类似的及地马甲披风、一件荷叶边的娃娃裙和一件珠光宝气的宽大外套，所有这些服装都是专门为旋转模特订做的，就像俄罗斯套娃一样。时装逐次叠加，模特穿上了 9 套衣服，每套都叠加在前一套的外面。第 10 层是一件宽大的帆布大衣，它的袖子有 15 英尺长（图 132）。整场表演是对时尚沉积的一次练习，使其正式地在现有商业模式基础上不断扩张。

时尚设计师们比大多数人更接近时尚的实验性边缘。他们使用假人或其他无生命形式表演进行实验，虽然如此，他们的工作仍旧牢牢地局限在时尚领域——与工业和商业挂钩——而不是艺术。因为这些假人模型只有在使用真人女性展示时装的传统时尚背景下才有意义，这一传统在 19 世纪的巴黎引起了人们对时尚消费将身体商品化这一现象的关注。这些暗恐的意象唤起了时尚模特自身的历史渊源，即资本主义生产中工人的异化地位，以及 19 世纪的时尚女性的双重地位——她们既作为主体也作为客体。由此同样可以看出，当代时尚中的异化形象呼应着马克思所描述的早期工业生产中异化的身体。正如 19 世纪的漫游者（flaneur）

131. 马丁·马吉拉，1999/2000 秋冬系列时装秀木偶表演彩排。摄影：安德斯·埃德斯特伦 / 伦敦，图片提供：马丁·马吉拉时装屋

39．."暂停"装置是卡泽姆与纽约建筑师安德列斯·安格利达克斯（Andreas Angelidakis）的合作作品，于 2002 年 3 月 5 日在斯德哥尔摩法格法布里肯艺术中心展出。*Independent on Sunday, Review*, 10 march 2002:12.

体现了虚无主义观察者的疏离，[40] 工业工人体现了劳动的异化，时装模特展示了女性客体的暗恐与矛盾，超现实主义人体模型也明确地体现了这种矛盾性。比如1938 年巴黎超现实主义展览中的展品。[41] 如果说异化是现代主义文学和哲学的一个核心概念，那么它其实与马克思主义所指的工业生产中的异化是相通的。时尚和原始商品形式中压抑的存在，通过人体模型、假人和模特具体化、异化的形象复返当下。蒂姆·沃克（Tim Walker）为意大利版 *Vogue* 拍摄的一系列摄影作品富有表现力地再现了这一主题，照片拍摄了模特们像工业产品一样，正在被送往仓库（图133）。每一个镜头中的模特都穿着精致的礼服，那是 Gaultier、Versace、Valentino等品牌设计的高级定制晚礼服。华丽的礼服适用于公主的装扮，但模特的造型看起来却像是一个放大版的洋娃娃或玩偶。她以各种不同的方式被放置在货盘和叉车上运输，周身裹覆着类似芭比娃娃和其他玩偶的包装。随后她陷入环绕着气泡的盒子，被泡沫塑料球或保鲜膜密封包裹，躺在预模塑料中与外界隔绝（图 134和图 135）。

死物 DEAD THINGS

侯赛因·卡拉扬的 1996/1997 秋冬时装秀"静物"（Still Life）通过旋转平台将模特们传送到 T 台上，并将"人体模型"的主题称作"静物"。用卡拉扬的话说，这场时装秀的标题意为"静物正如生活中的静止之物，或是死亡中的静物"。[42] 在Versace 1998 年广告宣传活动中，鬼魅妆容、死亡面具和蜡质、苍白、无血色的脸孔之间的相似性显而易见，这些广告照片根据历史影像制作而成，模特们看起来如同蜡像一般（图 136）。蜡质而面无血色，他们皮肤上的高光就像石膏店里假人脸上白亮的反光，他们的头发被设计成假发的模样，僵硬的、拘谨的姿势和呆滞

40 . Christine Buci-Glucksmann, *Baroque Reason: The Aesthetics of Modernity*, trans. Patrick Camiller, Sage, London, Thousand Oaks and New Delhi, 1994 [1984]: 84-85 and 93-94: 27.
41 . 同上：79。布希 - 格鲁克斯曼辩称，女性本身在商场里成了"量产的商品"。
42 . Jon Ashworth, interview with Hussein Chalayan, *The Times*, London, 2 March 1996.

132. 维克托和罗尔夫，1999 秋冬系列，摄影：彼得·塔尔（Peter Tahl），图片提供：维克托和罗尔夫

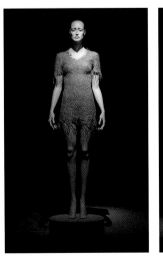

的目光让人想起地方考古和蜡像馆里陈列的古装假人。有人可能会说，在这里，时尚女性也变成了一个客体，就像商品形式将社会关系转化为客体一样。埃夫拉特·特塞隆（Efrat Tseelon）阐述了通过手术和节食调整身体的概念——"死亡恋物癖"（mortality-fetishist）。她注意到美容和死亡仪式的相似之处（例如，美容手术类似于防腐，化妆就像打造一张死亡面具）。"在这两种情况下，永久性面具取代了人们讨厌的短暂，同时引起了人们的注意。"[43]

瓦尔特·本雅明认为时尚与女性生命体截然不同，这种不同在于时尚既致命又毫无生产力，他用人体模型的比喻来说明这一点："现代女性与自然的衰颓作斗争，她们保持时尚的新鲜感，抑制了自身的生殖能力，模仿人体模型，并作为死物书写进历史。"[44]本雅明的译者用现代术语——人体模型（mannequin）来表示"假人"（dummy），但这种用法相对较新。从19世纪中期开始，时装脱离了人体模型而首次出现在真人女性身上，"mannequin"一词曾经被用来描述真人模特，而"model"则指的是服装（虽然现在这个词已被用来形容真人女性）。这种语言上的转换与本雅明引用的马克思商品拜物教概念相呼应，在本雅明的分析中，时尚的女性是时尚有致命而鬼魅的象征，是晚期资本主义机器中的幽灵。本雅明

43 . Efrat TseElon, *The Masque of Femininity: The Presentation of Woman in Everyday Life*, Sage London, Thousand Oaks, New Delhi, 1995: 108, 103-104.
44 . Cited in Susan Buck-Morss, *The Dialectics of Seeing: Walter Benjamin and the Arcades Project*, MIT Press, Cambridge, Mass., and London, 1991: 101.

 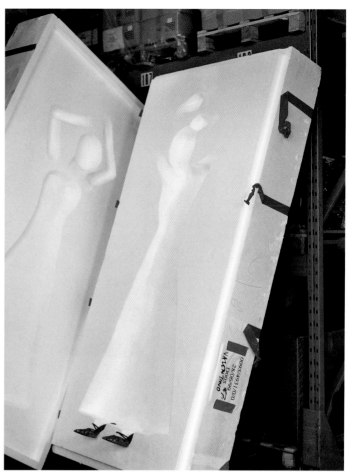

133-135. 蒂姆·沃克，时装贸易，意大利版 *Vogue*, 1999 年，
图片提供：蒂姆·沃克 / 康德·耐斯特，米兰

136. Versace广告系列, 1998秋冬系列, 造型: 多娜泰拉·范思哲, 摄影: 史蒂文·梅塞, 图片提供: 范思哲

的分析指出了现代性本身的一种"死亡"品质，即景观中心的幽灵。本雅明将现代性、时尚、奇观和死亡联系起来，死亡的概念隐喻了异化，描述了资本主义背景下精神的灭亡。因此，这种死亡与第5章结尾描述的蛇蝎美人骇人的致命力量无关，它是另一种死亡：技术现代性中固有的异化。它为前工业社会中幻想的人类关系哀悼，在这种幻想中社会关系可以不受商品形式的影响。本雅明提到的现代时尚的死亡就是卢卡奇的物化概念——所有的人际关系都被商品化了。

马克思表述的时尚和死亡的联系更为直接，虽然它的表达方式是尖锐地批判19世纪时装和纺织品的残酷生产，但在当今世界，西方时尚产品生产的血汗工厂中仍旧存在这种关联。[45] 用马克思的话说，"时尚毫无意义的反复无常与致命破坏"与死亡有两个方面的直接联系。首先，时尚的不可预见性导致了市场的波动，突然过剩的市场对劳动力造成了毁灭性破坏。其次，时尚和纺织业与工厂系统相连，在纺织业中，女性和儿童遭到无情的剥削，她们无休止地纺织美国奴隶种植和采摘的棉花。伊斯特·莱斯利（Esther Leslie）认为：

> 《资本论》Das Kapital）为本雅明的时尚身体概念提供了一个唯物主义的核心，既抽象又具体地说明了，时尚的身体与死亡息息相关……产品和死亡之间的联系使本雅明意识到这样一个事实：所有消费品都是在造成痛苦的条件下生产的。资本的规则——通过它的技术和工艺创造断裂而破碎的身体，而这些身体已经被改造成被糟踏的、非人性化的商品。通过商品拜物教的物化运作，资本组织残忍地吞噬生命。[46]

本雅明为马克思的商品拜物教概念增添了一种不同的注解，他将时尚描述为一种击败或超越死亡的尝试，它使没有生命的商品成为人类的欲望客体。服装模仿有机的自然（例如，使用水果、花卉和羽毛进行装饰），而活着的真人则模仿无机的世界（例如，使用"绸缎"抛光质感的化妆品）。这种有机与无机、生与死、繁衍与腐朽之间的对倒，在1997年鹿特丹博伊曼斯·范伯宁恩美术馆举办的展览中得以体现，展览中马吉拉使用了人体模型，服装被陈列在无生命的人体模型上，然后霉菌和细菌在人体模型上"生长"而出；马吉拉使用的不是活着的女性而是无生命的模型，并且用酵母、霉菌和细菌的形式模仿了有机事物。虽然人体模型不能繁殖，但在这里，衣服本身作为霉菌和细菌生长的媒介，成为了可以繁殖的诡异存在。因此，在正常情况下活着的女性穿着无机衣服的情况发生了景观化的逆转，活着的衣服穿在了裁缝的假人身上（图137）。

137. 马丁·马吉拉，展览装置"9/4/1615"，博伊曼斯·范伯宁恩美术馆，鹿特丹，1997年，摄影：卡洛琳·埃文斯

转换 TRANSFORMATION

在本章中，我认为设计师和摄影师利用模特和假人之间暗恐的互文关系可以追溯到19世纪时尚模特的商业起源，还包括作为奇观的女性形象。然而，尽管这些作

45 . See e.g. Andrew Ross (ed.), *No Sweat: Fashion, Free Trade and the Rights of Garment Workers*, Verso, New York and London, 1997.
46 . Leslie, *Walter Benjamin*: 10.

138. 尼克·奈特，艾米·穆林斯，"通道"，*Dazed & Confused*，1998 年。木扇马甲：纪梵希高级定制，绒面 T 恤：亚历山大·麦昆，衬裙：安琪儿和柏曼。概念：亚历山大·麦昆，造型：凯蒂·英格兰，图片提供：尼克·奈特

139. 对页_尼克·奈特，艾米·马林斯，"通道"，*Dazed & Confused*，1998 年，概念：亚历山大·麦昆，造型：凯蒂·英格兰，图片提供：尼克·奈特

为现代性的历史幽灵继续困扰着当代的时装秀，但也许这些人体模特也预示着观念的转变。亚历山大·麦昆在伦敦杂志 *Dazed & Confused* 1998 年 9 月刊中特邀尼克·奈特为模特兼运动员艾米·穆林斯（AimeeMullins）拍照。穆林斯像一个脆弱而美丽的洋娃娃，她的假肢让我们想起了她幻影般的"前辈们"，商店橱窗里的假人以及女人身体的暗恐魅影（图 138）。为了拍摄这张照片，她在膜制假肢的脚趾处涂上了自己的指甲油，并且在假腿上抹满污垢，用来呼应她"真正的"指甲上被刮掉的指甲油和污垢。这张照片召唤了一个破旧的机械娃娃，过去的幽灵纠缠而来，在镜头的致命凝视中被定格。人们可能会认为，作为景观和商品的女性再次高调地回归了，然而杂志封面上的矛盾形象（图 139）否认了这一点，她穿着运动短裤和弯曲的短跑金属假肢，赢得了残奥会奖牌——她运动、机敏，为比赛时刻准备着，这便是设计师在世纪之交对未来的寓言式书写。

8. Disconnection 断裂

灾难摄影 DISASTER PICTURES

140. 彼得·林德伯格，安伯·瓦莉塔，洛杉矶，意大利版 *Vogue*，1999 年，造型：卡尔·坦普勒（Karl Templer），摄影：彼得·林德伯格

在一场戏剧性的高对比度拍摄中，一位穿着芭蕾舞裙和紧身连衣裤的年轻女子，睁大双眼躺在废弃的露天咖啡馆前铺满落叶的地面上。她究竟死了、疯了、昏迷了，还是在演戏？她躺在那里多久了？又发生了什么？桌子上散落着两只打翻的马克杯，恐怖的案件尚未解决。画面仿佛暗示了暴力或死亡，但图片本身笼罩的黑暗和阴郁的气氛却飘散出诱人的美感。1999 年，马里奥·索兰提（Mario Sorrenti）在 *The Face* 中再现了这种神秘的时尚，让人想起了 20 世纪 80 年代德娜·肖滕基尔克（Dena Shottenkirk）对罗伯特·马普尔索普（Robert Maplethorpe）摄影作品的描述：

> 我们和观众难以得知确切的情况……我们体会场景的气氛，但从未了解相关的事实。我们感受到了奢华和性感，却很少听闻具体的情节。照片中的场景定格在叙事的炼狱之中，任何细节都没有被限制，它迷失在梦幻的世界中，在那里一切皆可成为现实。时尚摄影成为承诺的意象。通过上下文的模糊与暧昧，观众（消费者）情不自禁地陷入诱惑。[01]

同样暧昧不明的是 1999 年彼得·林德伯格（Peter Lindbergh）为意大利版 *Vogue* 拍摄的《安伯·瓦莉塔在洛杉矶》（*Amber Valetta in Los Angeles*），照片中模特大步走出灾难地带（图 140）。她身后留下了一片满目疮痍的场景：一辆翻倒在地的汽车，几个警察激烈地阻挡摄影师的镜头与闪光灯，杂乱无章的碎片散落一地。除此之外，画面强烈的明暗对比影响了观者的深入解读。模特的衣服非常奇怪，观者难以看清她衣服透露的棕红色究竟是不是血渍。这张照片让人想起了丽贝卡·阿诺德的话："时尚摄影创造了身体的拟像，那是美丽甚至死亡的拟像，消除了死亡、衰老和颓败的痕迹，人们并不能在其中找到解决问题的办法，于是那里成为了冲突和歧义的发生地。"[02]

不论林德伯格的摄影叙事如何难以捉摸，这张照片的历史参考对象都显而易见。它取材于 20 世纪 40 年代维加（Weegee）的犯罪现场图像摄影，盖·伯丁（Guy Bourdin）在 1975 年为查尔斯·乔丹（Charles Jourdain）鞋履产品拍摄的广告中重新诠释了这一场景。20 世纪 70 年代，盖·伯丁与赫尔穆特·牛顿（Helmut Newton）、鲍勃·理查森（Bob Richardson）一起，将一种全新的黑暗风格引入了时尚摄影领域。伯丁和牛顿在各自的时尚作品中都形成了一种叙事性的摄影风格，这种风格再现了夸张、颓废、富有魅力但极度危险的意象。这些作品的突破性与先锋性使得美国评论家希尔顿·克莱默（Hilton Kramer）在 1975 年发表评论说，时尚摄影日渐成为色情作品的一部分，"有些照片与谋杀、色情和恐怖活动已经毫无区别……众所周知，时尚摄影早已完结，而谋杀、恐怖和暴力等可行的主题正在被取而代之。"[03] 苏珊·桑塔格在 1979 年描述了"近几十年来的道德沦丧"，

---

01 . Dena Shottenkirk, 'Fashion Fictions: Absence and the Fast Heartbeat', *ZG*, 'Breakdown Issue', 9, 1983: n.p.

02 . Rebecca Arnold, *Fashion, Desire and Anxiety: Image and Morality in the Twentieth Century*, I. B. Tauris, London and New York, 2001: 81.

03 . Hilton Kramer cited in Nancy Hall-Duncan, *The History of Fashion Photography*, Alpine Book Company, New York, 1979: 196-197.

并将此与早期纯洁和永恒之美的摄影理念相对比，例如她将爱德华·韦斯顿（Edward Weston）的作品与 20 世纪早期的乌托邦式现代主义作品对比，与 20 世纪 70 年代时尚摄影的黑暗主题联系起来：在当前祛魅的历史氛围中，人们越来越不理解形式主义者关于永恒美的追求。更黑暗、更短暂的美丽模特浮出水面，它们激发人们重新审视过去的摄影风格；而最近几代的摄影师毫不掩饰对美丽的厌恶，他们更热衷于再现混乱，更痴迷于锤炼奇闻，他们在创作中往往选择令人不安的状态，而不是孤立的最终令人安心的"简化形式"。[04]

20 世纪 90 年代的许多时尚摄影作品可以追溯到 20 世纪 70 年代，其中一些影像被丽贝卡·阿诺德归类为"黑色时尚"（fashion noire）。[05]1990 年，评论家 D. A. 米勒（D.A.Miller）有先见之明地将时尚摄影中渗透的腐朽、颓废和死亡的主题命名为"病态文化"（morbidity culture）。[06]伦敦裁缝师理查德·詹姆斯（Richard James）的一个电影院广告拍摄了一位穿着考究的花花公子，结果在最后一个镜头中他却自杀了。英国品牌 Jigsaw 的 1997/1998 秋冬男装系列是由尤尔根·泰勒（Juergen Teller）拍摄的 20 张照片组成的叙事序列，污浊的色彩与颗粒状的黑白摄影交相融合。几页照片中，一群穿着考究的男人在伦敦的屋顶、高楼大厦和废弃地下通道中跳跃、翻滚、奔跑、跌落（图 141）。艺术指导菲尔·比克（Phil Bicker）提供了专业的帮助，泰勒没有使用模特而是聘请了专业的特技替身进行拍摄。泰勒声称，他感兴趣的是针对他的拍摄对象呈现一些有趣的视觉效果，而不仅仅再现他们的外表。在为期三天的拍摄中，他的拍摄对象使用了火和自行车，甚至还在高楼上表演了他们的专业特技。

Jigsaw 的时尚摄影作品创造了模糊的叙事，看起来似乎一切都联系在一起，但实际上没有任何证据证明，这究竟是自杀、谋杀还是意外事故。破碎的玻璃片、燃烧的皮夹克诡异地挂在混凝土车库和仓库的挂钩上。那些本应死去的人似乎又重新站起来了，好像胶片倒带回转。叙事被拆分、重新拼贴，连贯性被现代主义叙事的不连续性和碎片化打破，其跳跃的紧张感来自让 - 吕克·戈达尔（Jean-Luc Godard）的电影《筋疲力尽》（*A Baut de Souffle*）（1960）中的跳切手法。死亡、碎片化和风格化的故事同时存在、悬而未决。如果说这是一个神秘的故事，那只能说这个故事与如何销售男装有关。裤腿的锐利裁剪和鞋面的光泽毋庸置疑都与此有关，事实上，剪裁也是叙事的唯一线索，就像在城市中一样，着装标志着身份，让人回想起波德莱尔关于花花公子和普通男人的区别的论述。[07]

04 . Susan Sontag, *On Photography*, Penguin, dandy from the ordinary man.7 Harmondsworth, 1979: 102.
05 . Arnold, *Fashion, Desire and Anxiety*, ch. 2, 'Violence and Provocation': 32-62.
06 . D. A. Miller Cited in Peggy Phelan., *Mourning Sex: Performing Public Memories*, Routledge, London and New York, 1997: 17.
07 . Charles Baudelaire, 'The Painter of Modern Life' [1863], *The Painter of Modern Life and Other Essays*, trans. Jonathan Mayne, Phaidon London, 2nd ed. 1995: 26-29.

1997 年秋，在英国各地的 Jigsaw 商店里，像伊夫·克莱因的 1960 年《跃入虚空》（*Sautdans le vide*）中坠落者的形象在录像中循环上演，他一次又一次地跌落在地。这成为了一本未知灾难的碎片化传记，整个情境叙述了一场无声的死亡，而不是关于生命的故事，与艺术家罗伯特·隆戈（Robert Longo）20 世纪 80 年代的项目——"城市中的男人"（Men in the Cities）如出一辙：衣冠楚楚的男子在死亡之际被摆放在城市的屋顶上。克里斯·汤森德认为，对隆戈来说，"这座城市可能被解读为具有潜在致命性的地方，这里是一个随时可能发生死亡的空间。隆戈作品中谋杀案的受害者都是普通的'雅皮士'（yuppies），他们是穿着西装和时髦衣服的聪明都市小孩。"[08] 隆戈的照片就像 Jigsaw 的广告一样，暴力和死亡打断了时尚叙事，创伤和焦虑的莫名气息萦绕其间。

20 世纪 90 年代初的一则 Diesel 广告似乎戏仿了这种美国式戏剧风格：在一起多车相撞的事故中，死去的模特荒诞地躺在路面、反光的车顶和豪华软装的车内，其中一人穿着白色皮靴，一条腿搭在仪表板上，另一条腿伸出汽车侧面（图 142）。左边三个穿着正装的人正在拍摄死者（他们是记者、游客还是法医？）右边一群肥胖的郊区美国佬坐在椅子上一边吃爆米花一边观察着现场。小贩摊上的"爆米花"提供了"美国式"的语言线索，而在画面底部地面上的一只公文包上写着"1.800. 起诉他们"（1.800. SUE THEM）。这个场景以从上向下的俯拍角度拍摄，就像示意图一样，再次还原了 20 世纪 40 年代的纽约犯罪现场摄影。但影像中充满了庸俗的浮夸色彩，这与安迪·沃霍尔的 1964 年"美国的死亡"（Death in America）系列中的《星期六灾难》（*Saturday Disaster*）有所不同（图 143）。Diesel 广告老爷车中那些僵硬的尸体与沃霍尔的"真实"（*vérité*）影像形成鲜明对比，后者拍摄了尸体从日常的美国汽车上坠地的场景，照片在亚光银质地的廉价新闻纸照片上被风格性地双重排版丝网印刷，既疏远又具有残酷的临场感，"充满情感又疏离"，沃霍尔的双倍重排和情景再现戏仿了创伤本身。[09] 托马斯·克洛（Thomas Crow）将这些车祸照片描述为"纸浆材料的认知重组赤裸裸地创造了美国生活的厌世写照"。[10] 贺尔·福斯特（Hal Fester）也将他们定义为典型的美国人，他将创伤性现实的再现描述为"通过大规模媒介化灾难和死亡建立精神国家"的要素。[11]

如果说沃霍尔的创作直击人心，那么某种程度上是因为它直截了当地再现了一个创伤性的现实，Diesel 的图像产生的震惊效果与之不同，它更为时髦和

08 . Chris Townsend, 'Dead for Having Been Seen', catalogue essay for *Izima Karaou*, fa projects, London, 2002: n.p.

09 . Hal Foster, 'Death in America', in Annette Mitchelson (ed.), *Andy Warhol, October* Files 2, MIT Press, Cambridge, Mass., and London, 2001: 72-75.

10 . Thomas Crow, 'Saturday Disasters: Trace and Reference in Early Warhol', in ibid: 60. n Foster in ibid: 82.

11 . Foster in ibid: 82.

JIGSAW MENSWEAR

JIGSAW MENSWEAR

JIGSAW MENSWEAR

142. Diesel 广告，20 世纪 90 年代中期，造型：莉兹·波特斯（Liz Botes），摄影：皮埃尔·温特（Pierre Winthe），图片提供：Diesel

媚俗（白色皮靴），它嘲弄灾祸的场景，然后谐谑地模仿公众的窥探癖（坐着吃爆米花的人们），最重要的是，它本质上是一幅时尚摄影作品。埃利奥特·斯梅德利（Elliott Smedley）在讨论 Diesel 这幅图片时引用了塞西尔·比顿 1938 年发表的一篇题为《我沉醉于迷人的摄影》（*I am Gorged with Glamour Photography*）的文章：

> 我想拍一些优雅女性的照片，将她们双眸中的砂砾取下，擦净她们的鼻子，抹去那皓齿上沾染的唇膏。换句话说，摄影棚里穿着运动服的女人被车祸中穿着同样衣服的女人取代，鲜血四溅成了一种华丽的美感，但这一切在自然中本不应存在。[12]

比顿曾在《伦敦大轰炸》（*Blitz*）中将伦敦当作轰炸对象，他说的这段话看起来并不像 J. G. 巴拉德的先锋文学。然而，正如斯梅德利所指出的，20 世纪 90 年代，设计师们的欲望得到了解禁。[13] 设计师创作的交通事故和破碎的身体涌入

12 . Cecil Beaton, 'I am Gorged with Glamour Photography' [1938], cited in Hall-Duncan, *History of Fashion Photography*: 202.
13 . Elliott Smedley, 'Escaping to Reality: Fashion Photography in the 1990s', in Stella Bruzzi and Pamela Church Gibson (eds), *Fashion Cultures: Theories, Explorations and Analyses*, Routledge, London and New York, 2000: 143.

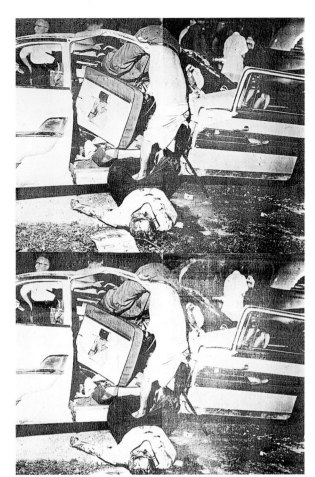

143. 安迪·沃霍尔，《星期六灾难》，1964 年，301.9×208 厘米，合成聚合物画布丝网印刷，布兰代斯大学玫瑰艺术博物馆，马萨诸塞州沃尔瑟姆，埃里克·埃斯托里克夫妇的礼物，伦敦安迪·沃霍尔艺术基金会，纽约 / ARS，DACS，伦敦，2003 年

The Face 和 *Dazed & Confused* 这样的杂志页面，一如现实生活中的灾难形象充斥着现代媒体版面。[14]

　　安东尼·吉登斯已经提请人们注意现代性独有的特定形式的焦虑和风险。[15] 他明确指出这些风险包括：大规模毁灭性战争（核武器和化学武器）、生态灾难、全球经济机制的崩溃以及极权主义超级国家的崛起。此外，有人可能会说，在 20 世纪 90 年代，恐惧死亡的情绪在富裕的西方国家大规模蔓延，尤其随着激增的媒体报道：癌症、艾滋病、恐怖袭击、海湾战争综合症、波斯尼亚的"种族清洗"、卢旺达的种族灭绝。飞机从空中坠落，渡轮从地平线沉没，航天飞机在电视直播中爆炸。在巴拉德的《暴行展示》（*Atrocity Exhibition*，1970）或沃霍尔的"美国的死亡"摄影作品中，这些灾难影像成为了闪烁屏幕和模糊新闻报纸上的启示性景观。

14　. On the 'brutalised body' of 1990s fashion, see Arnold, Fashion, *Desire and Anxiety*: 80-89.
15　. Anthony Giddens, *Modernity and Self-Identity: Self and Society in the Late Modern Age*, Polity Press, Cambridge, 1991.

144. 兰金（Rankin），监控，Dazed & Confused，1996 年，造型：阿利斯特·迈奇，摄影：兰金

145. 对页 _ 亨里克·哈瓦逊（Henrik Halvarsson），"城市中的小屋"，Dazed & Confused，1996 年，造型：阿利斯特·迈奇和凯蒂·英格兰，比利，衬衫："药房"，西装：赫尔穆特·朗，领带：Blackout 2，靴子：Lawler Duffy，尼克，西装：Paul Smith，衬衫：Pierre Cardin，徐子：让·巴布提斯·蒙第诺，图片提供：亨里克·哈瓦逊／隆德隆德

在这种情况下，Diesel 的广告或 Jigsaw 的产品目录极具现代性风格，成了第一种典型的灾难再现。尽管这些灾难不太可能发生在作为个体的我们身上，但随着大众通信的发展，电视和广播将这些遥远的可能性带入我们的家中。电子通信与全球系统（例如互联网）的自我发展结合在一起，遥远的事件越来越成为日常意识的一部分。吉登斯认为，由于日常生活中人们很少或根本没有关于死亡和灾难的客观知识或直接经验，所以这些媒体的再现不仅反映了现实，也在某种程度上实现了现实，改变了"现实"的本质。[16]Diesel 和 Jigsaw 都巧妙地利用了这一现象，两家公司借用了 20 世纪 90 年代末在伦敦、巴黎和纽约发展起来的一系列实验性时尚出版物的视觉语言，这些出版物采用了小众、定向性的"微型杂志"形式，如 Big，Purple，Tank 和 SleazeNatian，都在主流广告中使用了灾难意象。

滥用意象 LOOKING WASTED

泰勒为 Jigsaw 的拍摄也涉及另一个层面的当代关注——如何在时尚中再现男性和阳刚气质。男装的传播往往以街头犯罪、监视和都市焦虑为主题，以废弃的城市街道、高楼大厦或公共厕所为背景，讲述日常生活中男性被剥夺公民权的故事。1996 年，摄影师兰金（Rankin）为 Dazed & Confused 杂志拍摄了名为"监视"（Surveillance）的宣传片，其影像风格模仿了闭路电视摄像机的低分辨率和不真实的色彩，两个城市男孩在议会大厦外的街道上闲逛，他们试图闯入一辆汽车，并在公共汽车上徘徊（图 144）。亨里克·哈瓦逊（Henrik Halvarsson）1996 年的另一幅作品"城市中的小屋"则拍摄于城市的公共厕所。尽管模特们始终穿着精致的时装，但是观者能清楚地看出他们发生过性行为（图 145）。

这些影像都以戏剧化的风格传播了一种都市智慧和街头观察，描绘了那些懂

16 ．同注释 15: 27。

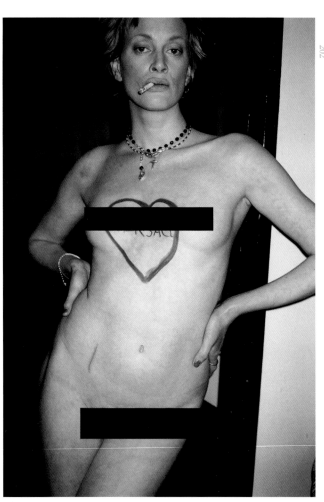

得如何在城市的穷街陋巷里生存的硬汉们的想法。[17] 虽然这些男性形象的诞生可能与 20 世纪 90 年代的男性性别危机有关，但是，我们也同样可以在街头文化（吸毒和犯罪猖獗）的背景下理解它们。在这十年间，一本名为 *Pil* 的时尚杂志和艺术家达米安·赫斯特（Damien Hirst）一起开了一家名叫"药房"的餐厅，餐厅为达米安·赫斯特所有，并由他设计，餐厅的内部装饰重现了药剂师柜台的临床外观，典型的吸毒形象并不局限于所谓的海洛因时尚意象。

　　滥用意象始于 20 世纪 90 年代初，最初出现在沃尔夫冈·提尔曼斯（Wolfgang Tillmans）为 *i-D* 杂志拍摄的照片和科林·德（Corrine Day）为 *The Face* 拍摄的照片中。这些形象几乎没有时尚感，戴尔的作品拍摄了她的朋友们在伦敦市内的索和区、布里克斯顿区或诺丁山的破旧公寓里，每个人都瘦弱又衣衫不整。她们通常穿着廉价的内衣和短裤，或者单薄的 T 恤和牛仔裤，"乔治娜""罗斯""塔妮娅"和"杰西"陷在脏兮兮的沙发里，或靠在墙皮脱落的墙壁上，灰色的网纱覆盖住窗户，

17 ．阿诺德（Arnold）更广泛地讨论了当代时尚意象中的暴力和挑衅，包括黑帮、光头党和朋克。See too her discussion of the differing representations of men and women in the fashion shoots of this period: *Fashion, Desire and Anxiety*: 32-47 and 86.

霓虹灯条照亮了昏暗的房间。啤酒罐和烟灰缸散落满地，她们呆滞地凝望着眼前的空间，有人眼神飘忽，有人呼呼大睡。批评家们发现戴尔的照片暗示了许多禁忌，尤其是滥用毒品。她为 *Vogue* 杂志拍摄她的朋友凯特·摩丝，摩丝在自己的公寓里穿着低俗的内衣（图146），希尔顿·艾尔（Hilton Als）在《纽约客》（*New Yorker*）上写道，"这些照片首次证明了时尚界普遍对死亡的青睐。摩丝赤裸而伤痕累累的神态仿佛在诉说她曾在时尚界遭受的残酷恶行。"[18] 事实上，我们并不清楚摩丝是否经历了时尚界的霸凌，但艾尔的论述确实说明了影像具有的慑人表象以及回应此影像的文化批评观点。这种影像其实在先锋的 *The Face* 中随处可见，但当它出现在更为传统的英国版 *Vogue* 中时却引起了轩然大波，人们批判照片中摩丝的身材过于瘦弱，看上去像是厌食症患者。

英国摄影师理查德·比林汉姆（Richard Billingham）的厨房水槽纪录片风格，

18 . Hilton Als cited in Val Williams (ed.), Look at Me: *Fashion Photography in Britain 1980 to the Present*, British Council, London, 1998: 114.

148. 左 _ 后台模特，维维安·韦斯特伍德，1996/1997 秋冬系列，摄影：尼尔·麦肯纳利

149. 右 _ 安·迪穆拉米斯特（Ann Demeulemeester），1997 春夏系列，摄影：尼尔·麦肯纳利

150. 左上 _ 吉尔·桑达广告, 1996 年, 摄影: 克雷格·迈克迪恩 (Craig McDean), 图片提供: 吉尔·桑达, 德国

151. 右上 _ 保罗·罗佛西 (基于埃贡·席勒), 意大利版 *Vogue*, 1996 年。史蒂娜·坦娜特, 裙子、领带、鞋: 普拉达, 摄影: 保罗·罗佛西 / 斯特里特

提倡以真实元素为拍摄对象, 同时将这些元素表现得像时尚再现一样富有艺术技巧。[19] 他拍摄了一个以"他所在街区的孩子们"为主角的时尚摄影作品, 这些孩子都穿着 Polo Ralph Lauren 和 Ellesse 这样的品牌服装, 具有讽刺意味的是该系列名为"无题 I、II 和 III"。同样, 1996 年尤尔根·泰勒拍摄了超模克里斯滕·麦克梅纳米 (Kristen McMenamy), 照片中她站在一个破旧的工作室里 (图 147), [20] 赤裸而斑驳的身躯中央用口红涂抹了一个心形, 潦草地写着"Versace"这个词, 下唇还叼着一支香烟。泰勒受德国 *Süddeutsche Zeitung* 杂志增刊的委托, 创作了探讨时尚与道德关系的主题作品。泰勒认为, 他的作品揭示了模特的本质, 在这个世界里, 时尚女性的建构始终是一个谎言。然而, 也有人指出作品中隐喻了虐待的内涵, 引发这点争议的原因主要是模特腹部的"伤疤", 仿佛暗示了虐待和暴力, 但其实还有另一种更简单的解释——那个"伤疤"是她在一场时装秀的后台迅速换装时被时装拉链夹伤的痕迹。

1997年, 克林顿总统批评了时尚界之后, 大量的时尚摄影和广告图片被媒体称为"海洛因时尚"。[21] 其诱因是马里奥·索兰提的哥哥达维德 (Davide) 服用了过量海洛因, 随后他们的母亲——时尚摄影师弗朗西斯卡 (Francesca) 发起了反对

19 . Richard Billingham, ' Untitled I, n and III', *Inependent Fashion Magazine* Spring 1998: 10-14.
20 . For a longer discussion of this image see Arnold, *Fashion, Desire and Anxiety*: 86.
21 .1997 年, 在克林顿总统对时尚行业的批评之后, 媒体将一系列时尚摄影和广告图片命名为"海洛因时尚"。

时尚界使用毒品的抗议运动。在一小群摄影师的号召下，这种风格在时尚界迅速蔓延，影响了从维维安·韦斯特伍德到安·迪穆拉米斯特（Ann Demeulemeester）等设计师一系列时装秀的化妆和造型（图148和149）。"性爱、死亡和性别模糊是我们这个时代的关键标志。"丽贝卡·阿诺德认为，20世纪80年代初健康的古铜色身体在90年代逐渐被羸弱的身体取代。[22]阿诺德的分析驳斥了一切对海洛因时尚的简单解读，她认为，身体被描绘成完美和堕落同时并存的时尚形象，这是内在暴力的意象："人们拒绝创造完美的时尚身体，完美的身体遭到了肆意的摧残和破坏。"然而，她接着说，这些意象暧昧而复杂，因为它们同时也与愉悦和控制有关。[23]如她1999年所写的：在追求享乐的过程中偶然死亡，这种虚无主义的冒险生活方式，是这些照片中挥之不去的黑暗面。不管它们是否再现了真实的吸毒行为，它们都在传达一种情绪，这种情绪体现了当代的类型观念，即追求最真实的体验，最直观的感受。[24]

152. 纽约的街头，20世纪90年代早期，摄影：尼尔·麦肯纳利

嘉芙莲·沃勒斯坦（Katharine Wallerstein）也否认滥用意象与厌食症或海洛因时尚直接相关，相反，她认为这是一种堕落的审美。[25]她认为，那些疲惫不堪、精疲力竭、表情麻木、摆出昏昏欲睡姿态的形象，暗示了历经极端高潮之后的低谷，不仅是毒品高潮，还有情感高潮：

> 饥饿、疼痛、空虚的神情，彻夜未眠、狂热疲劳、与危险和死亡嬉戏的状态，与毒品、禁食、性爱和强烈的情感体验有关，并伴随着夜晚危险的兴奋感，诉说着生活的最高体验。[26]

虽然这样的形象起源于 *The Face* 和 *Dazed & Confused* 等杂志，但是它很快就被 Prada、MiuMiu 和 Jil Sander 等大型的、目标客户群明确的时装公司的广告片模仿（图150）。它们的模特都很消瘦、寡言，故意将自己涂抹脏乱显得格格不入。在这种类型的广告中，精神失常、压抑阴暗或灾难现场的风格特点使小众杂志和商业广告有了交集，而化妆效果在其中起到了重要作用。在保罗·罗维西（Paolo Roversi）为 Prada 拍摄的照片中，模特像20世纪60年代照片一样被幼稚化了，但她的造型也是当时流行的邋遢风格，肩膀和脸颊上胡乱涂抹着凡士林，分束的头发勾勒出面部轮廓（图151）。

这种意象构成了一种情感的象征，它似乎与后现代主义的作家所主张的"情感的衰退"（waning of affect）——无法强烈地感知或关心任何事物相矛盾，我们讨论的这种摄影风格有着狂热的自我专注，尽管它强调图像和美学，因此这种摄影风格消解了20世纪后期日常生活逐渐审美化的论点，或者说在后现代社会中"真

22 . Arnold, 'Heroin Chic', *Fashion Theory*, vol. 3, issue 3, September, 1999:285 and 295.
23 . Arnold, *Fashion, Desire and Anxiety*: 290.
24 . Arnold, 'Heroin Chic': 285.
25 . Katharine Wallerstein, 'Thinness and Other Refusals in Contemporary Fashion Advertisements' *Fashion Theory*, vol. 2, issue 2, June 1998: 129-150.
26 . 同上 : 140。

153. 洛卡·迪科西亚，W 杂志，1997 年，摄影：洛卡·迪
科西亚，图片提供：纽约佩斯 / 麦吉尔画廊

实"已经磨灭了。[27] 正如阿诺德所言，残破的身体象征着真实。让·鲍德里亚可能说，这样的图像可以代替真实的感觉（"艺术是真实的核心"[28]），但人们同样可以认为，它们是移情的推动力，沃勒斯坦认为这种摄影类型与 19 世纪的消费美崇拜有着同样的美学底蕴。[29]

空洞 BLANK

都市焦虑和疏离的形象也让人想起 19 世纪工业化和城市化带来的异化，就像 20 世纪 90 年代的时装秀与 19 世纪奢侈品消费的景象息息相关一样。19 世纪巴黎商业化的休闲新空间热衷于展示和幻想，景观的过度表现以其异化、失落和绝望为对立面，这一切同样在现代城市的舞台布景中上演。它们以最日常的形式散布在城市中，比如纽约市电话亭上的一幅 Calvin Klein 内衣广告中纯洁而美丽的凯特·摩丝（图 152）。最初，她在自己的公寓里为摄影师朋友当模特，后来她开始参与毫无特色的广告，就像斯梅德利观察到的，摩丝历经了一系列转变——从"朋友"经由"模特"成为"商品"。正如科林·德所说："我们是在取笑时尚。拍摄到一半的时候，我意识到，对她来说这并不有趣，她不再是我最好的朋友，而成为了一名模特。过去她没有意识到自己是多么漂亮，但当她意识到的时候，我便觉得她不再动人了。"[30]

随着时间的推移，伦敦的肮脏小屋逐渐变成了纽约或加利福尼亚的时髦公寓，这是这一摄影流派在这十年间的一项重大转变。沃勒斯坦提出，源于边缘性实验杂志的意象很容易跨越到更成熟的杂志，因为其美学风格——颗粒纹理、黑白伪现实主义风格与 20 世纪 90 年代中期时尚设计中盛行的流线型极简主义相呼应。当高级时尚品牌生产出更经济型的副线时，他们需要这种较为前卫的黑白风格，以便出售给更年轻的受众，于是他们开始在系列广告中运用这种风格（图 150）。在纽约，海恩斯·艾米·斯宾德勒（Hines Amy Spindler）分析了 20 世纪 90 年代末 Calvin Klein 的极简风格，她认为这种风格与异化疏离相关。针对史蒂文·梅塞 1998 年拍摄的宣传照，她写道，梅塞"挖掘了时代的最新精神——断裂"。[31] 尽管 Calvin Klein 公司将生产的影像作为所谓的海洛因时尚的解毒剂，希望向大众注入一些健康、愉悦的元素，但像斯宾德勒指出的：

> 影像刻画了孤立与疏离，即使人物的身体无限接近但彼此的眼神却从未交汇在一起……这适用于现代奢侈品运动，能够让人反省当下奢侈品只有少数人才能负担得起……如果什么都没有发生，我们终于有时间坐下来思考，但是

27 . Mike Featherstone, Consumer Culture and Postmodernism, Sage, London, Newbury Park and New Delhi, 1991. Michel Maffesoli, *The time of the Tribes: The Decline of Individualism in Mass Society, trans. Mark Ritter*, Sage, London, Thousand Oaks and New Delhi, 1996.

28 . Jean Baudrillard, *Simulations*, trans. Paul Foss et al, Semiotext(e), New York, 1983: 151.

29 . Wallerstein, 'Thinness and Other Refusals'.

30 . Corrine Day of Kate Moss, cited in Robin Muir, 'What Katie Did', *Independent, Magazine*, 22 February 1997, quoted in Smedley, 'Escaping to Reality': 151.

31 . Amy Spindler, 'Critic's Notebook: Tracing the Look of Alienation', *New York Times*, 24 March 1998.

我们的思想和房间一样简约，像面孔一样苍白，同眼神一样空洞，那又会怎么样？[32]

在菲利普-洛卡·迪科西亚为 *W* 杂志拍摄的照片中，一对穿着考究的夫妇似乎被困在琥珀中，他们被密封在现代公寓的豪华玻璃空间里，彼此之间毫无联系，也同外界的生活相隔绝（图 153）。就像罗夏测验的墨迹一样，幽闭的影像也隐喻着：这是美国式的富裕疲倦还是夫妻间的生存孤独？二者皆可。在这座现代的、风景优美的伊甸园里，堕落或救赎都不可能终结它无尽的现在。女人的碎花裙子与外面繁茂的植物相呼应。玻璃空间令人窒息又压抑，她就像永远离不开人工环境的温室花朵。乐园的意象残酷无情：太明亮、太清晰、无处可去也无处可藏。

忧郁 DEPRESSION

时尚的愉悦在精神失常、压抑沮丧和痛苦的存在中找到了对应之处。我们会遇到许多不同的刺激，但也会遇到出于各种各样原因的焦虑；我们将享有更广泛的个人自主权，但也将面临更复杂的个人危机。这便是时尚的伟大之处，它总是将人们作为个体，带回自身；这也是时尚的苦难，它使人们愈发质疑自我和他人。[33]

20 世纪末，吉勒·利波维茨基用这段忧郁的描述完成了时尚分析，他认为时尚为现代官僚和民主社会的发展做出了重要贡献。在利波维茨基看来，现代社会需要现代个体，在当下这个时代，时尚的不稳定性使人们变得更为灵活并具有更强的适应性，因此现代时尚令这些社会人更具生产力，不再怂恿人们浪费、失去理性。"时尚使人们适应社会变化，并创造条件让他们为永恒的循环做好准备。"[34] 时尚中存在着"主观性的革命"。[35] 因此，最擅长"创造"时尚的人是那些能够通过表面重建无限地重新创造自己的人。

然而，利波维茨基在著作的结尾提出了一个疑问，一个忧郁的和弦，阐释了他论证观点时整理的一些早期线索。他察觉到了时尚界的不协调——愉悦和无望之间存在裂隙，这可以从 20 世纪 90 年代充满实验性的时尚杂志上的设计、摄影和造型风格中看出端倪。这一风格涵盖了精神失常、创伤、死亡以及某种忧郁、疏离或越轨气质。但是，这类影像的疏离感并不能简单地理解为冷漠懒散一代的坏印象，就像道格拉斯·柯普兰在其 1991 年的代表作《X 世代》（*Generation X*）[36] 中所描绘的，这些影像的异化指向了更广阔的事物。也许它明确了商品文化中时尚与异化的基本关系，这种关系逐渐融入色彩斑斓、光鲜亮丽的消费时尚意象中，变得透明最终内化不可见。

32 ．同注释 31。
33 ．Gilles Lipovetsky, *The Empire of Fashion: Dressing Modern Democracy*, trans. Catherine Porter, Princeton University Press, 1994 [1987]: 241.
34 ．同上：149。
35 ．同上：152。
36 ．Douglas Coupland, *Generation X*, Abacus, London, 1996 [1991].

例如，所谓的海洛因时尚摄影，其主体可能来自一种异化的青年文化，但它通过极端的表现形式显得更为戏剧化，摄影成为了戏剧表现的空间载体，就像1976 年的街道空间承载着如朋克之类的城市亚文化。时装秀和时装拍摄强调了某种类型的废弃城市空间，如 20 世纪 90 年代末的仓库或破败的市政厅，这是真实和城市美无法调和的后浪漫主义时刻。然而，人们可以将这种幻灭感变成"真实的"，其破落的空间和邋遢风格的模特与 20 世纪 90 年代末时尚幻影的魅力和景观格格不入。

利波维茨基认为，时尚处于肤浅经验的前沿。这并不是说时尚人士作为个人很肤浅，而是说消费文化调和了社会关系，并在其中提倡肤浅。理查德·桑内特（Richard Sennett）介绍利波维茨基的著作时写道："社会关系越表面化，民主越奏效。人们对他人的感情越淡薄，彼此间就会相处得越好。"[37]时尚帮助人们减少与世界的深入接触，实现了这种冷漠，从而减少了社会冲突。然而，社会冲突减少的同时个人绝望却逐渐加剧，因为冲突其实是一种社会凝胶，冲突例证了人们之间存在共同的语言和共同的事业。也许这与艾米·斯宾德勒论述的20世纪90年代末极简主义风格中的"断裂"有关，比如Calvin Klein等极简主义风格，也与迪科西亚创作的难以沟通的疏离夫妇形象相呼应。

利波维茨基认为，时尚有助于我们获得崭新的、流动的身份，但我们彼此之间的联系也相应减少：通过追求时尚，人们变得复杂，尽管这种复杂性与过去的内心、幽灵般的自我有着根本的区别。这种非人格化的存在与幻想和欲望相关，它的构建方式是使大多数人能够彼此融洽相处，但个人反而成为无依无靠的、社会分裂的碎片……使多样性在一个社会中发挥作用的唯一办法就是让人们对他人的生活失去兴趣，从而减少彼此之间的干扰。[38]

然而，这些来自 20 世纪 90 年代早期的影像的确标志着一种"内在的、灵魂深处的自我"（参见图 146 和图 147）。他们强烈的存在主义厌世情绪被刻画成生活经验的一部分。利波维茨基写道，时尚有一种"悲剧的轻盈"；它"平息了社会冲突，但加深了主观和主体之间的冲突：允许更多的个人自由，但在生活中酝酿了更严重的不安"，[39]不安感正是由时尚意象产生的。因此，理查德·桑内特发问："这种'存在的痛苦'对民主有什么启示？相互宽容的政治是否需要私人化的痛苦？政治领域能否为排解这种痛苦做些什么？"利波维茨基的分析也暗示了同样的问题，即异化不仅是个人问题，也是社会和政治问题，不仅是主观个体决定的，也是现代社会的现代化和官僚化倾向造成的。或许，迪科西亚的摄影作品中隐喻的异化，当它们被拍摄成时尚杂志照片时，与其说这是个体的异化，不如说是现

37 . Foreword to Lipovetsky, *Empire of Fashion*: viii.
38 . 同上：ix。
39 . 同上：7, 41。

代消费文化的异化。时尚和异化从表面上看是不相容的，甚至互相矛盾。但通过梳理当代时尚与自由市场之间的联系，及其唤起的 19 世纪自由放任经济政策的幽灵，两者之间的强关联性显而易见。

如果本章讨论的 20 世纪 90 年代后期的时尚摄影风格与利波维茨基对 20 世纪末时尚的描述——时尚内在是忧郁的——相吻合，那么异化与当代时尚之间的联系也同样可以追溯到这一时期时尚摄影界的严酷现实。20 世纪 90 年代时尚杂志出版业的变化虽然带来了新的风险和不确定因素，但也为准备承担这些风险的摄影师提供了新的可能性。[40] 微型杂志提供了新的机遇，这些杂志往往是小本经营、财务独立，运行着一套完全不同的时装拍摄模式和支付系统。微型杂志可能会卖出六七千份，而像 *Vogue* 这样的知名杂志，平均每月的目标销售量至少是 20 万份。因此，微型杂志享有更大的编辑自由度，但也存在更紧张的财政限制。可以说，老牌杂志绝对不会允许这种极具开创性的项目，于是这些项目就自然地转到了商业广告系列中。新杂志并不会委托他人进行时装拍摄，而是以发行时尚摄影作品为交换，让摄影师承担全部或大部分拍摄费用。发行一本杂志相对容易，但每一次拍摄都会让摄影师陷入更深的债务负担中，甚至将会持续数年。尽管 Valentino 和 Prada 等老牌公司考察了这些实验性的微型杂志，但摄影师们仍旧徒劳地等待着被发现、被重用。因此，如果说通过文化生产的方式，过去回归到了当下，扰乱并动摇了现代观念，那么也许这种被异化的劳动形式本身萦绕在这些当代意象之上。由于 19 世纪经济的动荡，20 世纪 90 年代后期的所谓时尚摄影和出版业恰好充分地再现了自由放任的经济政策。异化的劳动正是这些作品反映的主题，这些忧郁的作品成为异化的影像，以供时尚消费。

数字化 DIGITALISATION

布莱特·伊斯顿·埃利斯 1998 年的小说《格拉莫拉玛》（*Glamorama*）是一部关于时尚和异化的黑暗寓言，文中将欧洲恐怖主义和美国资本主义等同起来，大部分情节基于主角通过数码摄影创造的一段新历史，一个从未发生过、也难以摧毁的世界。

> 本特利（Bentley）按下快门，拍下新照片。他提高色彩饱和度、调整色调、锐化或软化图像。用数字化的方法加厚嘴唇、去除雀斑，将斧子放在一双伸出的手上，一辆宝马变成了捷豹，又变成了奔驰、扫帚、青蛙，最后成为拖把……车牌被篡改，无尽的血液溅洒在犯罪现场的照片周围，未割包皮的阴茎突然割下包皮。按下快门，扫描图像，本特利增加了运动模糊（"维克多"

40 . On risk and modernity see Ulrich Beck, *Risk Society: Towards a New Modernity*, trans. Mark Ritter, Sage, London, Newbury Park and New Delhi, 1992.

在塞纳河边慢跑的镜头），他利用了镜头滤镜（在伊朗东部一个遥远的沙漠中，我戴着墨镜、撅着嘴和阿拉伯人握手，汽油卡车在我身后排成一排）。他添加了画面颗粒感，将人类抹去，天衣无缝地创造了一个新世界。[41]

主人公维克多在屏幕上看到自己与从未睡过的人发生性关系，坐在他从未出席过的时装秀观众席上，成为他从未出过的拍摄现场的模特。本特利接着说："您可以用它移动行星……可以塑造生活。摄影只是个开始。您在场还是不在场？这一切都取决于您问的人，甚至连这也并不重要了。"[42]

如果照片可以无缝地篡改或混合任何东西，那么"摄影师"将面临新的困境：如果一切皆有可能，那么他或她应该做什么？艺术总监罗宾·德里克（Robin Derrick）认为，新技术将焦点转移到了"不受现实阻碍"的想法和愿景上。[43] 而摄影师尼克·奈特和伊内兹·冯·兰姆斯韦德则将数字摄影视为对摄影真实性的解放。[44] 它允许摄影师将其他媒体的虚构和事实融入到自己的影像中。文森特·彼得斯 1999 年为《竞技场》（Arena）杂志拍摄的"暴乱"（The Riot），将吉赛尔·邦辰与打扮成挥舞着警棍的防暴警察、身穿灯笼裤的男模并列。"周日晚上，我正在电视上看韩国骚乱，杂志给我打电话，问我是否愿意和吉赛尔一起拍摄。这就是我如何将时尚与现实融合在一起的。"[45] 然而，这是数字化的虚拟现实，与《格拉莫拉玛》的情节没有什么不同。数字化的图像可以倒转时空、加速时间、然后削减切入正题。它可以将骚乱强加于一个时尚场景中，数字化将图像缩小为废品场，一堆碎片和残骸将被拼修在一起，并组合成新的形式。《格拉莫拉玛》中的至暗时刻降临在一个仍然相信摄影意味着现实的世界中，但真实已然消失。

摆脱了真理的元叙事，20 世纪后期是身份实验的时期，自我成为一个项目，需要历经持续而恒久的过程来谈判与构建。西莉亚·卢里（Celia Lurie）特别关注摄影在构建现代情感中的作用，她认为在现代欧美社会中，"视觉和自我认知已经不可避免且成功地交织在一起。"[46] 视觉和认知编织在卢里称之为"假肢文化"（prosthetic culture）的特定形态之中。图片不再作为单独的实体"存在"，而是将我们的图像反射回自身；相反，摄影屏幕或图像变成了个体假肢的延伸，为个体通过实验重新定义他或她的身份提供了可能性。

1998 年，迈克·托马斯（Mike Thomas）为 Dazed & Confused 杂志创作了"差异显而易见"（The Difference is Clear），模特的外套呈现透明的颜色，透过外套人们可以看到后面现代主义的楼板砌块，但这些图像经过折射和扭曲，就像透过波纹玻璃看到的一样（图 154），效果很滑稽。图像指涉的是人们生活在这个日益科技化和都市化的环境中，城市影像在空间中分裂、折射了人们的身体。艾美利亚·琼

41 . Brett Easton Ellis, *Glamorama*, Picador, London and Knopf, New York, 1998: 357.
42 . 同上：358.
43 . Mark Sanders, Phil Poynter, Robin Derrick (eds), *The Impossible Image: Fashion Photography in the Digital Age,* Phaidon, London, 2000: intro. [p. 2].
44 . Charlotte Cotton, *Imperfect Beauty: The Making of Contemporary Fashion Photographs*, Victoria & Albert Publications, London, 2000: 17 and 134-135.
45 . Vincent Petersquotrd in Katherine flett altered images, *The Observer Magazine* 28 May 2000: 20.
46 . Celia Lurie, *Prosthetic Culture Photography Memory and Identity*, Routledge, London and new York, 1998: 3.

斯（Amelia Jones）创造了"技术现象学身体"（technophenomenological body）一词，用以描述 20 世纪 90 年代艺术家以高科技呈现身体的方式，例如数字图像装置或复杂的视频技术。[47] 这种回归身体的特殊形式与时尚和时尚摄影中数字图像技术的发展有着显著关联（尽管这不是琼斯研究的对象）。正是通过这种方式，身体以幽灵的痕迹或碎片的形式复返当下，用模拟图像的忧郁重新赋予数字影像生命力，将浓重的阴影笼罩在时尚的物理性之上。

之所以会这样，一部分原因是软包时代的商业性使摄影师可以操纵灾难或城市疏离感的图像，另一部分原因是时尚出版业有了新的格局。时尚和广告之所以能够跻身数码摄影的前列，是因为市场和生产手段使他们成为新情感的先锋阵营。到了 20 世纪 90 年代中期，图像处理软件的价格已经足够低廉，人们可以在专业实验室之外使用，于是，为不太主流的杂志工作的时尚摄影师很快就利用了它的无限可能性。显然，时尚摄影走在这一趋势的前沿，首先，出版业的基础设施推动了这一发展；其次，从定义上来说，时尚代表了身体；第三是因为时尚图像的浅层空间创造了虚构的空间，极其符合后现代、后人文主义的身份模式。固定的、中心的和普遍的东西不复存在，后人文主义的主题就像迈克·托马斯的照片所描绘的是疏离、城市、去中心化、碎片化、多样化和多元化。例如，西莉亚·卢里曾写道，非维度的人格，通过虚拟现实和日常生活的审美化，将现实转化为影像，这些都与影像的身份认同和新技术息息相关。[48] 而数字时尚摄影，正因为它脱离了人文主义的真实模型，所以成为了体验现代身份乐趣与痛苦的有效媒介。

47　. Amelia Jones, Body Art/Performing the Subject, University of Minnesota Press Minneapolis and London, 1998:17and 235.
48　. Lurie, *Prosthetic Culture*: 157.

9. Trauma 创伤

155. 对页 _ 西恩·埃利斯，"诊室：欢迎你来，将灵魂撕碎"，*The Face*，1997 年，造型：伊丽莎白·布朗，夹克：侯赛因·卡拉扬，裤子：亚历山大·麦昆，图片提供：西恩·埃利斯

20 世纪 90 年代早期，意大利时装公司贝纳通（Benetton）开展了一场广告宣传活动，广告里展示了交配的马匹、垂死的艾滋病患者、人类心脏和性感的教士形象——这些怪诞的形象与该公司以往为欧洲青少年设计的鲜艳套头衫、牛仔裤的美学风格大相径庭。规模较小但颇具影响力的伦敦杂志 *The Face* 1994 年 6 月刊的主要版面刊登了让 – 巴布提斯·蒙第诺（Jean-Baptiste Mondino）的时装秀，模特们持枪对着自己的太阳穴，鲜血从她们的嘴巴和大腿滴下来。有些看起来身负重伤，有些看起来已经死了。1995 年，蒙第诺在 *The Face* 杂志刊登的另一张照片中，模特克里斯滕·麦克梅纳米身上有多处青紫的淤伤。Dolce & Gabbana 1997 年秋季广告拍摄了一张黑白照片，照片中一名女子躺在光亮的柏油路面上，四肢僵硬可怖。1997 年，西恩·埃利斯（Sean Ellis）的哥特式时尚借由 *The Face* 传播开来，"诊室"（The Clinic）系列的副标题为"欢迎你来将灵魂撕碎"，描绘出黑暗、反乌托邦的幻想和恐怖的身体（图 155）。

丽贝卡·阿诺德称之为"酷刑之身"（brutalised body），这代表了 20 世纪 90 年代时尚形象的特征——创伤和暴力。[01] 阿诺德提请读者注意导演昆汀·塔伦蒂诺（Quentin Tarantino）的电影《落水狗》（*Reservoir Dogs*）（1992）和《低俗小说》（*Pulp Fiction*）（1994）——这两部电影将风格化的暴力美学和时装的残酷品位结合在一起，引发了许多男装杂志的时装拍摄灵感。[02] 阿诺德描述了 20 世纪 90 年代的时尚形象和设计如何有选择地借鉴 20 世纪 40 年代的黑色电影意象，并指出，20 世纪 90 年代中期的暴力美学和广告垃圾美学表现出创作者对消费社会的迷恋，由此可知，"这些意象承载着人们想要诉诸暴力来控制当代生活的黑暗梦想。"[03] 同时代的艺术家也从媒体信息中提取谋杀和暴行的影像，例如艺术家马库斯·哈维（Marcus Harvey）1995 年拍摄的儿童杀手迈拉·希德莉（Myra Hindley）肖像，这幅作品于 1997 年参加了英国皇家艺术学院在伦敦举办的"感觉"（Sensation）展览。哈维的巨幅单色油画中包括了成千上万的儿童手印，这些手印模拟了新闻印刷的点阵效应，最终成画的效果是一张希德莉的脸。人们开始认识到媒体报道的死亡和灾难图像可以向文化生产渗透，2001 年巡回展览"创伤"（Trauma）汇集了众多艺术家，他们的作品主要关注创伤事件和情景的即时体验。[04]

创伤这个词的原意是伤口，它有精确的医学意义，也有精神分析的内涵。但在 20 世纪 90 年代后期，这个词也被用来描述心灵或情感上的震惊，其程度之深相当于一种错位。从这个意义上讲，人们可以将 90 年代令人不安的影像和设计定义为具有创伤性。在主流和少数派的意象中，时尚常常被认为是病态的：痛苦的身体具有创伤的痕迹，许多时尚主题也在 20 世纪 90 年代相应地变得更黑暗，包

01 . Rebecca Arnold, *Fashion, Desire and Anxiety: Image and Morality in the Twentieth Century*, I. B. Tauris, London and New York, 2001:80-89. On p.87 she analyses Sean Ellis's spread 'The Clinic'.
02 . 同上 : 37。
03 . 同上 : 32。
04 . For the catalogue, see *Trauma*, Hayward Gallery Publishing London, 2001.

括死亡、疾病和遗弃。然而，创伤身体的表现范围之广足以延伸到变形的意象中，身体可能被"野蛮化"，同时也开启了建设性和批判性的创作视野。

融合忧郁 MELANCHOLIC INCORPORATION

创伤的主题适用于时尚的构想由摄影界发展而来，同时伦敦的一些小众时尚设计师也提出了类似的想法。受众市场和制作生产的小规模性质使他们能够进行实验性的思考和创作，尽管他们往往因为缺乏资金而遭遇种种阻碍。Boudicca 公司成立于 1996 年，致力于生产模制的皮革胸罩、层叠的脏白纱裙、紧身衣、解构的舞会裙和"叛离的翼衫"，所有这些都构成了一种"奇怪的情感盔甲"。[05] 对于 Boudicca 的两位设计师——佐维·布罗奇（Zowie Broach）和布莱恩·柯比（Brian Kirby）来说，他们的创作灵感来源于所见所闻，比如广播和电视新闻。他们认为服装应该表达感情，即使这种感情是痛苦的。他们的 1999 年春夏系列"不朽"（Immortality），于 1998 年底首次在哥本哈根展出，他们声称，作品中涉及的情感与生命和死亡相关，他们在一定程度上受到了戴安娜王妃车祸的影响，逝去的花朵与悲伤无关，而应冠以"名誉与不朽"。[06] 该系列还附有一段视频，视频中他们的缪斯女神朱莉娅·艾恩 - 克鲁帕（Julia Ain-Kruper）讨论了她对一名家庭成员自杀的感受。她是这一系列的灵感模特，"切碎我"（Cut Me Out）夹克和"丑陋小姐"（Miss Ugly）上衣都以她为原型。该系列包括古董溜冰鞋制成的靴子，其灵感来源于"如履薄冰"（skating on thin ice）一词。服装色调阴暗、棱角分明，每套服装都配有一个小记事本，它的主人可以在上面记录她在何时何地穿上了这件衣服。如果这件衣服被出售或赠予他人，这个记事本也会继续存在下去。这个想法来自米兰·昆德拉的话"不朽是被那些不认识你的人记住"。只有在这里，绕过了人的历史，衣服的历史通向不朽。

Boudicca 接下来的 1999/2000 秋冬系列灵感来自霍华德·休斯（Howard Hughes）的隐居生活方式。这场名为"系统错误"（System Error）的时装秀只有 13 件作品和一位模特。当模特走在 T 台上时，她的身影与台前的长间隙营造了一种痛苦的情绪，观众在不安的沉默中倍感焦躁，不知道是否出了什么差错（图 156）。设计师们声称，他们的目的仅仅是放慢时装秀的疯狂节奏，给观众足够的时间仔细观察、思考服装，但时尚的节奏往往会拒斥慢节奏的审视。在这 13 件作品中，"拥抱我"（Embrace Me）采用触感极佳的面料制成，两侧肩上设计有开口，这样仰慕者可以在衣服里面拥抱穿着者。"隐士裙"（Solitary Dress）的腰身两侧被裁剪，穿着它的人就可以拥抱自己。Boudicca 的设计师佐维·布罗奇说："我们越来越孤独——独自工作、独自旅行、独自生活，但我们更愿意结为夫妻，更愿意有

05 . Stephen Gan, *Visionaire's Fashion 2001: Designers of the New Avant-Garde*, ed. Alix Browne, Lanrence King, London, 1999:[n.p.].
06 . Naomi Stungo, 'Boudicca', *Blueprint*, no.154, October,1998: 34.

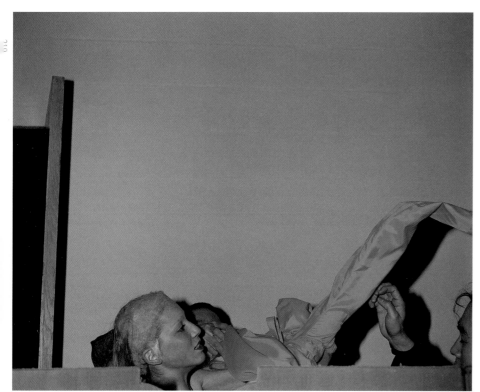

人陪伴。"[07] 同一系列的"痛苦之裙"（Distress Dress）采用了高可见度的橙色尼龙
（"人们总是谈论飞机失事后的黑匣子，但实际上它是橙色的。我们认为这一点
很有趣，黑匣子里含括了飞行员的遗言。"）和"霍华德的外套"，这是一条黑色薄
纱裙，因为"霍华德·休斯走上地板之前会用薄纱盖住地面"。[08]

　　黑匣子和移动电话技术将死亡时刻引入公共领域，"痛苦之裙"以此引起了
特殊的现代共鸣，死亡降临的时刻首次被描绘与再现。1997 年艺术家约翰·格里
蒙普莱（Johan Grimonprez）创作了作品拨号盘 H-I-S-T-O-R-Y，这是一则长达 70
分钟的旧电视新闻报道剪辑影像，影片以飞机劫持事件为背景，配合着艺术家的
原创配乐，混合了新闻片的报道、20 世纪 70 年代的灵魂乐和放克音乐，唐·德里
罗（Don DeLillo）的小说节选。

　　画外音 1

　　所有情节都通往死亡，这就是情节的本质。政治阴谋、恐怖故事、恋人情节、
　　叙事脚本和儿童游戏段落……每当我们展开剧情，我们就更接近死亡。这就像
　　一份所有人都必须签署的合同，无论是策划者还是那些即将参与叙事的人。

07 ．Zowie Broach quoted in Susannah Frankel, 'We want to be', *Independent Magazine*, 8 May 1999:30.
08 ．同上：28。

画外音 2

这是一个将小说家和恐怖分子联系在一起的怪诞之结，恐怖分子得到了什么，小说家就将失去什么。我曾经认为小说家有可能改变文化的内在生命。然而现在，炸弹制造者和狙击手占据了这片领土。他们突袭了人类的意识，这是我们融合创伤之前作家们经常做的事。[09]

尽管这个观点有些耸人听闻，但如果小说家失去了制高点，现代景观的纯粹视觉性将成为一片肥沃的土地，孕育任何人——时尚设计师、恐怖分子或视觉艺术家去"改变文化的内在生活"。

另一些设计师则更多地将创伤置于身体表面。1997 年安德鲁·格罗夫斯（Andrew Groves）在中央圣马丁学院完成文学硕士学位的毕业设计作品名为"平凡疯狂"（Ordinary Madness），其灵感来自世纪之交的精神病患者的画作。这些作品上嵌缀着 4 英寸长的钉子，钉子尖从衣服上向外突出，裙摆上还镶着两千枚裁缝别针。格罗夫斯毕业后的第一场时装秀是 1998 年春夏系列，名为"状态"（Status），该系列灵感源于对疾病的思考，尤其是关于社会的内部衰落，时装秀超模的魅力四射是完美的外部视觉图像的缩影。该系列用 20 世纪 80 年代的肩线和复杂的螺纹设计隐喻衰颓。格罗夫斯说："我想证明内部的某些东西正在吞噬衣服。"[10] 格罗夫斯时装秀的叙事逻辑是：一位来自外太空的女性，看起来就像完美而不可触摸的人体模型，但实际上她的内在却早已腐烂：被解构的时装意味着腐朽和疾病。在时装秀的最后，一位模特打开她的棉质外套放飞了 500 只苍蝇，苍蝇飞向落座在前排的时尚记者，引起了众人的恐惧和愤怒（图 157）。"困在衣服里的苍蝇"内存在一种恐怖的可能性，即苍蝇以模特为食。这是对艺术家达米恩·赫斯特（Damien Hirst）的《千年》（*Thousand Years*）（1990）的一种自觉致敬，该作品由在孵化场养殖的蛆组成，它们以腐烂的牛头为食，成年后交配、产卵然后死亡，卵继续孵化成新的蛆虫，循环往复。虽然这幅作品标志着艺术的不朽和生命的轮回，但正如蛆虫和腐烂的牛头所暗示的，作品指向死亡这一更深层次的内涵。

格罗夫斯时装秀中荒诞和离奇的元素创造了强烈的震惊体验，这是当代艺术运动的一部分，旨在揭露、破坏传统艺术和时尚中的古典身体。哈尔·福斯特认为，20 世纪 90 年代，对许多人来说真理存在于创伤或不幸的主体之中，存在于被遗弃或割裂的身体之中："如果有某个历史题材是着迷于不幸与创伤的，那就是……尸体。"[11] 格罗夫斯和麦昆的时装系列，比如后者的"但丁"和"重组肢解"（Eclect Disset）系列，都以人体骨骼为着眼点，使用了与黑暗和死亡主题相呼应

09 . Voiceover from *dial H-I-S-T-O-R-Y,* cited in Trauma: 36.
10 . Gan, *Visionaire's Fashion* 2001:[n.p.].
11 . Hal Foster, *The Return of the Real: The Avant Garde at the End of the Century,* MIT Press Cambridge, Mass, and London, 1996: 166. 福斯特给出了自己的理由：首先，早期艺术策略及其主题思想中存在幻灭的主题；其次，他援引了艾滋病、癌症与死亡，贫困、犯罪以及福利国家等无望之事；最后，他提出社会契约已然破裂：富人从革命中退出，穷人被剔除。

的身体内部概念，并致力于在当代实践中复兴各种死亡的符号。[12]20世纪90年代的艺术和时尚中贯穿着敞开、撕裂和创伤的身体意象，这些都与古典艺术和主流时尚理想化的裸体不一致。这些文化从业者又回看了第一批解剖学家手中的意象：奥利维尔·泰斯金斯1998/1999年秋冬系列的代表作是一双半透明的白色高领连裤紧身衣，上面印有红色静脉和动脉的图案，蕾丝的红色心形图案在右侧乳房位置，血管由此一直延伸到身体的各个部位，仿若冬日里一棵枯树的枝条，映衬着苍白的天空（图158）。这张照片的拍摄地点是一座堆满人骨和骷髅的冰冷石窟，模特

12 . On the revival of memento mori themes in contemporary art see Allegories of Life and Death Tradition Revisited and Transformed in Margit Rowell, *Objects of Desire: The Modern Still Life, Museum of Modern Art*, New York and Hayward Gallery, London, 1997: 122-5. For a discussion of Alexander McQueen's work as a form of memento mori see Arnold, *Fashion, Desire and Anxiety*: 59.

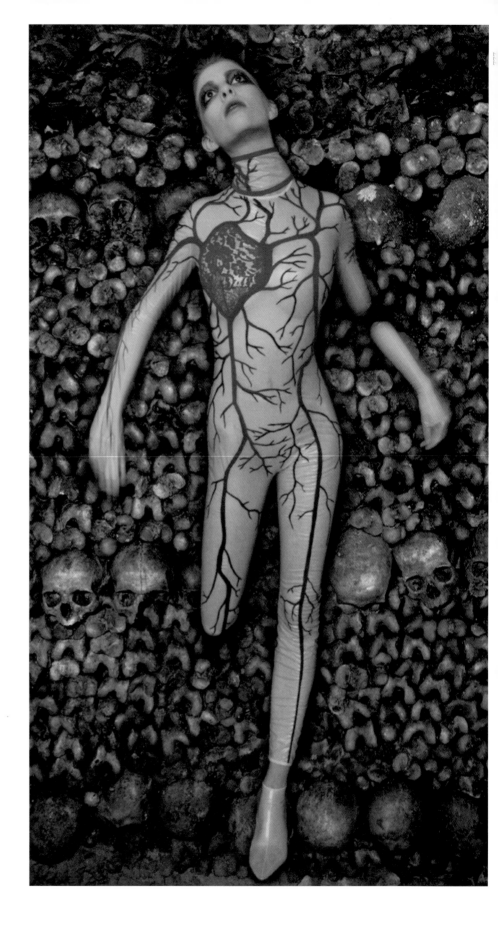

158. 对页_奥利维尔·泰斯金斯，1998/1999秋冬系列，
摄影：雷·库克罗普斯，图片提供：奥利维尔·泰斯金斯

苍白的妆容、深黑色的眼圈、干瘦的骨架搭配着她绝望的姿势，让人产生一种对于死亡与年轻交融的强烈迷恋。

　　该图像暗示着人体本身是一座地窖，是一个将创伤与身体融合的忧郁形式。精神分析学家尼古拉斯·亚伯拉罕（Nicholas Abraham）和玛丽亚·托罗克（Maria Torok）认为，"难以言喻的悲哀在主体内部建起一座秘密的坟墓……作为成熟的人，悲哀被活埋在地窖里，有着独特的地形。地窖中还蕴藏着……或真或假的创伤。"[13] 在这件作品中，身体的地形图绘制在虚构的静脉和动脉地图上。无论是 Boudicca 设计的内部情感、泰斯金斯的解剖学形象还是格罗夫斯从内部腐烂的美丽女性，时装设计师和摄影师都利用身体内部的意象，提出了这样的想法：身体是一座地窖，或者说是一座心灵的坟墓，它在秀台和时尚杂志中变得戏剧化。这些图像调用死亡和内在性的符号，由内而外描绘身体。设计师们认为，就像打开本章"残酷"身体的图像一样，时尚可以将人们带入自身内部，无论是内在情感（Boudicca），还是内在肉体。

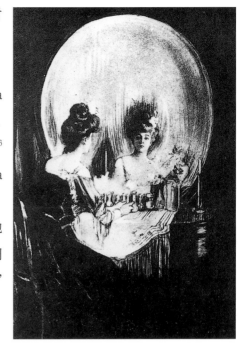

159. 查尔斯·达纳·吉布森（Charles Dana Gibson），德国明信片，1908 年，私人收藏

死亡象征 MEMENTOMORI

插画家查尔斯·达纳·吉布森（Charles Dana Gibson）在 20 世纪早期创造了"吉布森女孩"，这是乐观活泼的现代生活的缩影。然而，他将她的梳妆台制成了一个死亡符号——穿着时髦的年轻女子坐在梳妆台前，整体形象也可以看作一颗骷髅头（图 159）。她端庄地审视镜子中的自己，镜子形成头骨，女子和镜中反射的影像构成两个眼窝，而她面前桌子上摆放的化妆品变成了一排牙齿。拉开距离观察这幅图像，人们能清晰地看出一副头骨，只有更仔细地靠近观察才能发现年轻女子梳妆的另一层视觉意义。由此可见，死亡和腐朽是这里的核心术语，而年轻和美丽只是不稳定的短暂性补充。

　　吉布森的画作利用了古老的方法。[14] 即使死亡本身并没有以任何方式在作品中表现出来，但所有的时尚都与死亡象征存在结构上的张力。20 世纪 70 年代，苏珊·桑塔格分析了理查德·阿维顿（Richard Avedo）谄媚时尚摄影和 1972 年他为濒危父亲拍摄的一系列优雅、残酷影像之间的"完美互补"。[15]20 世纪 90 年代，时尚设计、摄影、化妆和造型的某些元素中弥漫着显而易见的死亡蕴意，这只是其中的一小部分，几根头发暴露出皮肤之下忧郁的骷髅头。与此同时，意大利、法国和美国主流时尚始终强调高度明媚、乐观的形象和健康、健美的身材，继续掩盖着失去的痛苦，并试图遏制死亡和腐朽的迹象。两种意象在不同的杂志和不

13．亚伯拉罕和托罗克将这种症状视为"潜在的、无提示的创伤记忆痕迹"。他们强调作为表达痕迹的语言系统，并在讨论创伤的研究中创造了一系列身体的隐喻，用以描述他们的病患如何超越或克服阻碍他们恢复的创伤。两位学者关注人们掩盖自身创伤的方式，使用隐喻来描述个体"强行创造的精神坟墓"。Nicholas Abraham and Maria Torok, *The Shell and the Kernel*, vol. I, trans, and intro, by Nicolas T. Rand, University of Chicago Press, Chicago and London, 1994: 6, 22 and 130.

14．许多 17 世纪的绘画描绘了女性梳妆的场景，象征着短暂的和真正的虚空。See Liana de Girolami Cheney, 'Dutch vanitas paintings: the skull' from Liana de Girolami Cheney (ed.), *The Symbolism of Vanitas in the Arts, Literature and Music*, Edwin Mellen Press, Lewiston, Queenston, Lampeter, 1992: 128.

15．Susan Sontag, *On Photography*, Penguin, Harmondsworth, 1979: 104-105.

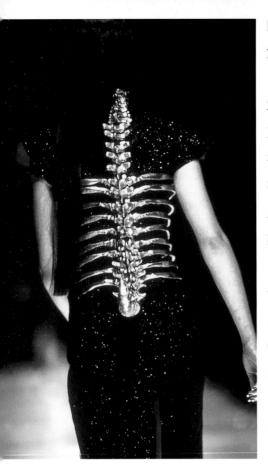

160. 肖恩·利尼，亚历山大·麦昆骨骼胸衣，无题，1998 春夏系列，真骨铝合金制成，摄影：克里斯·摩尔，图片提供：肖恩·利尼

161. 对页_戴伊·里斯，帽子，1998 年，野鸡鹅毛笔、鸭子羽毛、人类头发、泡沫塑料、毛毡衣领，摄影：马特·科里肖，图片提供：朱迪斯·克拉克

同的秀场中共存，就像中世纪死亡之舞中活人和死人两个形象——一方赞美与肯定生命，另一方残酷地发出相反的信号。

许多艺术家借鉴了一系列传统的死亡视觉象征符号，尤其是人类头发、骨骼或腐烂的意象。费朗索瓦·贝尔索德（Francois Berthoud）1997/1998 年（第 22 号）系列拍摄了一双高跟踝靴，就像山金车的 X 光照片一样。1992 年亚历山大·麦昆在他中央圣马丁学院的毕业设计时装系列中使用了人的头发，类似于将人发灌注在珠宝中。1998 年春夏系列，一位模特黑色连衣裙的背部嵌缀着由珠宝商肖恩·利尼（Shaun Leane）按真人骨骼铸造的铝合金骨架（图 160）。同样，1998 年戴伊·里斯（Dai Rees）也用真人头发为麦昆的作品制作了一顶假发；艺术家马特·科里肖（Mat Collishave）为朱迪斯·克拉克时尚策展空间拍摄了这件作品的照片，模特面色蜡白地蜷缩在一个荒凉的废弃空间中（图 161）。当代艺术也逐渐涌现出死亡的主题——达米安·赫斯特用甲醛保存动物的肢体部分制成雕塑，马克·奎恩（Marc Quinn）的作品《血头》（Head），用八品脱的冷冻血液制成，1994 年科里肖的装置将一只雌雀和一只雄雀冻在冰块中（图 162）。就连伦敦设计师马修·威廉姆森（Matthew Williamson）1997 年设计的时装上漂亮的蝴蝶图案（图 164），也让人联想到荷兰静物画中的花卉和昆虫，这些静物画在 17 世纪是短暂性的象征，同样的意象也出现在麦昆用硅胶封存的永生花中（图 163）。

让-巴布提斯·蒙第诺 1997 年在 *The Face* 杂志上发表了"内部事务"（Internal Affairs），并将模特们的黑白照片与 X 射线照片并列在一起。5 页的版面中，有生命的肉体和下面的骨架形成对比，唤起一场死亡之舞，每个活着的人都与一位逝者相匹配。但在死亡之舞的现代版本中，死亡不再是夺走生命的外部威胁，而归于内在：医学技术表明，X 射线显示的图像位于"皮肤之下"。这种时尚传播方式，就像 20 世纪后期使用医学技术为艺术家身体 [例如汉娜·威尔克（Hannah Wilke）、莫娜·哈透姆（Mona Hatoum）、奥兰（Orlan）和鲍勃·弗拉纳根（Bob Flanagan）] 成像的艺术，视频和照片为我们提供了身体的痕迹，而这是一具受到科技和死亡威胁的身体。

随着身体成像的新技术的发展，在现代医学出现之前，身体内部的景象总是与死亡相遇。如今，尽管医学取得了进步，但仍然保留着一部分的传统，与身体内部的视觉相遇可能是一种与疾病的相遇。身体内部除了与死亡有关，也与犹太-基督教传统中的女性有关。乔纳森·索戴伊（Jonathan Sawday）在其解剖学历史中曾论证说，西方文化中身体的内部是美杜莎的头部，它"直接说明了我们自身的死亡"；无论身体是什么性别，"内在性"首先是女性化的，然后再进行性别表达。[16] 女性身体的内部和外部构成了一个对于性与死亡的恐惧、欲望和无意识的空间。[17]

16 . Jonathan Sawday, *The Body Emblazoned: Dissection and the Human Body in Renaissance Culture*, Routledge, London and New York, 1995: 13-14.
17 . Efrat Tseelon, *The Masque of Femininity: The Presentation of Woman in Everyday Life*, Sage, London, Thousand Oaks and New Delhi, 1995:8.

162. 马特·科里肖，无题（冰冻的鸟），1994年，图片两张，透明塑胶，灯泡，钢制，每幅尺寸10英寸×8英寸，图片提供：伦敦当代美术馆。

163. 马克·奎恩，"花园"，2000年，不锈钢丙烯酸玻璃水箱冷藏，隔热玻璃，制冷设备，镜子，-20°液态硅树脂，草本植物，尺寸320厘米×1270厘米×543厘米，摄影玛蒂娜·马兰扎诺（Attilio Maranzano），图片提供：杰伊·乔普林／怀特·库贝（Jay Jopling/White Cube）（伦敦）

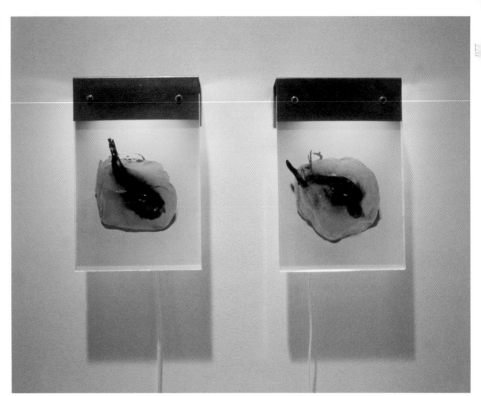

165. 卢卡斯·弗朦纳格尔，画家汉斯·伯格梅尔和他的妻子安娜，1529 年，木板油画，60 厘米 ×52 厘米，艺术史博物馆，维也纳，凸面镜镜框印字："认识自己 / 火星 / 世界的希望"

166. 对页_大卫·西姆斯，娱乐当下，*The Face*，造型：安娜·科伯恩，服装：乔治·桑特安吉洛，图片提供：大卫·西姆斯

这一设想出现在大卫·西姆斯（David Sims）1995 年为 *The Face* 拍摄的时尚照片中，年轻女子坐在凳子上，腿中间上放着一个骷髅，她的拇指懒散地搭在骷髅的眼窝上（图 166）。骷髅摆放在张开的双腿之间，这个动作和位置暗示了性爱、死亡和女性之间的历史联系，并提醒我们，当美杜莎的内在被编码为女性时，它也不可避免地具有性特征。然而，这并不是蛇蝎美人的形象，只是一张年轻女子的照片，她对生活的思考几乎是偶然地靠近了性爱和死亡。她半透明的皮肤和纤细的骨骼结构使"皮肤下的骨头"清晰可见，她手中握着的骷髅也是如此。这张照片对比了她暴露的蕾丝裙和白皙的皮肤，她纤瘦的身体在苍白皮肤的映衬下看起来更像是一个骨架而不是血肉。在这张照片中，死亡的忧思被重新性别化了：莎士比亚的《哈姆雷特》研究的是骷髅和关于死亡和短暂性的独白，而这里的模特似乎并没有以任何方式思考骷髅。也许她自己就是那个骷髅，摆好姿势让我们注视。也许，这种类型的图像暗示了死亡、腐朽和混合性影像的吸引力，以此来发现被社会遗忘或忽略的事物。对生活黑暗面的迷恋是时尚强调理想化身材的另一面。这些规范和刻板印象只是图片的一面，所以我们的注意力容易被此吸引，从而否定或忽视另一面，无论是文化的差异性还是死亡。在这些图像中，时尚就像一种病症唤起了它的对立面，瓦解魅力的面具。但后者又随着前者的压抑而回归。就像 1529

年卢卡斯·弗滕纳格尔（Lucas Furtenagel）的肖像画一样，镜子（女性虚荣心的传统象征）揭示了生命的死亡（图 165），所以西姆斯的时尚照片中的模特举着一个骷髅头，将死亡刻在生命的中心，随着生命的消逝，完美的青春必然衰落，黑暗是光的终极归宿。

20 世纪 90 年代后半期死亡象征符号和静物画再次复兴，早期现代性、17 世纪欧洲重商资本主义发展的影响萦绕其间。对于本雅明来说，德国巴洛克哀悼剧（一种关于损失、毁灭和短暂性的剧）的碎片化本质，是对资本主义现代性过渡时期的悼念。[18] 在他的分析中，19 世纪的消费和 17 世纪商业资本主义的兴起之间存在密不可分的联系。这有助于我们理解 19 世纪现代性的碎片化本质，他写道"符号作为商品回归"。[19] 宗教改革的文化形成于资本主义转型的初期，即 19 世纪资本主义生产通过工业化和城市化进程得到巩固、扩大和修改的时期。这两种文化都是过渡文化，所有确切的固定点似乎都已瓦解；20 世纪后期，全球化和飞速发展的技术呈现出同样的特点，这能够解释当下一些作家对于忧郁、创伤和焦虑等主题的迷恋。[20] 当然，这些主题也体现在一系列时尚影像之中，包括西恩·埃利斯和大卫·西姆斯的摄影作品，肖恩·利尼和泰斯金斯的珠宝，麦昆和格罗夫斯 T 台上创伤的身体。

身体 CORPOREALITY

20 世纪 90 年代，娜米·菲尔默（Naomi Filmer）设计的珠宝并不具有装饰性，而是占据了身体内部和周围的负空间。1993 年她创作的"手部作品"（Hand

18 . Walter Benjamin Cited in Christine Buci-Glucksmann, *Baroque Reason: The Aesthetics of Modernity*, trans. Patrick Camiller, Sage, London, Thousand Oaks and New Delhi, 1994: 67-69, and on the corpe in the *Trauerspiel*: 71.

19 . Walter Benjamin cited in Susan Buck-Morss, *The Dialectics of Seeing: Walter Benjamin and the Arcades Project*, MIT Press, Cambridge, Mass., and London, 1991: 181.

20 . For a discussion of 'trauma' culture see Foster, Return of the Real; for a sociology of fear in contemporary society see Frank Furedi, *Culture of Fear: Risk-Taking and the Morality of Low Expectation*, Cassell, London, 1997; and for a characterisation of 'wound culture' see Mark Seltzer, Serial Killers: Death and Life in America's Wound Culture, Routledge, New York and London, 1998, which discusses anxiety, change, fear and trauma. See too Sarah Dunant and Roy Porter (eds), *The Age of Anxiety*, Virago, London, 1996, and Jeffrey Weeks, *Inventing Moralities: Sexual Values in an Age of Uncertainty*, Columbia University Press, New York, 1995.

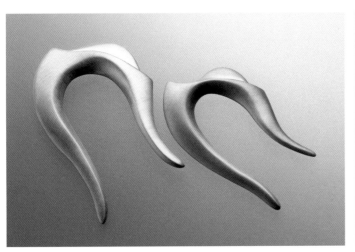

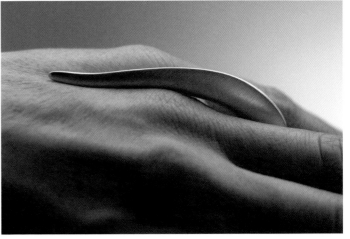

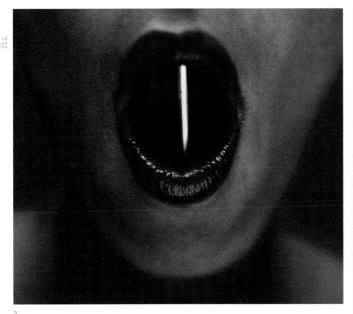

a   b

manipulation piece）和"手指和脚趾之间"（Finger and Toe Betweens）就像抽象的小型现代雕塑，一旦将它们插入手指和脚趾之间的空隙，它们就奇迹般地与活着的身体建立了联系（图 167）。菲尔默为侯赛因·卡拉扬 1996 年春夏系列设计了一个像"口棒"的咬嘴，将它垂直插入门牙后面可以保持嘴巴张开（图 168a），"嘴灯"照亮了微微张开的嘴巴，像发光的炉子，它由树脂铸造，带有红色发光二极管和单芯电池，明亮的红色灯芯代替了口红的光泽（图 168b）。菲尔默说过："我的工作与身体发生了什么无关，而是关于身体本身。"[21] 如果传统化妆和时尚的优雅表象可以形成一副铠甲，将死亡和腐朽的恐怖拒之门外，那么身体内部，连同死亡的内涵，就是这种拒斥的另一面。然而，当菲尔默以非传统的方式打开身体内部和周围的空间时，创伤的时尚身体不再是一座密封的坟墓；在她的作品及她同时代的珠宝设计师们的作品中，无论肉体的再现有多么可怖，都可以像罗密欧和朱丽叶的墓穴一样，创造性地将其打开再进入。

　　正如设计师可以将身体的内部比喻为墓穴一样，身体周围的空间、身体的各个部位之间的空间，也可以创造性地加以再现。托罗克和亚伯拉罕在关于创伤的研究中也关注了自我创造和性欲两个概念，他们认为如果创伤没有得到解决，就会阻碍自我的创造性塑造，而性欲则是其中的一部分。[22] 心理内投是将创伤像屏幕一样投射到自身身上，向自己投射光线（无论多么痛苦），而不是将创伤纳入其中，作为秘密加以封存。性爱和死亡可能被作为心理投射过程的一部分。因此，在他们的表述中，一个无法安置的创伤性事件将被融合，将身体变成一个活生生的坟墓或地窖；但如果创伤事件可以通过"内投"的过程来解决，那么主体将能

168. 娜米·菲尔默，"唇之坝"和"唇之光"，侯赛因·卡拉扬，1996春夏系列，树脂直聘，红色LED，摄影：杰里·福斯特（Jeremy Foster），图片提供：娜米·菲尔默

21 . Naomi Filmer quoted in Alexandra Bradley and Gavin Fernandez (eds), *Unclasped: Contemporary British Jewellery*, essay by Derren Gilhooley, afterword by Simon Costin, Black Dog, London, 1997: 105.
22 . See Rand in Abraham and Torok, *The Shell*: 202-204.

169. 对页 _ 拉斯·斯特尔，镀铜人发项链，1996 年，图片提供：加文·费尔南德斯

170. 肖恩·利尼，纯银咬嘴，亚历山大·麦昆，1997 春夏系列，图片提供：加文·费尔南德斯

够继续前进并重塑自我。[23] 因此，托罗克和亚伯拉罕与其他精神分析学家不同，他们所使用的 "心理内投" 与 "融合" 相反，但是这个隐喻仍然暗示了一个内部自我的概念，可以用来思考身体与身份之间的关系。

因此，90 年代时尚的创伤身体可以通过融合的隐喻进行更深的探索，因为它适用于该时期的珠宝设计思维。珠宝与身体有着特殊的关系，20 世纪 90 年代，时尚设计师们开始更多地在 T 台上借鉴珠宝设计师的作品。除了法比奥·皮拉斯 1995/1996 年秋冬系列的金属指节之外，拉斯·斯特尔（Lars Sture）还制作了一条用镀银的黄铜和人的头发做成的项链（图 169）。侯塞因·卡拉扬的时装系列以娜米·菲尔默的金色吸血鬼牙齿（图 96）为特色，斯科特·威尔森（Scott Wilson）悬

23 ．同注释 22: 200-202。

171. 肖恩·利尼，荆棘臂饰，纯银，亚历山大·麦昆，1996/1997 秋冬系列，摄影：玛雅·卡顿（Maya Kardun）/ V&A Images

172. 对页_莎拉·哈哈玛尼，指角，亚历山大·麦昆，1997/1998 秋冬系列，带角和皮革臂章的银饰，图片提供：肖恩·艾利斯

着珠子的面纱和飘逸的串珠角委托了巴黎的蒂埃里·穆勒和卡尔·拉格斐以及伦敦的侯赛因·卡拉扬、安东尼奥·贝拉尔迪和朱利安·麦克唐纳德制作。莱斯利·维克·沃德尔（Lesley Vic Waddell）为迪奥设计师加利亚诺创作的珠宝结合了精致的窗饰和哥特式的虐待狂符号。珠宝作为时装秀的一部分，与特定设计师的名字相关联，成为 20 世纪 90 年代时装展示和市场营销发展方式的症候。随着伦敦时装秀越来越戏剧化，许多设计师依靠发型师、珠宝商、化妆师和配饰设计师的作品来增加设计的极致效果。这种戏剧性延伸到时装秀的布景设计和舞台效果，但这一时期珠宝的出现却有所不同，因为它指出了珠宝与身体的关系，而不是与周围空间的关系。

事实上，珠宝的风格往往通过图形化的速记方式概括设计师的风格特征。肖恩·利尼为 1997 年春夏系列设计的作品反映了麦昆剪裁技术中优雅的残酷，看似致命的碎片包裹着一条长长的银色长钉，围绕在模特头部。其中一颗像光环般绕着模特的头；另一个绕在模特脖前，长钉尖锐的两个末端从模特的脖子水平向后延伸。另一个刺穿了一只耳朵，又绕到面前，两个可能致命的尖端从模特的脸颊和下巴突出；第四个尖头穿过模特的脸颊和下颌，像一匹马的脚尖一样从她的嘴里伸出来，然后弯弯向上绕着模特的耳朵，触角一般从她的太阳穴向外延伸（图 170）。西恩·埃利斯选择在 *The Face* 的"诊所"（The Clinic）系列中展示这件作品，这个系列讲述了一个吸血鬼女同性恋的故事：女人低下头，锋利的尖端刺入伴侣的脖颈，她在愉悦的期待中微微仰头，露出微笑的面部轮廓。

利恩为麦昆 1996/1997 秋冬系列制作了银玫瑰刺，并将它粘在模特的脸上（见图 106d），带刺的项链和手镯，像凌乱的铁丝网一样缠绕在模特的手臂上（图 171）。这些作品准确地表现出达伦·吉尔胡利（Derren Gilhooley）所说的珠宝"固有的性暴力特征"："珠宝的按扣、穿扣和褶皱中隐含着暴力"。[24] 正是珠宝首饰的这种内在机制，即紧固、穿孔和扣按的机制，启发了利恩为麦昆设计出优雅、尖锐又险恶的珠宝装饰图案。

一年后，在麦昆 1997/1998 年秋冬时装秀上，莎拉·哈玛尼（Sarah Harmanee）将威胁性的动物角与复杂的银纹图案结合在一起，用光蚀刻出蕾丝图案。她将自己的作品戴到身体上一些意想不到的部位，比如肘部或手指，这些作品经常用交叉编织的黑色皮革包裹，混合了亚文化哥特情感与时尚的受虐狂精神（图 172）。她的"刀头片"（Knife Head Piece）就像传统的爱丽丝带一样贴合头部，但围绕着耳朵延伸，一组金属的"刀片"在脸颊上展开（图 173）。刀上面刻有精致的花边图案，像一把调情的扇子绽放在脸颊一侧，这件作品还暗示了一种致命的武器，它可能会像剪刀手爱德华的手一样在任何时刻旋转着进入身体，似乎非常不稳定。戴伊·里斯为这个系列制作了头饰——由鹈鹕和火鸡羽毛制成，设计师首先剥去羽毛、打磨抛光然后将其安装在上面，使它的尖头结构可以框住模特头部周围的空

---

24 . Derren Gilhooley in Bradley and Fernandez, *Unclasped*: 10.

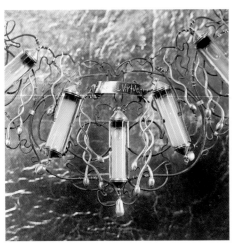

174. 西蒙·科斯丁，梦魇项链，1987 年，铜，巴洛克珍珠，人类精子和玻璃，图片提供：西蒙·科斯丁

气。它们看起来像金属一样又重又锋利，但实际上却很轻巧，穿起来轻盈透气；然后将薄片植绒，这样连接处就隐藏不见了。

1992 年，麦昆在他的毕业设计中使用了西蒙·科斯丁的珠宝。科斯丁接受过舞台设计而非珠宝设计的专业训练，他没有传统的珠宝制作工艺技能，因此他乐于使用非常规材料，如鱼皮、动物骨骼、鸟脚和人体体液（图 107 和 108）。这些作品诞生在 20 世纪 80 年代后期，引起了强烈的争议，主要是因为科斯丁 1987 年创作的"梦魇项链"（Incubus Necklace）（图 174）。科斯丁因此被警察扣押，面临被起诉的威胁。项链包含了五瓶人类精子，每瓶上都悬挂着一颗巴洛克珍珠，镶嵌在铜丝上，表面缠绕着歪歪扭扭的银制精子。这件作品被一块写着"恶与德"的金属牌子覆盖，唤起了伊丽莎白时期和詹姆斯一世时期文学意象的黑暗敏感性，暗示了一种来自对立面的吸引力，而这正是接下来十年的时尚潮流的特征：邪恶与崇高，美丽与恐怖，性与死亡。科斯丁还对 19 世纪后期的颓废文学和艺术很感

173. 莎拉·哈哈玛尼，"刀头片"，亚历山大·麦昆，1997/1998 秋冬系列，镀银黄铜，蕾丝细节光刻，图片提供：加文·费尔南德斯

兴趣，在他所有的珠宝作品中，他都着眼于吸引与排斥之间对峙的张力，这也预示了许多时装设计师在 20 世纪 90 年代的关注点。

科斯丁梦魇项链的主题与纽约艺术家安德罗斯·塞拉诺（Andros Serrano）的作品有关。塞拉诺的大型磁光机摄影图像常常以罗马天主教和巴洛克式图像为主题，因为它们的题材都颇具当代性。塞拉诺的影像意象包括性行为、太平间里的尸体碎片以及血液、牛奶和精子等体液。"射精的轨迹"（Ejaculation in Trajectory）创作于 1989 年，此时梦魇项链已经完成两年了，科斯丁再次调整性、死亡和生命的概念，打破它们之间的界限创作了新作。菲利普·阿雷兹（Philippe Aries）和诺伯特·埃利亚斯将 14 世纪丹麦人的恐怖形象与当时的瘟疫联系起来，与此相仿，朱丽娅·克里斯蒂娃（Julia Kristeva）将 20 世纪后期身体的衰退和痛苦的景象与艾滋病毒联系起来。[25]20 世纪 80 年代后期，由于体液与艾滋病毒和艾滋病密切相连，血液和精液等符号具有高度的宣泄性；与快乐和生命诞生相关的精液也成为有毒的甚至致命的。科斯丁和塞拉诺的作品既包含了生与死、成长与衰亡，又体现了与性欲、欢愉和危险密不可分的当代死亡象征。

铠甲之身 THE ARMOURED BODY

亚历山大·麦昆为时装秀现场降下了一场"金色阵雨"（由黄色灯光照亮的水），淋湿了正在走秀的模特们，这场时装秀充分说明了戏剧性的情景介入可以将创伤转化为景观（图 175）。在美国运通公司赞助、西蒙·科斯丁执导的节目中，麦昆利用了色情行业"赚钱"的理念推广时尚；当时美国运通公司否决了时装秀的名称"金色阵雨"，麦昆便将时装秀更名为"无题"，表达对艺术标题的讽刺性戏仿。20 世纪 90 年代中期，麦昆的时装秀与伦敦其他设计师的时装秀类似，都迷恋于技巧、戏剧、奇观、转变和偶发恐怖。模特在走秀时的表演和神态也增强了这种效果。设计师在时装秀的人工空间和时间里安排这类情景，暗示时装与马克·塞尔泽所谓的"创伤文化"之间的关系。塞泽尔将当代美国人对电影、小说和媒体中创伤身体的迷恋归因于公共和私人登记簿之间差异性的瓦解，他认为，这种差异性的消失导致公共领域变成了"病态的"。[26] 他将唐娜·凯伦的纽约 1994/1995 秋冬时装秀中"模特在 T 台上呆若木鸡的模样"描述为一种反女性暴力的形式，并认为时尚和时装模特是当代美国文化病态公共领域中"创伤文化"的典型模式。

他将模特身体的重复与强迫性重复造成的精神创伤联系起来，认为这种强迫性重复在当代文化"符号与身体的转换"中表现得很明显。最近的文化研究指出"身体的回归"和"真实的回归"是一个象征标志：论及符号和身体之间的切换，再没有比时尚产业的节奏更清晰的了，这并不是要驳斥其他主张，

25 . Julia Kristeva interviewed by Charles Penwarden in Stuart Morgan (ed.), *Rites of Passage Art at the End of the Century*, Tate Gallery Publications, London, 1995.

26 . Seltzer, *Serial Killers*: 254.

而是要表明它们的当代力量。身体和符号之间的传递比模特主体引导的经济指标（其生物经济学）和大众媒介的奇观（身体 - 机器 - 影像复合体的激发）更清晰。除此之外，时尚的受害者已经成为了典型的创伤受害者。我指的是时装模特在时装秀上受到精神创伤的状态。[27]

塞尔泽将时装秀理解为"脆弱地暴露于恋物癖、观战和创伤人群之间，穿梭在公共梦想空间的诱惑与暴力的幻想之间"的接力循环，[28] 然而，在麦昆的"无题"时装秀中，尽管时装界有一些消极的观点，但这一时尚体也可以通过具体化的过程，借由时装、化妆和秀场造型来武装自己，在病理学和屈辱中幸存。与辛迪·谢尔曼脆弱的艺术身体（例如她 20 世纪 90 年代末的呕吐图片）不同，麦昆的时尚身体利用魅力武装自身，这种铠甲可以转化为一种狂热的恋物癖，或者说吸引力：因为如果恋物癖是一种物体，那么它就像强大而残暴的美杜莎的头。即使魅力逐渐消失，或徘徊在吸引和排斥之间、美丽和恐怖之间，这些矛盾也有助于保护魅力，使美杜莎的头成为强大的保护盾。

因此，1999 年麦昆的春夏系列"饥饿"，有一位模特穿着透明的塑料胸衣，胸衣里面的蠕虫夹在她的皮肤和胸衣之间（图 176）。麦昆的彩色蠕虫呈现出肠子的颜色和蠕虫的形状，与它们被固定其上的粉红色皮肤和红色缎子在颜色上相差无几。蠕虫被一件紧身夹克框住了，这件夹克体现了麦昆锋利的剪裁线条，夸张的肩膀和翻领线条向后拉出，就像手术的切口，露出了织物下身体的皮肤。这

27 ．同注释 26: 270-271。
28 ．同注释 26: 271。

件紧身胸衣让人想起了 15、16 世纪的一幅图像，那是一具半腐烂的尸体，人们可以从它的肠子里看到正在进食的蠕虫（图 177）。这种图像引起的生理性厌恶，与 20 世纪后期主流时尚的理想化和审美化趋势背道而驰。然而，尽管具有死亡内涵，但麦昆的现代生活方式迸发出激昂的生命力，仍然维护着生者占有死者肖像的权利。这件夹克外套可以像手术切口处的肉一样向后拉，可能蠕虫让人联想到了坟墓，但是塑料胸衣完美地托起模特裸露的乳房，乳房上面也覆盖着蠕虫的痕迹，她的腹股沟处戴着一个锋利的胸针，像鞭子一样。如果说有什么区别的话，那就是这幅图像表达的是污秽而不是死亡。麦昆内在的冷漠具有一种强烈的反抗、染污和犯罪的快感，一种超越直接恐惧或可怖的愉悦。设计师将性欲、死亡和犯罪融合在一起，激发了某种有悖常理的快感，形成一种"厌恶……却带有欲望的烙印"。[29]

对立物之间的振荡在精神分析学中称为分裂。哈尔·福斯特将其视为"道德分裂，迷恋削弱了厌恶的情绪，虐待的快感削弱了同情，形成难解的悖论；身体形象产生分裂，消散的喜悦再次通过武装挽回"。[30] 对于福斯特而言，现代的或后现代的自我正是通过这样的反复分裂形成的，在这种分裂中，自我不断地被制造出来再打回，就像 20 世纪 30 年代的贝尔默娃娃，这也是麦昆"洋娃娃"（Poupee）系列的创作主题。强迫性重复也是创伤的重要特征。20 世纪 90 年代，福斯特指出艺术家最关注的智力问题是对立双方之间的振荡，这构成了"主体的谜语"[31]。尽管时尚并不是福斯特关注的核心问题——但要找到这个谜语，还有什么比 20 世纪 90 年代时尚和珠宝设计的强迫性不稳定更贴切？

不稳定性和巴洛克理性 INSTABILITYAND BAROQUE REASON

不稳定性是时尚的特征，在欲望和排斥之间振荡的这些图像都具有不稳定性。正如 20 世纪 50 年代塞西尔·比顿所说的，"那些生活、工作或从事时尚的人呼吸着不稳定的空气：他们就像几年前在玉米地里发现了一座火山的墨西哥农民。"[32] 这种不稳定性有时可能是爆炸性的，这意味着即使它的意象极为黑暗，时尚也永远不可能具有纯粹的致命性，因为它的内涵从不停止改变。它可以突然从黑暗压抑转变为青春美丽，它也可以在两者之间徘徊摇摆。时尚的本质是改变一切，瓦尔特·本雅明认为巴洛克艺术的特点也是如此。[33] 本雅明承认这种特性并不局限于 17 世纪，可将它视为"后巴洛克风格的明确标志"。[34] 20 世纪末可以说是一个"巴洛克时刻"，克里斯蒂娜·布希-格鲁克斯曼将现代捕捉美的模式定义为巴洛克风格。

29 ．Peter Stallybrass and Allon White, *The Politics and Poetics of Transgression*, Methuen, London, 1986: 191.
30 ．Foster, '*Return of the Real*'. 222.
31 ．同上：223。
32 ．Cecil Beaton, *The Glass of Fashion*, Cassell London, 1954: 330.
33 ．Walter Benjamin, *The Origin of German Tragic Drama*, trans. John Osborne with an intro, by George Steiner, New Left Books, London, 1977: 229.
34 ．同上：229-230。

178. 玛丽安·佩乔斯基（Marian Pejoski）2000 秋冬系列，
摄影：安德里亚斯·拉尔森

布莱恩·S. 特纳（Bryan S. Turner）认为，她的分析为我们提供了一种从内而外的现代考古学思路：

> 巴洛克文化是一种保守的文化，它试图通过奇妙的意象、色彩和精致的音乐操纵大众。巴洛克文化创造了一种用愉悦的方式征服大众的景观，类似的，消费主义的现代世界也可以被看作是这样一种景观。因此，现代社会的文化产业是巴洛克文化的现代版本。[35]

因此，巴洛克的不稳定性可以理解为景观的固有部分。20 世纪 90 年代后期，巴洛克风格与更宏大的意象产生了共鸣，这既强调了风格的转型，也确认了其不稳定性。时尚意象，或景观，就像巴洛克标志一样，总是发出相反的信号。它的意象很容易从黑暗滑落入光明，然后再回归原位。这就像巴洛克寓言中的意象，例如，本雅明认为竖琴是刽子手的斧头，"王座变成地牢，游乐园变成坟墓，皇冠变成血淋淋的柏树花环。"[36] 同样，在时尚界，骨头被转化成精致的珠宝（肖恩·利尼），人的头发被制成帽子（戴伊·里斯），病毒、老鼠睾丸或兔肠的显微镜图像变成装饰性的花卉图案（缝合）。设计师马占·佩乔斯基（Marjan Pejoski）2000 年设计的淡粉色针织衫，饰有精致的亮片和刺绣的骷髅头，图案借鉴了丽莎·夏帕瑞丽（Lisa Schiaparelli）和墨西哥亡灵节的刺绣，创作出的图像超越了 80 年代的广告垃圾（图 178）。许多当代的时尚意象和设计，就像这些例子一样，充满了对生活不确定性的忧患意识，但也有着对物质商品的热情依恋，其形式洋溢着对材料、奢华、技巧和装饰的向往，也共享着巴洛克式的奇幻和浪漫品味。[37]

意象的不稳定性也很符合现代性；布希 - 格鲁克斯曼认为，"将尸体置于自己体内……会破坏主体的确定性。"[38] 西姆斯和蒙第诺的摄影作品，或利尼和麦昆的秀场影像，既回归了巴洛克美学风格，又有独特的现代性，确切地讲，正是他们在时尚中将尸体定位在自我的核心位置。他们将生命转化为死亡，将光明转化为黑暗，将愉悦转化为创伤，然后再将它们还原，最终颠覆、破坏了对立双方的稳定结构。

1983 年马歇尔·伯曼指出，现代性依赖于持续的混乱和危机，变化正来源于此；因此，骚乱并不会颠覆现代资本主义社会，反而能为其注入力量。灾难成为重建和复兴的有利时机，因此"说社会正在分崩离析就是说明它还活着，而且活得很好"。"现代人"靠流动性和自我更新而不断成长。[39] 这种易变的品质促使当代时尚设计师不断地变换，不断地敲响现代性的"变化"，从坚不可摧的时尚体转变为开放的、遍布裂痕的主体，然后将这种形象从可怖转向愉悦。因此，黑暗魅力与性爱和死亡有关。如果时尚是一种具象的实践，正如拉杰 - 伯恰特和米歇尔·德

35 . Bryan S. Turner, introduction to Buci-Glucksmann, *Baroque Reason*: 22-25.
36 . Walter Benjamin, *The Origin of German Tragic Drama*: 231.
37 . Philippe Aries, *The Hour of Our Death*, trans. Helen Weaver, Allen Lane, London, 1981: 330.
38 . Buci-Glucksmann, *Baroque Reason*: 76 and 103.
39 . Marshall Berman, *All That is Solid Melts into Air: The Experience of Modernity*, Verso, London, 1983: 95-96.

塞都指出的，[40] 它可以克服过去的记忆和创伤，将其重新表达为当下的愉悦和性爱。即使这些图像是在意象和造型中，而不是实际的时装设计和穿着的衣服中被唤起的，但它仍然是身体和时尚的记忆，是一种具象的实践。

布希-格鲁克斯曼认为"现代性从根本上分散和孤立了现代主体，为新的、不确定的身份铺平了道路"；因此，第 7 章和第 8 章中所描述的异化现象也可以被重新理解为"自我的丧失"。[41] 这种不稳定性就像戴伊·里斯作品中的一股暗流：1998 年的珠宝头饰可能是一顶帽子、一副面具或一件珠宝，三者皆有或全无（图 180）。沙滩上发现的绵羊骨盆上覆盖着施华洛世奇水晶。模特将它高高地戴在头上，在脸的上方，它面具的形状与两只"眼睛"相呼应；一层银色和水晶珠子的网状面纱从上面垂下，不会遮住模特的脸。如果这些骨头是死亡符号，那么这件作品就不是简单的死亡提醒，而是死亡的转化。首先，死亡改变了羊的生命体，然后化学元素将其分解成漂白的褐色图像，而里斯再次将它转变为艺术、奢华又具有伪装性的意象。从生到死，再到生，从动物到人，再到世俗，从变性到再生，从自然到文化，从裸骨到装饰。就像菲利普·崔西 1994 年的独角兽帽子一样（图 179），通过装饰和技巧，女人的头变成了神话般奇幻的动物器官。里斯的水晶面涌动着喜剧和悲剧的暗流，但同时也象征着凶兆和衰颓。绵羊的骨盆魔幻地变成了山羊头的形象，它的两个角代表着魔鬼崇拜和黑色弥撒。它既隐晦又情色，在控制和影射中生发黑暗。詹妮弗·伊吉（Jennifer Higgie）讨论了里斯将材料转变为完全不同之物的魔幻能力："戴伊·里斯的女帽就像掠夺性的幽灵，达成了精神世界与人类个体相融合的时刻。"[42] 死亡意象最初可能向我们展示了皮肤之下的头骨，但里斯的巴洛克式转变过程将其再次转化为另一种存在："死亡骷髅，化为天使的面庞。"[43]

40 . Ewa Lajer-Burcharth, Necklines: *The Art of Jacques-Louis David after the Terror*, Yale University Press, New Haven and London, 1999: esp. 181-204. Michel de Certeau, Cultural Practices of Everyday Life, trans. Stephen Rendall, University of California Press, Berkeley, 1984.

41 . Buci-Glucksmann, *Baroque Reason*: 97.

42 . Jennifer Higgie, catalogue essay in *Dai Rees: Pampilion*, Judith Clark Costume, London, 1998:15.

43 . Benjamin, *The Origin*: 232, where the phrase is translated as 'a death's head will be an angel's countenance', and Buck-Morss, *Dialectics of Seeing*: 174, where the phrase is translated as 'a death-skull, become an angel's face'.

10. Dereliction 遗弃

181. 对页 _ 理查德·伯布里奇，"另一种杂志"，
2001/2002 秋冬系列，造型：萨比娜·施雷德（Sabina
Schreder）时装：Vintage Yves Saint Laurent, Miguel Adrover,
As Four, Calvin Klein Jeans, Jill Stuart, Yohji Yamamoto, Plein
Sud, Carol Christian Poell, Ralph Lauren, William Reid, Tommy
Hilfiger, Vivienne Westwood. 图片提供：理查德·伯布里奇
/Art and Commerce

破布 RAGS

20 世纪 80 年代，Comme des Garçons 的设计师川久保玲松开织布机上的螺丝，生产出有瑕疵的衣物；她将这块有瑕疵的亚麻布放在阳光下晒了好几天，揉成一团然后晾干，让它经受大自然的摧残；她还设计了一件手工编织的黑色毛衣，上面的蝴蝶孔就像虫洞一样。通过这些方式，她将锈迹和做旧的理念引入了巴黎时尚界。20 世纪 90 年代，日本纺织公司努诺（Nuno）也提出了"boroboro（破烂）"美学，意为粗糙、褴褛、破旧、残碎，他们生产的衣物经过煮沸、撕碎，浸泡在酸液里或者被刀片划破。川久保玲 1994/1995 秋冬系列设计采用了柔和的色彩和边缘磨损的破旧羊毛材质，模特们穿着这些设计就像想象中的从东欧逃难的巴尔干难民（图 182）。时尚杂志 *Another Magazine* 2001/2002 秋冬系列第一期刊登了理查德·伯布里奇（Richard Burbridge）的一张照片，照片中的五位模特打扮得像一捆捆等待从仓库里拿出来的旧衣服（图 181）。从 20 世纪 80 年代末开始，马丁·马吉拉裁剪旧衣服然后重新拼接起来，赋予它新的生命和历史内涵。20 世纪 40 年代的印花裙被裁成两半，不对称地拼接在一起；20 世纪 50 年代的舞会礼服从前面剪开，变成一件长背心套在男式衬衫和褪色牛仔裤的外面；军袜被改造成套头衫（图 183）。马吉拉使用的"原材料"都是时尚的垃圾，这些二手的或者军队剩余的衣服是时尚系统中交换价值最低的商品。从历史上看，二手服装一直与低下的经济地位和阶级身份相关。早在成衣业出现之前，二手交易就为穷人提供服装，而且通常是三、四、五手的服装。从 18 世纪甚至更早开始，二手服装就是人们"需求和渴望"的对象，经常成为"贫穷的底层阶级压迫与恩惠的象征"，尤其当女主人不得不给仆人送"礼物"的时候，去掉装饰的二手服装更适合新主人的卑微身份。[01]

然而，马吉拉重新缝制的破布却恰恰相反，它们为穿戴者留下了只有仔细的精英顾客才能识别的标志。就像 19 世纪的拾荒者收集废品回收再利用一样，马吉拉为地位低下的二手服装赋予了独特的高级时装地位。同样，当他用塑料袋和破烂的陶器马甲制作 T 恤时，他将城市垃圾变成了稀有的珍藏品。[02] 狄更斯的作品《我们共同的朋友》从一堆满是垃圾的遗产开始，讲述了遗产继承人鲍芬（Boffin）将垃圾变成财富的故事。[03] 马吉拉将世界上"贫苦"的材料改造为高级时尚，意味着他也成为了一位淘金者或者说拾荒者，这让人想起波德莱尔《拾荒者的酒》（*Le Vin des chiffonniers*）一诗中巴黎拾荒者和诗人的类比。就像波德莱尔笔下 19 世纪的诗人拾荒者，虽然"处于工业过程的边缘，但他们为了交换价值而回收了文化的垃圾"，马吉拉回收、复活了奄奄一息的材料，并将垃圾变回了商品。[04] 因此，

182. 上 _ Comme des Garçons，1994/1995 秋冬系列，图片提供：Comme des Garçons

01 . Madeleine Ginsburg, 'Rags to Riches: The Second-Hand Clothes Trade 1700-1978', *Costume: Journal of the Costume Society of Great Britain*, 14, 1980: 121 and 128.

02 . 1997 年，鹿特丹博伊曼斯·范伯宁恩美术馆举办马吉拉展览展卖。

03 . 19 世纪堆积在伦敦郊区的垃圾堆是一项利润丰厚的生意，经常需要雇用大量人员。斯蒂芬·吉尔（Stephen Gill）认为，鲍芬可能取材于亨利·多德（Henry Dodd），亨德·多德在伊斯灵顿拥有一个垃圾场，据说他将一个垃圾堆作为结婚礼物送给他的女儿，后来这个垃圾堆卖了 10000 欧元。参见 Charles Dickens, *Our Mutual Friend*, ed. with an intro, by Stephen Gill, Penguin, Harmondsworth, 1985 [1864-5]: 898 n. 3.

04 . Hal Foster, *Compulsive Beauty*, MIT Press, Cambridge, Mass., and London, 1993: 134-135.

后工业时期的文化实践，比如拼贴、混合和切割，可以与19世纪新兴工业化城市的早期现代主义实践建立起联系。正如贺尔·福斯特反问的，"当人们重新巧妙地使用资本主义社会抛弃的文化材料时，后现代主义的戏仿与现代主义的粉饰有什么不同？"[05]

马吉拉1992/1993秋冬系列在巴黎救世军仓库展出。在那里，眼光敏锐的时尚客户们围坐在货架旁，他们周围摆满了准备在旧货商店转售的二手衣服。拾荒者和诗人、艺术家、设计师的类比可以追溯到其他许多城市空间中，马吉拉后来用这些空间开创了一种新的时装表演形式。他最早的展示空间包括旧剧院、荒地、仓库走廊、废弃医院和空荡荡的超市。这些废弃的巴黎空间呼应了19世纪在军事区和街垒外那种混乱而边缘化的拾荒环境，马吉拉也在城市源头和废弃空间的文本和影像中引领我们发现了拾荒者的文学出处。[06]

除了剪裁和拼接旧衣，马吉拉还采用了更复杂的方式。在1996年春夏系列中，他将一件20世纪50年代的鸡尾酒礼服的衬里完全复制成了一件现代服装，然后从内而外拍摄了礼服的原始衬里，并将这些照片作为图案印在新的裙子上（图184）。马吉拉根据裁缝存放在衣架上的平面图设计服装，他将服装制作和成衣技术融入了时装设计的主题（图19），并用裁缝的人体模型重新制作亚麻背心。于是模型变成了内衣，身体变成了服装（图18）。在这件背心上，马吉拉展示了一个前半身是雪纺连衣裙的"研究"，在裁剪和缝制的过程中，这件连衣裙通常会被固定在一个矮壮的人形模型上。虽然马吉拉用束腰带和松紧带将雪纺长裙的前半身套在了背心上，让它看起来更像是一件正在制作的衣服，但这种设计却指向了永远无法完成的服装，就像一件正在进行中的解构作品（图185）。在所有这些作品系列中，马吉拉都在挑战其他时装设计师崇拜的剪裁、图案分割和服装结构的逻辑和技术。

同样让人感兴趣的解构主义作品还有赫尔穆特·朗（Helmut Lang）与众不同的设计。从20世纪90年代初开始，他用最简单的T恤（通常是肉色的）创造了复杂的层次，这种"贫苦"美学将薄衬衫的透明度转化为对结构的质疑（图186）。像解构主义的哲学论题一样，设计师们都试图重新思考服装本身的形式逻辑，这也在川久保玲20世纪80年代最早的系列作品中得以呈现，比如袖子可能

05 ．同注释4: 269。
06 ．Karl Marx, 'Economical and Philosophical Manuscripts' [1844], *Early Writings*, trans. Rodney Livingstone and Gregor Benton, Penguin, Harmondsworth, 1975: 292. Karl Marx, 'Review of *Les Conspirateurs* par A. Chenu, and *La Naissance de la republiqueenFdvrier*1848, par Lucien de la Hodde' [1851] in Karl Marx and Friedrich Engels, *Collected Works*, vol. 10, Lawrence & Wishart, London, 1978: 311-325. Karl Marx, *The Eighteenth Brumaire ofLouhBonapartes* [1852], trans. from the German, Progress Publishers, Moscow, 3rd rev. ed. 1954 [2nd rev. ed. 1869]: 63. Charles Baudelaire, 'Le Vin des chiffonniers' [1851] from *Le Vin* in Charles Baudelaire, *Complete Poems*, trans. Walter Martin, Carcanet, 1997: 272. Peter Quennell (ed.), *Mayhew's London: Being Selections from 'London Labour and the London Poor'* [1851], Spring Books, London, 1964: 306. Dickens, *Our Mutual Friend*. Edmond de Goncourt, *Pages from the Goncourt Journal* [24 September 1870], trans. Robert Baldick, Oxford University Press, 1978. Eric de Mare and Gustave Dore, *The London Dore Saw* [1870], Allen Lane, London, 1973.
For a review of further primary sources and a commentary on Atget's photographs of ragpickers and their milieu see Molly Nesbitt, *Atget's Seven Albums*, Yale University Press, New Haven and London, 1992: 175. For further comments on the nineteenth-century ragpicker see Walter Benjamin, *Charles Baudelaire: A Lyric Poet in the Era of High Capitalism*, trans. Harry Zohn, Verso, London and New York, 1997: 19; Foster, *Compulsive Beauty*: 134; Susan Buck-Morss, 'The Flaneur, the Sandwichman and the Whore: The Politics of Loitering', *New German Critique*, 39, Fall 1986: 99-140; Elizabeth Wilson, *The Sphynx in the City: Urban Life, the Control of Disorder, and Women*, Virago, London, 1991: 54-55.

183. 马丁·马吉拉，用军用袜子手工缝制的毛衣，1991/1992 秋冬系列，摄影：北山达也（Tatsuya Kitayama），图片提供：马丁·马吉拉时装屋

184. 左下_马丁·马吉拉，1996 春夏系列，摄影：玛丽娜·浮士德，图片提供：马丁·马吉拉时装屋

185. 右下_马丁·马吉拉，摄影：罗纳德·斯托普斯（Ronald Stoops），图片提供：马丁·马吉拉时装屋

像裙撑一样紧紧绑在裙子背后。时尚策展人理查德·马丁（Richard Martin）和哈罗德·柯达（Harold Koda）认为 20 世纪 90 年代的潮流起源于 80 年代，他们认为解构主义是一种"当代流行的思维方式"。[07] 然而，在 20 世纪 90 年代早期到中期，时尚记者广泛地使用"解构"（deconstruction）或"摧毁模式"（la mode Destroy）来描述这种线迹破败、回收旧衣、重新接缝的趋势。[08] 到了 20 世纪 90 年代末期，这一趋势越发明显，二手服装也开始使用老式面料。奥利维尔·泰斯金斯的首个系列设计就是用旧亚麻床单制作的爱德华时代的礼服。在伦敦，杰西卡·奥格登也使用了二手面料，她保留了面料上的污渍、织边和手工缝制的接缝，并将这些过去的痕迹融入当代设计之中（图 187）。时尚品牌费仑志（Fake London）在戏仿中重新剪裁制作羊绒套衫；拉塞尔·塞奇在"来起诉我"（So Sue Me）系列中修改了巴宝莉（Burberry）的商标面料。1993 年，维克托和罗尔夫的第一个设计系列展出了一件由旧衬衫制成的舞会礼服和一条用旧夹克、旧裤子改造的连衣裙。1993 年，渡边淳弥（Junya Watanabe）在巴黎发布了一件旧足球衫改造的球服。1998 年维克托和罗尔夫的第十个系列在巴黎展出，该系列采用了 20 世纪 60 年代老式的香奈儿和璞琪（Pucci）面料。

在纽约，苏珊·西安西奥罗（Susan Cianciolo）用复古布料制作了一件一次性服装；而活跃在纽约的西班牙设计师米格尔·阿德罗韦尔（Miguel Adrover）在第一个系列（2000/2001 秋冬系列）"垃圾系列"（garbage collection）中回收利用了昆廷·克里斯普（Quentin Crisp）的旧床垫。昆廷·克里斯普这位晚年在纽约安家的英国作家声称自己从未打扫过公寓，每过一段时间，灰尘就从房间的中心飘到了角落里，不再让他烦心。[09] 阿德罗韦尔在自己的地窖里收集了一些类似的便宜货，然后将它们改造成了 T 台上黑色优雅的高级时装。如同"白手起家"的美国寓言，在这个拒斥无用废料的行业中，阿德罗韦尔让纽约废品焕发新的生机。这场首秀的作品引起了美国版 Vogue 和《女装日报》（Women's Wear Daily）资深记者的注意，随后他受邀加入美国奢侈品集团飞马（Pegasus）。他的故事几乎是一个美国神话，从一无所有到事业成功。美国是世界上最大的消费市场之一，大到连回收利用也构成了一个产业。但这也成为时尚不稳定性的侧写：时尚可以像将光明转化为黑暗，同样也可以轻易地将黑暗转化为光明。

在占据《纽约时报》杂志时尚版封面的 2000/2001 年秋冬系列中，维克托和罗尔夫使用星条旗表达了他们对商业主义的忧虑。维克托和罗尔夫一直致力于"商业的艺术——销售"，这个设计系列先声夺人：抢在他们的批判者之前率先表达了焦虑。品牌 Imitation of Christ 也在纽约展出，他们在用回收的二手服装裁剪制成的"孤品"服饰上写下充满争议的反时尚口号，否定了狂妄的消费主义，并声

07　. Richard Martin and Harold Koda, "Analytical Apparel: Deconstruction and Discovery in Contemporary Costume' in *Infra-Apparel*, Metropolitan Museum of Art, New York, 1993: 105.

08　. For a summary and contextualisation of these sources see Alison Gill, 'Deconstruction Fashion: The Making of Unfinished, Decomposing and Re-assembled Clothes', *Fashion Theory*, vol. 2, issue I, March 1998: 25-49.

09　. Quentin Crisp, *The Naked Civil Servant*, Fontana, London, 1977.

186. 赫尔穆特·朗，1996 春夏系列，摄影：尼尔·麦肯纳利

187. 杰西卡·奥格登，用发现的古董被子手工缝制的上衣，1998 年，图片提供：杰西卡·奥格登

188. 侯赛因·卡拉扬，"切向流"中央圣马丁艺术与设计学院毕业作品系列，伦敦，1993 年，图片提供：侯赛因·卡拉扬

称占据了外部的对立空间。但所有这些设计师的作品都与"美国神话"有关：着眼于美国主流消费的阿德罗韦尔，置身于艺术领域的西安西奥罗，极具政治论战色彩的 Imitation of Christ，极尽讽刺的维克托和罗尔夫。虽然可以说他们为纽约带来了欧洲的时尚美学，但纽约这些作品在美国的成功，也暗示了当时美国正在大衰退的边缘摇摇欲坠。

锈迹 PATINA

1993 年，侯赛因·卡拉扬的毕业作品集"切向流"（Tangent Flows）中有一件独特的设计，卡拉扬事先将衣服和铁块一起埋入朋友的花园。六个星期后，衣服被挖出，生锈的铁已经渗入、浸透了布料的缝隙和褶皱，形成了一层金棕色的锈迹（图188）。1997 年，马吉拉与一位微生物学家合作，在鹿特丹的博伊曼斯·范伯宁恩美术馆（Boijmans Van Beuningen）举办了一场展览。马吉拉从迄今为止自己的 18 个系列设计中分别挑选出 18 件白色系服装，然后将这些衣服浸入琼脂（一种生长培养基），在上面喷洒绿色霉菌、粉色酵母菌或品红、黄色的细菌菌株。衣服在博物馆地面上专门建造的温室中放置了 4 天，霉菌和细菌在衣服上肆意发育生长。最终这些衣服穿在一排哨兵的假人模型上，陈列在博物馆一座玻璃钢结构的现代展馆外围。这些衣服像忧郁的幽灵一样沿着玻璃外墙排列，随着微风飘动，矛盾的是，衣服被死气沉沉的霉菌和腐烂的状态赋予了新的生命。亲切的哨兵们穿着破旧的二手衣服，玻璃墙外 18 个人体模型唤起了幽灵般的存在，将过去的历史带入当下（图 189）。虽然马吉拉的解构设计常常看起来非常具有现代感，但在这个系列中却出现了古怪而惊人的历史共鸣。出乎意料地是许多款式都是拿破仑时代的风格，这为作品增添了来自上一时代的幽灵般的烙印：厚呢夹克、长筒靴和高腰线长裙（图 190 和图 137）。更维多利亚风格的例子是 20 世纪 50 年代的舞会礼服，礼服从前面被剪开：破烂，发霉，随风微动，暗示了哈维沙姆小姐（Miss Haversham）（译者注：《远大前程》中的人物，结婚当天被新郎抛弃，此后一直穿着婚纱生活）的婚纱本可以给她带来意想不到的新生活（图 21）。

六月份第一次展出的时候，这些衣服仍然是湿润、蓬松的，还带着新的霉菌。到了八月份，风和太阳已经将它们晒得脱色、风化，在它们的表面留下斑驳的腐朽痕迹，仿佛它们刚从生锈的树干上挖出来被挂在空中。缝合在一起的两件 20 世纪 40 年代茶会礼服上也有霉菌和细菌的斑点痕迹，几天后 50 多年的裙子便有了岁月的锈迹。马吉拉的这些服装改写了时间的规则，一夜之间一些"老旧"的东西（霉菌）生长出来，他用旧物创造了新颖的、现代的事物（经解构的衣服），然后层层相叠。

其他一些设计师也在 20 世纪末开始将锈迹的主题引入他们前卫的设计中。与加利亚诺或麦昆不同，他们的作品中没有明显的历史参考。相反，衰变的主题唤起了时间的流逝。格兰特·麦克拉肯（Grant McCracken）认为，锈迹和时尚是不相容的。在他的分析中，锈迹是社会地位的象征，直到 18 世纪，它被现代时尚

189. 马丁·马吉拉，展览装置"9/4/1615"，博伊曼斯·范伯宁恩美术馆，鹿特丹，1997 年，摄影：卡洛琳·埃文斯

190. 马丁·马吉拉，厚呢上装，展览"9/4/1615"，博伊曼斯·范伯宁恩美术馆，鹿特丹，1997 年，摄影：卡洛琳·埃文斯

系统的基石——消费革命所掩盖，在这一系统中，新颖性才是地位的标志，寿命和年龄与地位无关。因此，他指出，时尚是锈迹的"可怕对手"。[10] 但在 20 世纪 90 年代末少数代表性设计师的作品中，时间流逝的迹象和历史观念被引入时装设计之中，这些设计借鉴了垃圾、碎屑、残余物等元素，而这些元素在现在已经发生了变化。

伦敦设计师罗伯特·卡里·威廉姆斯也重新利用旧服装改造制成新衣。他回收军队剩余的衣服，并用反光热毯、食品保鲜膜、皱褶锡箔以及带有捆绑带的渔网围裙（他将其与军队医疗担架相连）制作衣服。但他的设计过程往往是从一件成品服装开始的，他和马吉拉一样，通过整个生产过程为服装赋予了自己的历史意义和生命。一旦成衣完成，他便用剪刀将一件可识别的成衣变成奇怪的物体（图191）。最后的这一步骤包括切开或拆解一件衣服，对其进行肢解和解构。乳胶和皮夹克、连衣裙和长裙上的图案被剪掉，只留下衣服的框架：接缝、袖口和拉链，勾勒出早期服装在太空中幽灵般的存在状态。肉色的皮革被浸泡，模压上身，经过烘烤或切碎，然后被揉搓或编成股。

雪莱·福克斯的作品中也有碎片或痕迹的概念。福克斯毁坏自己的织物：通过毡制、收缩、燃烧和激光处理，她赋予了织物褪色和老化的锈迹。皮革经过喷砂、毡化和烧焦处理，弹力织物和绷带经过燃烧和热处理，纱布和棉絮被喷上工业车漆，羊毛脂和美利奴羊毛在喷灯下燃烧，双股羊毛通过滴蜡"密封"（图 192）。

哈罗德·柯达将概念时尚中的"贫苦"（poor）美学归因于日本的"侘寂"（wabi sabi）概念，这个概念与 Comme des Garçons 的设计师川久保玲密不可分。

10 . Grant McCracken, *Culture and Consumption New Approaches to the Symbolic Character of Consumer Goods and Activities*, Indiana University Press, Bloomington and Indianapolis, 1990: 31-43.

"侘寂"同样也适用于福克斯的忧郁和无用的美学理念。[11] 在日本，侘寂的观念基于开明的认知，人们认为残缺的艺术品和劣质材料极具价值。20世纪80年代初川久保玲开创了这种美学风尚，在该品牌的第一场巴黎时装秀上，严肃的模特们在T台上快步穿行，面无笑意，她们的脸上要么毫无妆容，要么妆容不整，眼影脏乱满是污迹，颧骨被化上瘀伤，口红在下颚骨处斑驳一片，就好像孩子们在他们脸上乱涂乱画过。时装秀的服装大部分是灰色和黑色的，走线歪扭、袖子宽大，像穿在稻草人身上一般空荡荡，在模特们走路时晃来晃去。

福克斯的破旧衣物、卡里·威廉姆斯的碎布军装和马吉拉发霉腐烂的痕迹一样，召唤了19世纪的拾荒者。拾荒者捡拾布料回收循环利用，以复原被资本主义社会丢弃的文化碎片。他的身影飘荡在这些悲哀的复现中，回到了被遗弃的悲惨旧时代——资本主义生产过剩生产的另一面。福克斯在谈到她2000年秋冬系列时指出，资本主义现代性中蕴含着腐朽的因素：

> 这一时装系列是基于一种缺乏平衡的观念……这不是现代性最纯粹的形式，而是一种近乎腐朽的状态，这种状态经常出现在某些旧衣的腐蚀和燃烧中。在这个系列中，我采用了一些不干净的、燃烧过的、磨损过的亮片，毛毡也经过了扭曲和挤压。[12]

193. 杰西卡·奥格登，"一打连衣裙"装置，松果眼，伦敦，1999年，图片提供：杰西卡·奥格登

叙事 NARRATIVE

设计师们并不是简单地利用这些被遗弃的意象，而是通过这些意象将叙事和历史观念引入他们的时装设计。马吉拉和西安西奥罗将他们对二手服装的再利用，形容为赋予了这些衣服新的生命。奥格登也是如此，她用印有图案的旧衣设计时装，衣服上的污渍、补丁和手工缝制的缝线都保留了历史的痕迹。她认为这些衣服仿佛有了知觉，能留下记忆的痕迹。奥格登为时装店"松果眼"（The Pineal Eye）设计的"一打连衣裙"（A Dozen Dresses）包括了12件尺寸不同的连衣裙，从6英寸长到标准的12英寸，每件连衣裙都比前一件增大了10%（图193）。奥格登本打算将这些连衣裙挂成一列，但她又想要将它们套挂展示：就像俄罗斯套娃一样，阳光可以穿透每一件连衣裙。她用茶渍染红了薄纱连衣裙，不是为了让它们看起来带有复古色彩，而是为了"让它们充满感情"。尺寸渐变的连衣裙可能象征着从童年到成年的过程。其中最小的一件不是给婴儿穿的，而是穿在洋娃娃身上的，最大的一件可以穿在奥格登本人身上。空荡荡的连衣裙如幽灵一般，等待着被填满，暗示那些尚未被书写或已彻底丢失的历史。奥格登的作品试图思考一种记忆，并创造出一个有感情的空间。她拒绝给出这些作品的详细解释，而是希望观众将自己的记忆带入到装置之中。

卡里·威廉姆斯在他的作品中也为服装的历史和生命构造一个舞台：

11 . Harold Koda, 'Rei Kawakubo and the Aesthetic of Poverty', *Costume: Journal of the Costume Society of America, II*, 1985: 5-10.
12 . Shelley Fox hand-out for 'Fashion in Motion', Victoria & Albert Museum, London, 13 September 2000.

194. A.F.Vandevorst，1998/1999 秋冬系列，摄影：矢野长男（Nabuo Yano），图片提供：A.F.Vandevorst

195. 对页_ 米格尔·阿德罗韦尔，2001/2002 秋冬系列，摄影：罗伯托·特基奥，图片提供：朱迪斯·克拉克时尚策展空间

我的和服裙破旧不堪，所以无论在哪里，它都会掉落一些碎片，直到只剩下顶部一点，然后它就有了生命……一些碎片会掉落在聚会上，另一些碎片会遗留在某人的家里，感觉就像这件衣服的灵魂漂泊四方、无处不在。[13]

这些设计让人回想起 19 世纪服装制作者和修补者对夹克或袖子肘部褶皱的称呼："记忆"[14]。正如彼得·斯塔利布拉斯（Peter Stallybrass）观察到的，褶皱记录了服装包裹下的身体。但对典当行来说，每一个褶皱或"记忆"都会使商品贬值，而且，19 世纪中叶典当的物品中 75% 都是衣物，"因此，对于穷人来说，记忆被铭刻在充斥着失去感的事物当中，因为它们一直处于即将消失的状态。"[15]

所有这些设计中的忧郁感都让人回想起浪漫主义的废墟崇拜，例如皮拉内西（Piranesi）的监狱蚀刻版画，或 18 世纪英国人在乡间房屋旁建造人为废墟的时尚。在 1998/1999 伦敦当代艺术学院举办的"盗窃美丽"（Stealing Beauty）展览中，这种情感在展品中渗透出来。年轻设计师们利用城市破败的工业区，创造城市生活的偶然性，比如工业设计师托德·布歇尔（Torde Boontje）或时装设计师安·索菲·拜克（Ann Sophie Back）的作品。在崇拜过去的精神中，事物充满了脆弱的失落感，这种崇拜也许可以理解为手工精制的时尚残次品对技术革新带来的迅猛变化的回应。因此，这种失落的复现源于当下固定性和稳定性的丧失，这些特质是时尚的敌人，因为时尚注重不断更新迭代。这也将这类时装设计置于主流设计之外。A. F. V.（A. F. Vandevorst）第一次在巴黎展出的 1998 年秋冬系列里充满了第二次世界大战的忧郁感，作品中的叙事可以追溯到约瑟夫·博伊斯的描述（在他死后这段经历被艺术家创作为小说），当时他的飞机在苏联上空被击落，鞑靼人救了他，并用毛毯和动物油脂帮他康复。（图 194）

这些设计师以不同的方式为布料书写故事和记忆。他们在衣服上刻划了过去的印记，赋予衣服新的甚至是更好的生命历程。当然，浸透在布料上的故事和记忆是虚构的而非真实的。这些衣服里没有真正的历史，它们只能模仿过去的痕迹或标志。在这些设计师的作品中，时装变成了可以创造新故事并在旧故事上精心剪裁的虚构空间。桑塔格在 20 世纪 70 年代描述了 20 世纪艺术家的拼贴美学如何通过回收垃圾来创造新的意义："正如库尔特·施维特斯（Kurt Schwitters）和最近的布鲁斯·康纳（Bruce Connor）、埃德·基恩霍尔兹（Ed Keinholz），他们用垃圾创造了杰出的物体、画面和环境，我们现在用碎片创造了历史。"她认为，美国意识是"由碎片和垃圾构建的特定产物。美国，这个超现实国家，充满了唾手可得的对象。我们的垃圾已变成艺术，我们的垃圾已成为历史。"[16] 这是否是美国 20 世纪文化的特色值得商榷，但也许垃圾和美国意识一样，也是桑塔格所说的"欧

13 . Robert Cary-Williams interviewed by Lou Winwood, *Sleazenation*, vol. 2, issue II, December 1998: 22.
14 . Peter Stallybrass, 'Marx's Coat', in Patricia Spyer (ed.) *Border Fetishisms: Material Objects in Unstable Spaces*, Routledge, New York, 1998: 196.
15 . 同上。
16 . Susan Sontag, *On Photography*, Penguin Harmondsworth, 1979: 68-69.

洲城市的美丽和悲惨"的一部分。[17] 米格尔·阿德罗韦尔的首个系列演示了如何将垃圾回收利用从而获利，他在纽约展出的第二个系列（2001年春夏系列）对美国近代历史进行了全面研究，更明确地借鉴了美国意象，他的设计思路"虎跃"到越南战争和嘻哈说唱文化，复现了美国混乱纷繁的意象，包括美洲原住民和草原风格，城市街头文化和棒球文化。军装主题设计在9·11事件之前一直很有影响力，9·11事件的一年前，阿德罗韦尔和著名的马克·雅可布（Marc Jacobs）都在T台上展示过类似的作品。本雅明认为，不可预见的"未来的显影剂"（developer of the future）可以在未来改变意象的意义。9·11之前，阿德罗韦尔的两个系列都以传统的中东服饰为主题。在图195中我们可以看到三个意象：破旧的衣服、美国可口可乐商标和中东服饰。由于赞助商雷伯集团（Leiber）（前身为飞马）希望转售公司，2001年9月9日在2002年春夏系列纽约时装秀之后，阿德罗韦尔几乎失去了所有生意。对一个在短短两年内白手起家，一夜成名的设计师来说，重新回到一无所有或许很合适，阿德罗韦尔声称"美国生活方式"是他2001年春夏系列的灵感来源，第五大道上的萨克斯（Saks）声称，这一系列标志着美国街头时装的一个转折点。[18] 而这些"美国风格"的表达与一年后9·11事件影响下纽约时尚界的爱国主义十分契合。

投机 SPECULATION

在许多人看来，这个世界的环境腐朽堕落又充斥着浪费，于是，一些设计师制作了同样腐朽又浪费的衣服，他们回收旧衣、破坏新衣，让这些新衣变得破旧、无用，再将垃圾转化成高级时装。

　　一部分小众市场设计师的实验性设计表达了人们的焦虑，这些焦虑主要关于饱受批评的美国政府拒绝批准减轻碳排放的《京都议定书》事件和西雅图（1999年）、华盛顿、魁北克和布拉格（2000年）、伦敦（2001年和2002年）、哥德堡和热那亚（2001年）等地的反全球化抗议。例如，杰西卡·奥格登（Jessica Ogden）接受了艺术培训，但她只有通过参与牛津饥荒救济委员会的回收计划，才能进入时装设计领域。她是伦敦的几位小众城市设计师之一，他们的作品（如果存在的话）规模很小；可能一个系列只有7件作品，他们会接受私人委托，通过工作室出售样品，或者在先锋空间中展出设计。

　　正如反全球化运动与反资本主义紧密相连一样，这类设计师也拒绝大型企业集团的商业运营方式，而倾向于采用手工制作。设计师们数量极小的生产经营是

17 ． 同注释 16: 69. Among many post-war European artists who have used detritus in their work are Jean Tinguely, Daniel Spoerri and Arman. In 1960 Arman filled the Galerrie Iris Clert in Paris with rubbish for his installation 'Le Plein'. Among Arman's many sculptures of consumer goods and domestic rubbish embedded in acrylic, the 'Poubelles' and 'Accumulations', is a plexiglass dummy embedded with dressmakers' objects like buttons, now in the collection of Tate Modern, London. 战后许多欧洲艺术家使用了碎屑进行创作，包括尚·丁格利（Jean Tinguely）、丹尼尔·斯波里（Daniel Spoerri）和阿曼（Arman）。1960年，阿曼用他的装置作品"集合物（Le Plein）"填满了巴黎克莱尔画廊。在阿曼在雕塑中嵌入许多亚克力的消费品和生活垃圾，"垃圾"和"堆积物"，是一个树脂玻璃模型，镶嵌着纽扣等裁缝的物件，作品现在收藏于伦敦泰特现代美术馆。
18 ． Cited in Hilary Alexander, *Daily Telegraph*, 19 September 2000.

建立在大规模生产的基础上的。就正统的时装生产而言，他们的手工制作方式并不合时宜；但它可以用以理解大规模生产时代工艺技术的重要性。这些服装以当代的眼光回顾过去，蕴含着城市哥特式风格和贫苦美学。在这个大规模生产和全球分销的时代，为什么著名的年轻时装设计师会如此辛苦地复兴手工艺方法呢？他们对手工艺的艺术处理方式标志着一种复杂的消费者诉求，这是传统的时尚生产无法做到的。与街头时尚形成鲜明对比的是，这些设计师的前卫时尚设计回收了旧服装，将过去的痕迹注入其中，同时这些作品都经过精心制作，烙印着制造者的印记，这个过程就像溯源或招魂。

这种毁灭的美学对眼光敏锐的顾客极具吸引力，他们的文化资本使他们能够感知这些服装的附加价值，这些服装内在的先锋美学与耀眼、新潮、奢华的主流时尚截然不同。因此，这构成了一个独特的（即使是少数派）国际时尚传统。从80年代川久保玲最早为 Comme des Garçons 创作的设计到90年代马吉拉的作品。这样的设计询唤了一种波希米亚式的贫穷观念，认为贫穷本质上是一种美学，是炫耀财富永远无法与之媲美的。事实上，安德鲁·罗斯（Andrew Ross）正是因为这一点而批评马吉拉，他认为马吉拉的贫苦美学仅限于美学和消费领域，而从未解决过他作品所关涉的时装生产中剥削和过劳等现实问题。[19]

如果说在日本传统美学中，侘寂是在开明的认知基础上，赋予残次手工品和低劣材料无与伦比的价值。那么在现代消费经济中，侘寂的风格只有在代表前卫的消费话语时才有价值。虽然这些服装很少使用奢华的面料，但它们的剪裁往往别具创意，而且它们的生产需要大量的手工劳动。一件衣服可能像艺术家的画布一样经过了设计师的精心制作，在机械复制的时代，这样的服装具有独特的价值。通过强调手工制作的方法（这些方法现在可以用机器实现），这些设计师默默呈现了一种贫苦美学，他们通过手工艺进行的象征性交流，造就了一种时尚和富有人士才能识别的独特风格。

当设计师们迷恋工艺技巧，强调残缺之美和手工的价值的时候，他们其实为我们上演了一场炼金术，类似于马克思在19世纪讨论商品拜物教时得出的"一件上衣＝十码麻布"的神奇方程式。[20] 马克思认为"商品的价值仅仅代表商品包含的劳动量。"[21] 而"价值，就是凝结在商品中大量的人类劳动。"[22] 人类的劳动"积累在上衣中"：上衣"被视为价值的体现，被视为价值的主体"。[23] 在这些设计师的作品中，衣服的手工性质赋予了它们人类的痕迹。福克斯的燃烧和伤痕图案或卡里·威廉姆斯的碎裂风格，将荒废与奢华联系在一起。这些切碎的、烤制的、烧焦的、毡制的和伤痕累累的材料带有手工的痕迹，在专卖店里作为奢侈品出售，这是为满足伦敦西区奢华人士消费的伦敦东区艰苦劳动产生的一种贫苦美学。

19 . Andrew Ross (ed.), *No Sweat: Fashion, Free Trade and the Rights of Garment Workers*, Verso, New York and London, 1997.
20 . Karl Marx, *Capital*, vol. x, trans. Ben Fowkes Penguin, Harmondsworth, 1976: 131-163.
21 . 同上：136。
22 . 同上：141。
23 . 同上：143。

这种时尚特性有许多典型例子，比如卡里·威廉姆斯在霍克斯顿精品店（Hoxton Boutique）出售的一件 T 恤，它的塑料包装上布满了铅弹打穿的痕迹。[24]

时尚设计师们将批量生产的布料转变为手工定制时装的炼金术，呼应了马克思的观念，"十码麻布"先转变为一件上衣，再成为一种劳动形式，然后应接不暇地，与茶、咖啡、玉米和黄金交换。[25] 卡里·威廉姆斯和福克斯的作品中混乱的经济环境是马克思将劳动与物质创造性融合的物质现实。然而，就其所有的前现代生产实践而言，我们可以这样理解这些设计师，他们在美学上将自己带离历史进入过去的前工业时代，又在商业上与后工业时代的现在联系起来。自 19 世纪以来，高级时装一直试图通过使用昂贵的手工艺技术将自己与大规模生产和消费区分开来。这赋予了它独特的文化资本，从而使被崇拜的生产通过艺术的消费话语获得了象征性的价值。因此，用马克思的话来说，上衣就成了"价值主体"。[26] 这些设计师依靠的手工制作设计和销售策略，在商品历史的背景下有着特殊的意义，并与手工业和大规模生产的历史息息相关。贫穷和富裕在拜物教产品的"贫苦"美学中被拉近，在手工时装中"人类的劳动……在凝结状态中产生了价值"。[27]

这种设计有一个内在的悖论：无论它是反抗的还是先锋的，它都像 19 世纪的拾荒者一样，被封闭在资本主义制度中，而资本主义制度的生产和消费周期可能会被视为是有待批判的。[28] 如果说腐败的意象掩盖了环境政治和抗议全球化的失败，那么对这种意象的一种解释是，生产具有象征意义的被破坏的衣服，是对被破坏的全球资源的绝望再现。正如我们担心世界的腐败和浪费一样，最前卫的设计师和摄影师也将这一意象运用在先锋时尚设计和影像之中。这种类型的时装设计使剧场脱离了我们的讨论范围，成为大多数人所无法论及的部分，但只是在象征性领域。

然而，正如马克思所言，"在历史上，如同在自然界中一样，腐败坏死是生命的实验室。"[29] 这些设计师的作品不只是简单的破旧和贫穷，它们充满了创造力。日常生活的偶然性既体现在美学上，也体现在设计师的工作方法上。设计师在时装业的裂缝和空隙中几乎毫无存在感地工作着，他们设法处理这个残缺而破碎的世界的一切，将错误和失败转变成优势。福克斯伤痕累累的褶皱羊毛起源于工作室的意外，她离开熨斗太久导致熨斗不小心将织物烧焦了。这些褶皱和疤痕有着历史性内涵，比如维多利亚时期的包扎技术，就像她在伦敦威康医学博物馆（Wellcome Museum of Medicine）研究的医学课题时联想到的结疤身体，但在她使用薄纱和棉絮时也赋予了服装愈合的隐喻，她标志性的毡毛让人想起了博伊斯使

24 ．感谢阿利斯泰尔·奥尼尔（Alistair O'Neill）的这一发现。
25 ．Marx, *Capital*: 157.
26 ．同上：142.
27 ．同上。
28 ．For an analysis of the relation between environmental politics and fashion in the 1990s and a discussion of its ethics see 'Eco' in Rebecca Arnold, *Fashion, Desire and Anxiety: Image and Morality in the Twentieth Century*, I. B. Tauris, London and New York, 2001: 26-31.
29 ．Karl Marx Cited in Georges Bataille, *Visions of Excess: Selected Writings, 1927-1939*, ed. and trans, Allan Stoeld, University of Minnesota Press, Minneapolis, 1985: 32.

用的毛毡和油脂。尽管她用喷灯将白色、有弹力的织物烧毁，但她仍然将其制成了精致而飘逸的时装。福克斯也使用绷带，但不是把身体包裹起来，而是将它们织成 1 米宽的带子，然后再剪成十厘米宽的绷带。同样，当 T 台上年轻漂亮女模特的衣服被撕破、割伤、裁剪的时候，卡里·威廉姆斯的破旧面料看上去像在隐喻暴力，但这种暴力并不是天生的纯粹暴力，而是充满了诗意和陌生感。即使在象征着伤疤的皮革破裂之处，卡里·威廉姆斯也能让它看起来精致美丽。和福克斯一样，卡里·威廉姆斯的作品与其说是解构，不如说是变形。表面上的解构是一种新的探究形式。对弗洛伊德来说，成人的创造力是儿童游戏的延续。即便具有破坏性，儿童游戏也总是充满了创造力，因为它试图诠释和理解世界，甚至希望通过"描述"（describing）来获得某种程度的控制。[30] 福克斯探索材料的极限、卡里·威廉姆斯暴力地拆开衣物，都具有孩子般强烈的好奇心，一种畸变的缺陷美由此应运而生。

30 . Sigmund Freud, 'Creative Writers and Day- dreaming' [1908] in *Works: The Standard Edition of the Complete Psychological Works of Sigmund Freud*, under the general editorship of James Strachey, vol. IX, Hogarth Press, London, 1959: 141-153. See too 'Beyond the Pleasure Principle' [1920], vol. XVIII 1955: 7-64.

11. Exploration 探索

196. 对页 _ 西恩·埃利斯，组织：疤痕的组合，*The Face*，1997 年，造型：马克·安东尼（Mark Anthony），托米戴着密探（Agent Provocateur）的铁丝项链，图片提供：西恩·埃利斯

如果说碎布和骨头的意象是阴郁的代表，那么它其实还反映了在不确定的黑暗世界中，使用这种视觉语言的设计师们没有方向地描绘未来的探索。时装设计师罗兰·穆雷（Roland Mouret）曾说："在七八十年代，我们都知道眼下面临的敌人是企业，但是现在敌人却不那么明确了。究竟是技术、动乱、基因工程还是巴拉德、班克斯（Banks）、冯内古特（Vonnegut）和布兰齐（Branzi）笔下的反乌托邦世界？是的，所有这些都是我们的敌人，还有人体自身携带的——艾滋病、疯牛病、隐性癌症、雌雄同体、性观念转变。"他还批判商业时尚患有所谓的"浮士德综合征"（the Faust Syndrome），在这种症状下，时尚出卖了自身的完整性："如果时尚是反映当今社会正在发生事情的一面镜子，那么它告诉我们，我们如此冷漠，只关注事物的表面，不在乎深层的内涵。我认为这些设计师——包括我自己——正试图打破这种状况。坦诚地说，是的，时尚确实是一面镜子，但这是真正发生的客观事实，这才是你们真正应该看到的，也许这会让我们看起来丑陋、不安，危险重重——但如果真是这样，那就更好了。假如浮士德能预见未来将发生什么，他还会和魔鬼立下契约吗？我想不会。"[01]

　　20 世纪 90 年代末，几位伦敦的小众设计师似乎能够表达出眼前的担忧，他们不仅成为景观艺术家，而且通过设计时装进行社会评论。例如，布迪卡（Boudicca）的灵感来自于不确定的来源，比如新闻、死亡、技术、动乱、基因工程、疾病和性行为。她早期的设计灵感来自于基因突变的服装形态，在畸形中创造美感。然而，布迪卡并不代表丑陋的美学，而是打破传统的美学观念，将夹克部分拼接到外套和连衣裙上，重新定义了"正常"的范畴。从布迪卡设计的不完美时尚形象就能发现，现代社会的生活并不完美。这一观点也出现在 1998 年出版的英国杂志 *Dazed & Confused* 上，亚历山大·麦昆担任客座编辑发表了一篇题为《时尚能力？》（*Fashion Able?*）的文章：创新的设计师配合残疾的模特制作时装，这些时装有一些是专门为残疾模特个人定制的（图 138）。尼克·奈特拍摄的这则名为"使用—可"（ACCESS-ABLE）的短片，与其说是为了引起争议，不如说是为了"一场欢乐的差异庆典"。影片开头声明："在这个世界上，美和不美的主流观念变得越来越狭隘——你必须年轻，必须苗条，当然，最好是金发碧眼，肤白貌美。"他记录并拍摄的故事对这些先入为主的观念提出了挑战。[02]1997 年，肖恩·埃利斯（Sean Ellis）在 *The Face* 杂志上发表了一组题为《组织：疤痕的组合》（*Tissue: A Portfolio of Scars*）的时尚作品，展示了 6 位个性十足的年轻人，他们都不是职业模特，每个人身上都有疤痕（图 196）。这是一个迷人又乐观的比喻，它没有利用颓废的病态美，也没有与当代流行的身体穿孔和刺青联系在一起。伤疤是个人身体的一部分，也是生命的痕迹，它并不是一种丑陋缺陷。这一比喻反衬出时装行业对美

01 　. Roland Mouret quoted in Martin Raymond, 'Clothes with Meaning', *Blueprint*, no. 154, October 1998:31.

02 　. *Dazed & Confused*, Alexander McQueen guest editor issue, 'Fashion Able?', no. 46, September 1998 'ACCESS-ABLE', 68.

197. Comme des Garçons，"服饰邂逅身体，身体邂逅服饰"（Dress Meet Body, Body Meet Dress），1997 春夏系列，图片提供：Comme des Garçons

的定义是多么狭隘，人们经常运用数字技术精微地调整模特的身体影像。对于一个有疤痕的人来说，无论他们多么美丽，都不能轻易地从事时尚工作。[03]

Comme des Garçons 的 1997 春夏系列名为"服饰邂逅身体，身体邂逅服饰"，这一系列由弹性面料的修身长裙组成，色调包含红色、白色或黑色，还有一系列色块的拼接：黑色、淡蓝色、粉色或红色和白色。这些服装上有一些填充物：鹅绒垫不对称地塞在肩膀的位置上，斜穿过臀部，从背部向下延伸；或者绕着身体形成一半鼓起的脖子或突出的背部（图 197）。策展人理查德·马丁（Richard Martin）将川久保玲 1997 年的设计系列描述为"令人不安的美丽"。据说，纽约 Comme des Garçons 零售店的店员将这些时装称为"肿瘤碎片"。而时尚记者则在文章《喜欢还是讨厌》（Like It Or Lump It）和《填充的卖品》（Padded Sell）将其描述为卡西莫多（Quasimodo）。[04] 在这个系列中，川久保玲似乎能够重新思考身体。如果工业化不可避免地产生了受创的身体，川久保玲则勇敢地试图从另一个角度重新审视这种身体，从零开始创造它，并设想这样一种身体的多种可能性。川久保玲在 T 台上塑造了神话般的生命，令时尚自身成为"迷人景观"的标志。[05]"生物"和"创造力"有着相同的词源：拉丁语 creatura，一种生物，即"被创造的事物"。[06] 这一系列中的所有填充设计，每一件都是主题的变体，可以被看作是探索的原型，或者是重新思考人类生物性的实验。川久保玲在她的"思想实验室"里，通过重构主客体关系、身体与衣着关系、人肉与柔软鹅绒垫之间的关系，设计了这个实验。在这些神奇的造物计划中，身体和服装之间的界限变得模糊，主体和客体，自我和他人，不再是相互排斥的术语。

该系列的品牌通稿写道："主题……是身体与服装相遇，身体变成服装，服装又化为身体。"在 19 世纪，身体通过紧身胸衣变成了服装；在 20 世纪，化妆技术通过抽脂和整容手术的形式"变成了身体"。20 世纪 80 年代，个人电脑、索尼随身听、便携式电话、软性隐形眼镜等技术进一步改造了"后工业时代"的身体。这些"无害设备"造就了一个新的身体，"一个被无形技术彻底入侵和殖民的身体"。[07] 因此，问题不在于穿戴者是川久保玲填充系列中的主体还是客体，而是她可能是一个什么样的新主体，或者未来的主体。与其说新技术迫使人们重新思考身体和身份之间的关系，倒不如说，它们已经无形地扩展了身体的内涵和意识的维度。人们可以推测，川久保玲的"填充扩展"将身体"变形"成新的形式，只是对现代的化身主题的一系列诗意探索。它们开始勾勒出主体性新的可能性：这种主体性与容纳身体无关，而是通过新的网络和通讯技术来扩展身体。也许最好

03 ．琳达·伊万格丽斯塔身体左侧有一道长疤痕，这是 20 世纪 90 年代初肺部萎缩导致的。Ruth Picardie, 'Clothes by Design, Scars by Accident', *The Independent*, Tabloid, 2 May 1997: 8-9.

04 ．See Caroline Evans, 'Dress Becomes Body Becomes Dress': Are you an object or a subject? Comme des Garcons and self-fashioning', *032c*, 4th issue, 'Instability', Berlin, October 2002: 82-87.

05 ．'Fashion, or the Enchanting Spectacle of the Code' in Jean Baudrillard, *Symbolic Exchange and Death*, trans. Iain Hamilton Grant, Sage, London, Thousand Oaks and New Delhi, 1993 [1976]: 87-100.

06 ．Oxford English Dictionary.

07 ．Tiziana Terranova, 'Posthuman Unbounded: Artificial Evolution and High-tech Subcultures', in George Robertson et al (eds), *FutureNatural: Nature, Science, Culture*, Routledge, London and New York, 1996: 166.

的方式是将川久保玲的设计看作是一次探索，一次早期的太空探索或调研。

无论作为设计师，还是作为商人、女性，时尚设计师们总是回应着当下的关切点，同时又对未来加以展望和探索。他们被训练着学会超前思考，而公司的生产计划也需要他们这样做。瓦尔特·本雅明提出了一个新奇的论点，时尚可以预测未来，以此来描述其永远变化和更新的驱动力。[08] 这也印证了设计师们是如何及时地将自己投射到未来的。1998 年，记者马丁·雷蒙德（Martin Raymond）撰写有关伦敦新设计师、摄影师、造型师和零售店的文章时，引用了戴德瑞·克劳利（Deidre Crowley）的话：设计师们在作品中创造了一种科幻小说，"叙述的不是现在而是未来"。克劳利认为"人们应该将他们的时尚作品看作是连贯概念，将设计系列看作来自未来的信息，那些涉及时尚和潮流以外事物的信息。"[09]

思想纪念碑 MONUMENTS TO IDEAS

侯赛因·卡拉扬思考了自然、文化和技术，经常在作品里引用流浪、驱逐、异化的概念。在 1999 年至 2000 年的三个连续系列设计中，卡拉扬参考了工业设计师保罗·托彭（Paul Topen），利用飞机工业的技术，将玻璃纤维和树脂浇铸在特殊设计的模具中，再用这种复合材料制作了三件时装，发展出一个概念。[10] 卡拉扬将其描述为"纪念碑"（monuments），这并不是因为时装僵硬的形式，而是因

08 . walter Benjamin, *The Arcades Project*, trans. Howard Eiland and Kevin McLaughlin, Belknap Press of Harvard University Press, Cambridge, Mass., and London, 1999: 63-64.
09 . Raymond, 'Clothes with Meaning': 28.
10 ·卡拉扬创作了第四件树脂礼服，这不是这个特定系列的一部分，也不会穿在时装模特身上。相反，这是一件由策展人朱迪斯·克拉克为建筑师扎哈·哈迪德（Zaha Hadid）设计的伦敦千年穹顶"精神"部分委托制作的遥控礼服，这件礼服从未进入穹顶，但在朱迪斯·克拉克时装展览中展出。它由浅绿色树脂制成，并带有支架，人们可以在地面上控制礼服，让其在房间内移动。

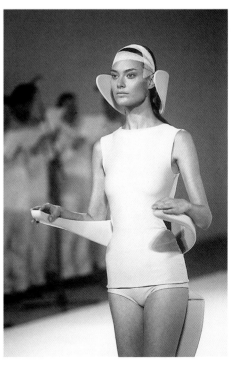

为它们是"思想的纪念碑"，与其他系列中用更为轻薄、便于穿戴的形式表达相同思想的作品相反，[11] 这些纪念碑式的服装是镜像的，或是可重复的，一系列相似的布料之间有细微的差别，然后他们像回声一样走上 T 台。硬树脂服装是一系列实验和布艺设计的蓝图，在某些情况下也是卡拉扬在影像和计算机动画中进行的实验。

在 1999 年春夏设计系列"向地性"中，卡拉扬首先思考了国家的意义，他将自然、文化、民族主义、扩张和边界争端等概念联系起来。而后探索了流动的存在，即随身携带一把椅子，你可以坐在任何地方（图 198 和图 199）。这一系列的亮点是第一件树脂连衣裙，它与椅子裙同样是灰绿色，并用汽车工业用的铬扣固定。它比模特还大，当模特开始走秀，偏离中心的裂缝和微妙不对称的外壳在她身体周围形成了一个空腔，就像一个保护性的茧。[12] 之后登上 T 台的一件白色和一件黑色的裙子也是类似的设计。

1999/2000 秋冬设计系列"回声"（Echoform）是卡拉扬的设计理念基础，即我们所做的一切都是身体的表象。卡拉扬着眼于人体的自然能力——速度，以及如何通过技术提高速度，强调了人体工程学和汽车内部设计（图 200）。时装秀继续，他的第二件树脂服装是白色的飞机裙，裙子内部带有隐藏的电池和齿轮。模特在 T 台上操作开关启动装置，裙子就像飞机技术中的移动襟翼一样，当下颌下面的衣襟水平移动时，腰部的衣服向下滑动，另一个侧襟上升。就像最初的那件作品一样，这件时装在秀台上被其他模特用柔软的橄榄布遮盖起来，与它的飞机形状相呼应。

马库斯·汤姆林森（Marcus Tomlinson）与卡拉扬合作拍摄了以这件时装为主角的影片（图 201），1999 年 5 月在法国的耶尔服装及摄影节（Hyeres festival）上首次放映。[13] 在这部影片中，模特像机械陀螺一样旋转，衣服的面板滑动开合，起初是缓慢的，然后逐渐加快速度，之后减速，最后停止。它加速和减速的速度模仿了飞机起飞和降落的状态。这部影片还配上了一段大气的穆安津祈祷曲，配合着螺旋桨加速的声音，这段配乐将机场和飞机旅行的"无处"（no place）与古老文化形式的特性结合在一起。卡拉扬在北塞浦路斯长大，那里一直有演奏穆安津祈祷曲的传统。他发现祈祷的声音既优美又"有点吓人"，[14] 威胁性的画面和背景中美丽事物的组合令卡拉扬震惊。正如设计师所了解的，当时伊拉克的部分地区正遭受西方战机的轰炸，伊拉克北部和南部设立了禁飞区。卡拉扬的配乐超越了时尚，直面通常被回避的战争主题。

第三件"纪念碑"作品的设计中也有活动部件，但它不依靠衣服内部的电池

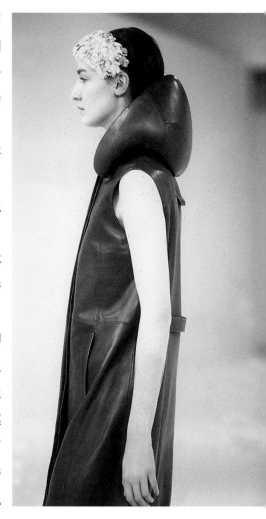

200. 侯赛因·卡拉扬，"回声"，1999/2000 秋冬系列，摄影：克里斯·摩尔，图片提供：侯赛因·卡拉扬

11 . Melissa Starker, 'Chalayan UNDRESSED', Columbus Alive, 25 April 2002.
12 . Bradley Quinn suggests Chalayan's hard resin dresses evoke the protective shells of snails and crustaceans, and cites Gaston Bachelard's 'inhabited shells... that invite daydreams of refuge' in Bradley Quinn, *Techno Fashion*, Berg, Oxford and New York, 2002: 30.
13 . 伦敦亚特兰画廊和纽约布鲁克林大桥下的安克雷奇也放映了这部电影。
14 . Hussein Chalayan, lecture at the Wexner Centre, Ohio, 25 April 2002.

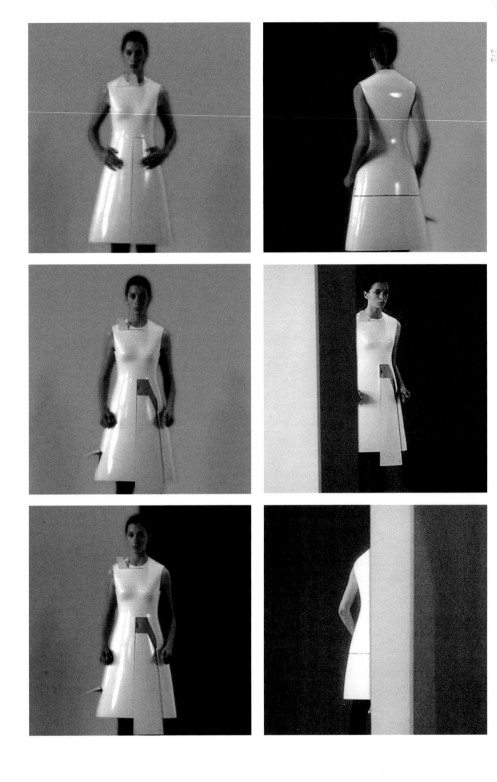

201. 马库斯·汤姆林森，侯赛因·卡拉扬飞机裙影像，
1999 年，影片来源：马库斯·汤姆林森

202. 最左 _ 侯赛因·卡拉扬，"过去减去现在"的邀请函，2000 春夏系列，摄影：马库斯·汤姆林森，图片提供：侯赛因·卡拉扬

203. 侯赛因·卡拉扬，"过去减去现在"时装秀，2000 春夏系列，摄影：马库斯·汤姆林森，图片提供：侯赛因·卡拉扬

和开关控制，而是需要遥控器远程操作。衣服的背部和侧襟打开后露出底下的粉红色泡沫薄纱。这件作品曾在卡拉扬 2000 年春夏"过去减去现在"（Before Minus Now）系列中展出，这场时装秀在伦敦萨德勒威尔斯剧院（Sadler's Wells Theatre）的建构主义纯白布景上举行。该系列的设计理念是将"无形物作为创造形式的手段"。[15] 无形物包括重力、膨胀力、天气、技术以及海浪和风力等勘测对象。一条鲜红的裙子带着"记忆"的电线下摆，这样，一旦电流通过裙子，裙边就会展开并抬起，似乎在重力的作用下悬挂在空中。时装秀邀请函中有一张荒诞的照片：一个穿着黄色 T 恤的小男孩试图用遥控器控制一架飞过头顶的喷气式飞机（图 202）。时装秀包含了一张更荒诞的照片：同一个男孩站在长满芦苇的湖边，他试图用遥控器控制湖中的天鹅（图 203）。在演出过程中，那个穿着黄色 T 恤的男孩拿着遥控器走过舞台，他面前是站成一排的五位模特，她们穿着印有建筑线框图的白色衣服。这场景暗示着男孩可能相信他可以用遥控器来操控她们。当身穿粉红色树脂连衣裙的模特走上舞台时，男孩回来了，小提琴手配合着贯穿始终的钢琴独奏开始演奏，男孩再次操作遥控器，这一次，模特裙子的下摆平稳地升起（图 204），飞机和天鹅的形象同时出现在时装秀模特的裙子上：当裙子坚硬的襟翼下

15　. Hussein Chalayan, 'On Recent Works', lecture given at the Architectural Association, London, 27 November 2000.

204. 侯赛因·卡拉扬，遥控时装，2000 春夏系列，摄影：尼尔·麦肯纳利

沉时，它的侧襟和后襟张开，露出了下面的薄纱，裙子变成天鹅羽毛的形状，泡沫状的薄纱像天鹅飞翔的翅膀一样飞扬。

身穿黄色 T 恤、手拿遥控器男孩的照片表明，人类掌控自然或技术现代性是一种妄想。他想控制一架大型喷气式飞机、一只天鹅或一个活生生的女人十分荒谬，这种荒谬性暗示了这三者之间的某种等价性，引发了自然、技术和异化之间的不安关系。当襟翼在模特的泡沫薄纱和柔软的身体外闭合时，自然再次被包裹在机器中，裙子恢复到空气动力外观的状态，再次成为一种笛卡尔哲学意义上的机器，或者说是人的容器。椅子裙也体现了类似的两极分化（图 198 和图 199），一方面，肉色内衣和模特包扎的头部暗示着几乎全裸的状态和人类的脆弱性；另一方面，颈部和臂部的坚硬甲壳隐喻了棱角分明的现代主义精密工程。脆弱的人类和强硬的技术之间形成对比，强调了有机和无机的区别，令人回想起女性作为一种"机械 - 商品"玩偶或机器人的历史意象（如第 7 章所述）。[16] 三件空气动力学时装都蕴含在自然和有机世界的形象之中。这种柔软肉体与坚硬机械的融合再次唤起了商品拜物教的逆转，即"人与物的交易表象：社会关系呈现出物与物之间关系的奇妙形式……而商品则成为我们不可思议的替身，随着我们变得越来越懒惰，商品越来越重要。"[17]

布拉德利·奎恩（Bradley Quinn）曾撰文称，这件"飞机裙"的面板滑开，露出模特的肚脐，暗示着人体越来越具有科技意义上的性感。"飞机裙"可以展露也可以隐藏身体的性感地带，同时也能包裹和操纵身体，以符合性感的幻想。[18] 但坚硬的外壳下包裹着模特柔软的躯体，这也体现了消费者偏好的玩偶和假人物化的表象，其外观融合了性恋物癖和商品拜物教的特质。马库斯·汤姆林森的飞机裙影片暗示了一种坚硬的、技术化的服装，实现了一种奇妙的融合，一位女性变成了一架飞机，这是现代主义工程和技术进步的伟大象征。机械化人体的概念喻意着现代工业生产中人与机器之间不可思议的转换。贺尔·福斯特认为，虽然最早的机器被当作服务人类的工具，但随着工业生产的迅速发展，人们终会成为机器的奴隶而不是主人：

> 当工人沦为机器，机器开始支配工人，工人成为了机器的工具、机器的肢体。因此，现代机器不仅以不可思议的双重身份出现，而且成为了恶魔的主人。就像商品一样，它如此神奇，既具有我们人类的生命力，也为我们承担了致命的事实性。因此，机器和商品都吸取了人类的劳动和意志、活力和自主权，并以不同的形式将它们定义为独立的存在物；两者是不同的，但陌生又熟悉的——"无生命的劳动"反过来支配了有生命的人。[19]

16 . On the 'mechanical-commodified', the mannequin and the automaton see Hal Foster, *Carnpulsive Beauty*, MIT Press, Cambridge, Mass and London, 1993:126 ff.
17 . 同上：129。
18 . Quinn, *Techno Fashion*: 51.
19 . Foster, *Compulsive Beauty*: 129.

20 世纪早期的现代主义在追求新的革命中忽略了历史的痕迹，但到了 20 世纪末，我们能够在卡拉扬富有思想性和诗意的现代主义作品中看到现代性的幽灵。如果我们用过去商品文化的阴影考察他的实验形态，我们就可以看到早期具体的、技术的和拜物教的痕迹。卡拉扬采用了现代主义技术进步（旅行、科技、空气动力学）的比喻，并用现代主义的创伤（异化、物化和神秘）来改变它们。穿着飞机裙的模特看起来既真实又机械。他充满内涵的技术现代性被商品拜物教和现代主义异化的幽灵笼罩。[20] 同时，卡拉扬通过模仿回声和耳语使现代主义的设计复杂化——用软裙模仿坚硬质地的服装，时间和空间发生变形，虚拟和真实环境之间相互对应。因此，虽然他的作品具有抽象和纯粹的形式，但其隐喻的内涵是复杂而微妙的，荫蔽于历史和时间的阴影。这也提出了一个问题，如果导致现代主义早期乐观主义和乌托邦主义的历史条件也早已消失，我们不能回到当时的玩世不恭和百无聊赖，也没有千年末日的幻象，那么，一位 20 世纪末的设计师如何借鉴 20 世纪早期现代主义的美学和语言？

新科技 NEW TECHNOLOGY

设计师们探索了新纺织技术的可能性。雪莱·福克斯在毡制处理中使用了劳动密集型和前工业化的手工艺技术。而三宅一生等设计师，则逆转了这一过程，他们使用先进的纺织技术，创造出既包含密集劳动又具有创新性的织物作品，比如全息布料（褶皱布料）。[20] 三宅一生与面料工程师藤原大（Dai Fujiwara）合作开发了 A-poc 概念，该概念于 1999 年首次提出。[21]A-poc 是 a piece of cloth 的缩写，意为"一块布"。A-poc 是鲜绿色、猩红色、纯白色或海军蓝色的布料，购买者可以从中创作自己的服装。这种服装由计算机编程的工业针织机生产的拉舍尔编织管（raschel-knit tubes）制成，织物在切割时不需要缝合。A-poc 带有一系列锯齿状的图案，与传统纸样上的线条颇为相似。顾客从各种可选布料服装中挑选自己喜欢的，裁剪并制作出属于自己的服装。可供选择的服装包括一件长裙或中长裙，可以是短袖也可以是中长袖，或者手套袖；一件衬衫和上衣、一顶风帽、一个拉绳包、一个钱包、内裤、袜子、一副胸罩和一个水瓶架。A-poc 的制作日期和使用说明都被织在布上，一把小剪刀指示从哪里剪裁，一旦剪断，隐藏的剪痕和带有簇状的边缘，都将成为装饰的图案。

新技术进步的可能性推动了时装和纺织品设计，让人想起 20 世纪初现代主义设计师们试验乌托邦思想的方式，他们通过想象中的技术乌托邦来推测未来，毅然地背弃了过去。然而，到了 20 世纪末，对于设计师来说，崇尚技术进步和创

20 . Amy de la Haye, 'A Dress is no longer a Little, Flat, Closed Thing: Issey Miyake, Rei Kawakubo, Yohji Yamamoto and Junya Watanabe', in Claire Wilcox (ed.), *Radical Fashion*, Victoria & cAlbert Publications, London, 2001: 32. See too Sarah E. Braddock and Marie O'Mahony, Techno Textiles: *Revolutionary Fabrics for Fashion and Design*, Thames & Hudson, London, 1998.
21 . De la Haye in Wilcox, Radical Fashion: 34. And see M. Kries and A yon Vegesack (eds), *A-POC making: Issey Miyake & Dai Fujiwara*, Vitra Design Museum, Weil am Rhein, 2001.

205. 山本耀司，"秘密之裙"，1999 春夏系列，摄影：尼尔·麦肯纳利

新性意味着一种双重幽灵；一种拒绝历史沉淀的英雄现代主义的回归，同时也寻求在现代性的当下抹去经久不息的过去。

这种背弃萦绕在一系列设计师的作品中，他们探索新技术或新型服装的可能性。然而，一些设计师却避开了这种严格的技术决定论美学，转而利用新旧设计风格之间的矛盾张力。山本耀司 1999 年春夏系列的灵感来源于裙衬（Crinoline），裙衬的口袋里有适合不同的场合的配饰（图 205）。尽管它们似乎唤起了现代性的幽灵，但山本并不是仅仅将裙衬作为表面装饰，而是创造性地使用了它的结构，想象出历史服装的新用途。渡边淳弥 2000 年春夏系列"功能性和实用性"（Function and Practicality）在现代主义的标题下上演了一出形式屈从于功能的讽刺剧，这场秀的重头戏是一件看起来不切实际的褶皱派对礼服，礼服由智能面料制成，与液体接触后可以防水。模特们走上 T 台的时候，人造的雨水洒落在模特身上（图 206）。尽管该系列采用了许多 i-wear（智能服装）设计师感兴趣的新型纺织技术，但其审美却与 i-wear 的连帽衫、防毒面具以及呼应城市街道柔和色彩的防御性城市迷彩大不相同。[22] 在现代主义审美观念中，服装设计往往具有目的性，但渡边的设计突破了这种审美观念。他诗意地将概念和功能相结合，在防水连衣裙上搭配装饰性的褶边，从容优雅又别具风格，更像奥黛丽·赫本似的城市行者——这也许预示着一种新的方式，通过这种方式我们能够打破迷恋新事物的现代主义设计美学的僵局。

渡边淳弥 2001 年春夏系列名为"照向未来的数字现代光芒"（Digital Modern Lighting for the Future）。模特们穿着渡边设计的纯白服装走上 T 台，随着灯光变

22 . Andrew Bolton, *The Supermodern Wardrobe*, Victori & Albert Museum, London, 2002, and Quinn, *Techno Fashion*. 两者都以不同的方式记录和评论了 20 世纪后期设计师对新技术的运用。i-wear 一词指内嵌信息技术的服装，例如 Levi 的 ICD+ 系列，沃尔特·德·布劳维尔（Walter de Brouwer）创造了这一技术，并运用它与比利时研究实验室 Starlab（1996 — 2001 年）的华特·范·贝伦东克合作设计了时装模型。See Quinn, *Techno Fashion* 100-106.

暗，衣服开始显出鲜艳的荧光色彩（图 207）。压制在织物表面的自然发光的矿物粉末带来了这种设计效果，极简的剪裁风格和明艳的色彩美学赋予了该系列科技感和现代感。设计的灵感源于数字机械的光芒。然而，这一系列的标题具有误导性，因为它的制作不依赖任何先进的工艺流程；与之前使用新技术使服装看起来具有装饰性的系列不同，这一系列看起来像是高科技的，但实际上却基于手工艺。渡边称之为"科技时装"（techno couture）[23]，但其实它们和传统的高级定制时装一样，都是由手工艺者精心制作的，手工制作令这些衣服价值不菲，而碾碎的矿物质则让人想起了历史上高级定制服装的装饰性首饰和珠宝。

23 . Junya Watanabe quoted in de la Haye in Wilcox, *Radical Fashion*: 37.

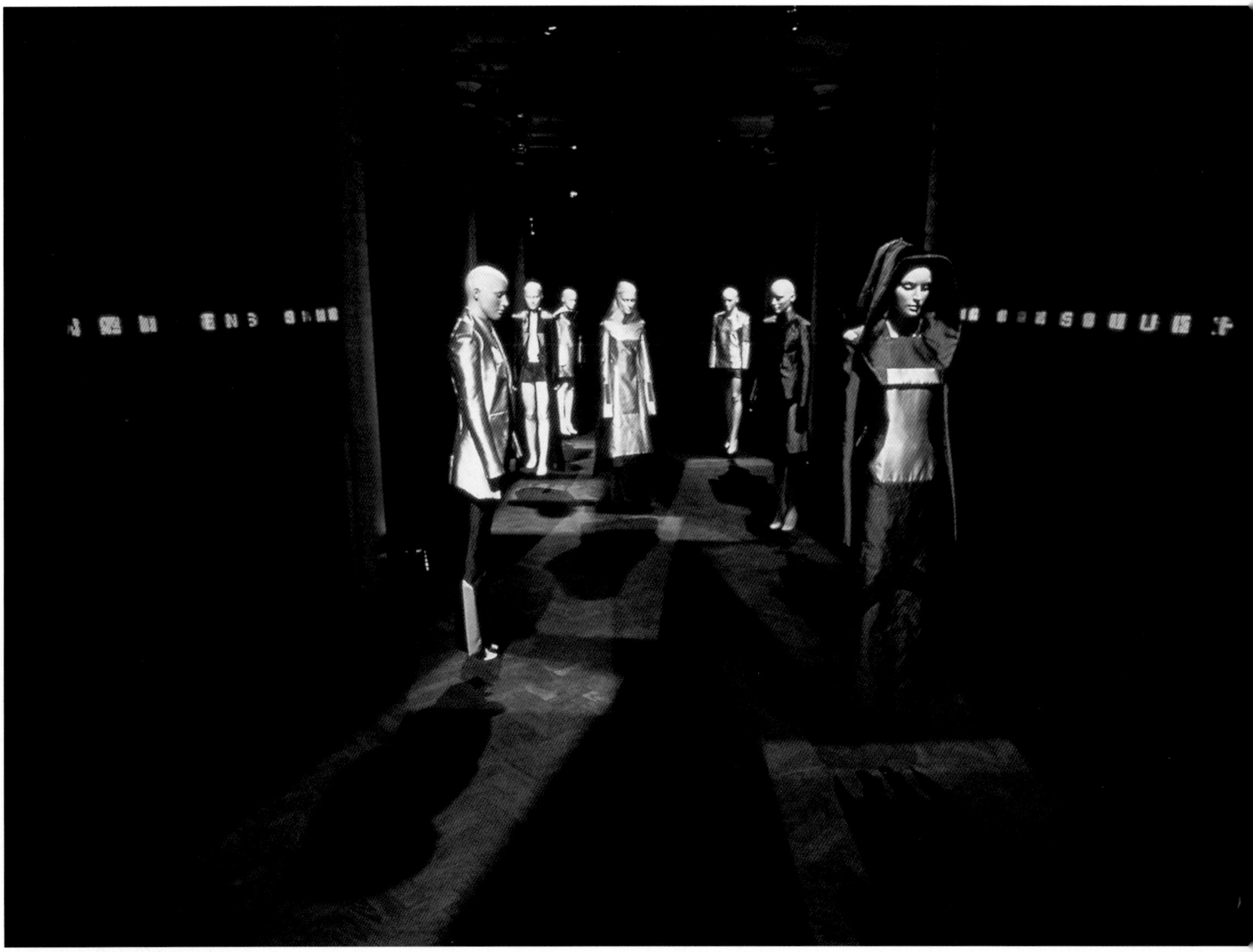

1998 年 2 月，西蒙·索罗古德（Simon Thorogood）在第一个"时装"系列"白噪音"（White Noise）中展示了他对冗余技术的诗意探索。（图 208）他与数字艺术团体 Spore 和电子音乐组合 Barbed 合作，尝试和相近的文化领域进行对话。在伦敦东区红砖巷幽深昏暗的维多利亚时代晚期音乐大厅里，索罗古德从天花板上用电线将商店里的人体模特悬挂在离地板一英尺高的地方，模特身上穿着公爵夫人的航空灰色丝绸服饰，镶嵌着色彩鲜艳的亮片。丝绸的僵硬质感让人联想到 17 世纪西班牙的宫廷服饰，但现代剪裁和服装中的彩色亮片又呼应着太空冒险系列影视剧的未来美学。人体模特凸显了这种印象，阿德尔·罗茨坦（Adel Rootstein）称索罗古德选择的这些模特为"女性"，因为她们像是一个普通的女人，没有在设计上强加给她们某一种风格或时期特点。没有假发，也没有妆容，毫无表情的纯白人像神情呆滞，看上去就像机器人。20 世纪 60 年代早期的计算机图形学和隐形航空技术的影响在周围的装置中得到了呼应，这是对现代文化老式外观的一种复现和忧郁的肯定。数字艺术团体 Spore 在房间周围布置了 40 台"老式"Mac苹果电脑（SE30s 和 Classicis，20 世纪 80 年代的机器，已经成为"技术垃圾"）。Spore 充分利用了它们的极小内存，按当代标准使用了缓慢的处理速度和极低的分辨率，并对它们进行编程，生成一系列随机图像，模仿了上世纪六七十年代约翰·凯奇（John Cage）和布莱恩·伊诺（Brian Eno）等实验音乐家在音乐创作中利用的偶然程序。

整个装置奏出了一首死亡技术的忧郁挽歌，闪烁的电脑屏幕和模糊的影像图案，没有定义，没有颜色，映照着悬挂的人体模型身上的灰色丝绸衣服，人体模型在电子声音采样的听觉景观中缓慢旋转。由此，时尚与科技之间的联系被诗意地表达出来，不是作为一种最新的艺术状态或是超现代的数字图像运用，而是承认景观中心的幽灵，以及历史在"当下"的核心作用。正如居伊·德波所言，"历史本身像幽灵一样困扰着现代社会"。[24] 对瓦尔特·本雅明来说，历史的天使也是向后看而不是向前看的，他注视着毁灭的废墟而非进步的方向。索罗古德和Spore 在他们的装置中使用了冗余技术，不再使用轻快乐观的时尚风格，而选择了一种忧郁而又深思熟虑的表现。他们对未来时尚的展望基于历史的回看，追溯了计算机史和纺织工业之间的联系。19 世纪早期提花织机的二进制穿孔卡片激发了巴贝奇（Babbage）的灵感，[25] 这些二进制线也被 Spore 纳入计算机程序，在那些轻柔缓慢的人体模特庄严地向下注视时，这些程序在异步循环的周期中编织起随机的文本。

207. 上页左图 _ 渡边淳弥，照向未来的数字现代光芒，2001 春夏系列，摄影：弗朗索瓦·何塞，图片提供：渡边淳弥

208. 上页右图 _ 西蒙·索罗古德，"白噪音"，装置艺术，亚特兰提斯画廊，伦敦，摄影：蒂莫西·约翰，图片提供：西蒙·索罗古德

24 . Guy Debord, *Society of the Spectacle*, trans. Donald Nicholson-Smith, Zone Books, London, 1994 [1967]: para. 200.
25 . Sadie Plant, *Zeros and Ones: Digital Women and the New Techno Culture*, Fourth Estate, London 1997.

现代主义的幽灵萦绕在装置之上，就像他们萦绕着卡拉扬的飞机裙和他的整个美学体系，但现代性的幽灵也给予了这些设计师一定的自由想象空间。我们被疏远被否定，但也因此有了重新塑造自己的自由：在这些设计中，疏离可以解释为"自我的放松"。[26] 当卡拉扬重复设计的主题时，他的设计作品就像一组音乐变奏曲，可以开展一系列建构自我的实验。飞机技术与工程学有关，这暗示着人们不仅可以修改衣服，也可以对自我进行工程设计、技术改写、微调和运用。苏珊·桑塔格在导读本雅明的《单行道》（One Way Street）时写道："自我是一个文本……自我还是一个计划，一个有待建构的存在。"[27] 套用桑塔格的话说，时尚设计师、摄影师和设计师将世界"空间化"，他们将思想和经验当作空间故事和废墟，而不是叙事。[28] 因此，尽管时尚景观掩盖了商业交易，但同时，它也可以成为设计自我的蓝图。时尚的"故事"只是众多故事中的一个，在这些故事中，我们将自己与他人的关系映射到一起，然后讲述属于自己的故事：正如马克·波斯特（Mark Poster）所说，"在日益高度审美化的日常生活中，我们正是通过各种各样的小说创作努力认识自己。"[29]

克里斯托弗·拉什（Christopher Lasch）认为，当今世界风险重重，我们再也无法想象人们可以抵抗或者减少这些风险。而且，由于无法控制全球环境，我们只能依托于治疗、饮食和其他形式的自我改善来抵御风险，退回到自我控制的状态中。[30] 如福柯所言，"人是最近历史的产物，也许就快终结了。"[31] 但是，如果我们即将走到尽头，就会有无限的能力在当下重塑主体，尤其是通过自我塑造。安东尼·吉登斯将这种"自反性"视为现代性的内在特征："变化了的自我不得不经历自我探寻和自反构建，从而作为联结自我变化和社会变化的一个自反过程。"[32] 他提及了自助手册和治疗指南的作用，认为它们将现代身份塑造得更具自我意识和批判性。[33] 着装和外表也是自反计划[34]的核心要素，虽然 90 年代的时尚萦绕着特定的历史想象，但它在当下也描绘着未来。设计师们并不是无休止地重温过去，而是经由怀旧或透过维多利亚时代黑暗而疏远的意象，为现代世界设计一种新的语言。维克托和罗尔夫的"反记忆"（anti-memory）概念援引了这种对怀旧和过去的主题的断然拒绝。1998 年，他们的第二个高级定制时装系列读起来像在模仿 1909 年马里内蒂（Marinetti）的第一份未来主义宣言，"这是反记忆的高级时装。

26 . Christine Buci-Glucksmann, Baroque Reason: *The Aesthetics of Modernity*, trans. Patrick Camiller, Sage, London, Thousand Oaks and New Delhi, 1994:1.
27 . Susan Sontag, intro. to Walter Benjamin, *One Way Street and Other Writings*, trans. Edmund Jephcott and Kingsley Shorter, Verso, London, 1985: 14.
28 . 同上：15。
29 . Mark Poster, 'Postmodern Virtualities', in Mike Featherstone and Roger Burrows (eds), *Cyberspace /Cyberbodies/Cyberpunk*, Sage, London, Thousand Oaks and New Delhi, 1995: 13.
30 . Christopher Lasch, Culture of Narcissism: *American Life in an Age of Diminishing Expectations*, Abacus, London, 1980.
31 . Michel Foucault cited in C. Springer, *Electronic Eros: Bodies and Desire in the Post Industrial Age*, Athlone Press, London, 1996: 79.
32 . Anthony Giddens, *Modernity and Self-Identity: Self and Society in the Late Modern Age*, Polity Press, Cambridge, 1991: 33.
33 . 同上：2。
34 . 同上：100。

没有任何形式限制的时装——所有的怀旧都被粉碎了……'风格'的酸雨摧毁了一切形式的怀旧，彻底结束了这个日渐式微的世纪。"[35]

"反记忆"一词无疑是物理世界中"反物质"概念的时间版本。如果说原子分裂有可能毁灭世界，米歇尔·维勒贝克（Michel Houellebecq）暗示我们已经生活在一个原子化的社会中，家庭和社区处于碎片状态。[36] 然而，随着旧的社区形式遭受威胁，新的社区形式正在逐渐形成。19 世纪 70 年代，丹尼尔·贝尔（Daniel Bell）认为，在后工业时代，我们必须重新思考现实。信息技术的发展以及工作和休闲方式的变化使这项任务更加紧迫。贝尔写道：

> 由于获得了丰富的工作经验，人生活得离自然越来越远，也越来越少与机器和物品打交道；人跟人生活在一起，只有人跟人见面……在日常工作中，人不再面对自然，不管它是异己的还是慈善的，也很少有人再去操用器械和物件……在后工业化社会里，人们只是互相认识，因此"必须相亲相爱，要不就得死去"。人伫立"在一个他从未创造的世界上，孤独而恐惧"，现实却不在"那里"。总之，如今现实本身就成了问题，一切有待重新塑造。[37]

贝尔区分了具体化、拜物化的工业生产世界和后工业时代：

> 在人类历史的大部分时间里，现实就是自然……在过去的 150 年里，现实就是技术、工具和人造的物品，然而在这具体化了的世界中，它们成为一种超越人类的独立的存在。眼下，社会存在变成了唯一的现实，它不包括自然和物品，主要通过人们的相互意识，而不依赖某种外界现实被人感知。[38]

在想象社会生活没有中介的情况下，贝尔没有考虑到计算机将轻易地成为未来的工具。如今人们使用短信和电子邮件技术，这些东西构成了我们的社会现实。似乎西方文化中存在着一些"东西"，是我们不愿意放弃的。然而，贝尔的说法也有合理的部分，这些新形式对社会世界和"相互意识"（reciprocal consciousness）产生了深远的影响。新技术重新定义了人类社会的本质，因此使用网络可能比立足于空间和时间更为重要。

游牧 NOMADISM

对于英国设计师朱利安·罗伯茨（Julian Roberts）来说，时装设计的过程本身就排斥了物质对象——在设计系列的意义上——而倾向于关注与时装本质相关的一系列概念性作品。罗伯茨的第一个设计系列名为"空空如也"（nothing nothing），在 1998 年的前两个时装秀中，他只发出了不存在的邀请。罗伯茨计划写一本名为"剪裁与短篇小说"（Pattern Cutting and Short Stories）的书，他在剪裁和服装制作的过程中注入了大量痛苦的情感。他通过视频、绘画和文字来展示自己的服装设计，

35 . Viktor & Rolf show notes cited in Tamsin Blanchard, 'Haute New Things', *The Independent Magazine*, I August 1998: 22.
36 . Michel Houellebecq, *Atomised*, trans. Frank Wymm, Heinemann, London, 2000 [1999].
37 . Daniel Bell, *The Cultural Contradictions of Capitalism*, Heinemann, London, 2nd ed. 1979 [1975]: 148-149.
38 . 同上：149。

将服装作为一个想象的对象，它必须被构想出来并以某种方式转变为现实。这是因为在服装产品的呈现过程中，思考和制作服装的乐趣实际上已然丧失。他的作品呼应了丹尼尔·贝尔的主张，即我们已经失去了与人类手工艺品的联系，相反，在工作和休闲领域，我们彼此交流，并通过自我呈现的方式建构自我。

许多设计师都在思考如何在现代世界中生活得更灵活，他们想象城市游牧的新形式，在这种形式中，衣服和建筑之间的差异渐渐缩小，服装也会成为与环境相适应的柔性薄膜。[39] 旅行箱公司新秀丽（Samsonite）生产了一系列用于现代旅行的服装。意大利 CP 公司用橡胶尼龙网制作了防风防雨的可变形产品，其中有可以转换为睡袋的皮大衣、可以变成帐篷的斗篷，配有内置的滑板车背包的夹克衫，以及带有遮阳罩的连帽上衣。李维斯（Levi's）与电子公司飞利浦（Phillips）合作生产了 ICD+ 系列，ICD+ 代表工业设计服装（Industrial Design Clothing），这一系列包括一件配有语音识别手机和 MP3 播放器的夹克，夹克的衣领中安装了麦克风，风帽里有内置的耳机，所有这些配件都可以从这件可机洗的夹克上取下。这件产品是根据市场调查研究制作的，李维斯（Levi's）从中发现了"一个我们称之为游民的群体，他们一直处在移动状态，要么是在出租车上要么是在机场，无时无刻不需要联网。"[40] 安德鲁·博尔顿（Andrew Bolton）在关于智能穿戴的书中用马克·奥热（Marc Auge）的"超现代性"（supermodernity）概念描述这种无位置感，将机场隐喻为现代性"非场所"（no-places）。[41] 在现实中，大多数人都居住在自己的家里，只有旅行的时候才会去机场。在象征的层面上，"非场所"的机场，是指当代人对虚无、毁灭或"非存在"（non-being）的渴望。因此，西格蒙德·弗洛伊德的"海洋"（oceanic）概念被调用，重新表述为平淡无奇又风格化的国际旅行空间，这一空间充满了英国室内装饰杂志 Wallpaper* 的风格。

新秀丽、CP 公司和李维斯（Levi's）的 IDC+ 系列都采用了新技术美学和实际的新技术。正如理查德·马丁对纽约设计师邓姚莉（Yeohlee）的评价，在城市环境控制下的"第五季"[42]，是一个自然已然消散的世界（例如，Vexed Generation 公司使用可调节体温的相变织物，这种材料最初是为美国国家航空航天局 NASA 开发的），丛林和沙漠的隐喻在城市景观中上演。第五季可能是都市和科技的结合，它确实存在于一个与自然平行的宇宙中。在第五季中，人们会用什么香水？也许是 Comme des Garçons 的淡香水"气味 53 号"（Odeur 53），它被称为"抽象的反香水"，据说它含有金属、纤维素、指甲油、沙丘、风干洗涤和烧焦橡胶的气味。它不含花卉或植物精华，让人想起可可·香奈儿（Coco Chanel）对 20 世纪 20 年代有着朴素现代主义瓶子和无衬线字体的香奈儿 5 号香水的评论："女人不是

39 . Deborah Fausch et al (ed.), *Fashion in Architecture*, Princeton Architectural Press, 1994.

40 . Massimo Osti, the designer of the ICD+range, quoted in Dominic Murphy, 'Would You Wear a Coat that Talks Back?' *The Guardian*, Weekend, 21 October 2000: 36.

41 . Bolton, *Supermodern Wardrobe*.

42 . Richard Martin, 'Yeohlee: Energetic.s: Clothes and Enclosures', *Fashion Theory*, vol. 2, issue 3, September 1998: 291.

花，为什么她们要闻起来像花？"[43] 然而，"气味 53 号"是一款男女皆宜的香水，也许这是 20 世纪 20 年代和 90 年代现代主义的一个显著区别。

另一方面，更具争议性的是，设计师们特别关注现代城市生活中的不平等、风险和变化。日本设计师津村耕佑（Kosuke Tsumura）于 1994 年在东京设立了运动品牌 FINAL HOME。该品牌基于城市和生态的精神，津村耕佑设计的作品系列主要原材料是纸和尼龙，衣服里面塞满了报纸取暖。他的许多设计都具有多种功能，这些功能的核心理念是生存与保护，因为服装是我们的终极住所。[44] 艺术家露西·奥尔塔（Lucy Orta）的"避难服"（Refuge Wear）项目将服装与城市空间相结合，就城市的贫困和无家可归问题提出了自己的观点。她的救生包（Survival Kits）里设计了存放餐具和其他基本工具的口袋。可变形服装（Flexible Clothing）

43　. Coco Chanel cited in Edmonde Charles-Roux, *Chanel and Her World*, trans. Daniel Wheeler, Weidenfeld & Nicolson, London, 1982 [1979]: 127.
44　. Liz Farelley(ed.), *Jam: Tokyo-London*, Booth-Clibborn, London.

可以从一件类似皮大衣的衣服转变成一顶帐篷；另一款的设计扩展到了 100 人，引发了关于城市社区性和集体性问题的思考。奥尔塔的混合服装庇护所是一种有争议的防御盔甲或城市生存装备。2001 年她的"网络建筑"（Nexus Architecture）项目（图 209）由个体工人的工作服制成，这些工作服可以通过 65 厘米长的拉链在一个模块化的网格中相互连接，个体的服装由此转换为群体服装，并可以通过连接的实物将数百人组合在一起。连接不同个体服装的织物上印有"心""链接""关系"等词。

奥尔塔的作品虽然是艺术品，但与这一时期的街头和夜店时装有许多共同之处。伦敦 Vexed Generation 公司表达了对 20 世纪末大都市的担忧，例如污染、监视和警察的逮捕权。他们的防弹皮大衣由刀、火和军方开发的防弹材料制成（图 210）。鲨鱼夹克的帽子可以在脸上拉上拉链，这对应着侵犯公民自由的 1998 年《犯罪和妨害治安法》，该法规认定游行示威中的蒙面行为是违法的。Vexed 的回答是："你装上监控摄像头——我就把领子拉起来！"[45] 20 世纪 90 年代末，强化的监视权和逮捕权破坏了原本的社区结构，滋生了很多偏执狂。Vexed Generation 鼓动式的街头时装反映了这些社会问题，并且以此保护穿戴者，衣服的翻领下面是一个防污染的面具，避免他们遭受恶劣环境的影响。虽然 Vexed 不是时尚界的一员，但它是一家较为成功的商业公司，其设计师乔·亨特(Joe Hunter)和亚当·索普(Adam Thorpe)依据自己在伦敦街头生活的体验，强调了一系列社会和政治问题：监视（拉上拉链遮住面部的兜帽）、环境（防污染的面具）和快速换装（通过拉链变成裤子的裙子）。

侯赛因·卡拉扬在 1998 年春夏系列"之间"（Between）中，探索了人们如何在空间中定义文化和地理疆域，他调用了广泛的设计主题，从非欧洲服装规范到身体周围的负空间。卡拉扬用不透明的木质荚或半透明的塑料荚罩住模特的头，他想摆脱时尚界强调个性和独特性的惯例。模特们穿着剪裁利落、未经修饰的现代主义时装，颜色包括朴素的黑色、白色和红色。但令人震惊的是，一个裸体模特突然出现在一群穿着衣服的模特中间，她的脸有一部分被头巾遮住了。随后这个形象再一次被重复，卡拉扬深化了这个主题，一系列蒙着脸的模特出现了，她们的身体从脚向上逐渐暴露出来，从全身包裹的状态到一丝不挂的赤裸。遮住的面部和赤裸的身体颠覆了西方的传统礼仪。我们很难不把这一形象解释为帝国主义的一种入侵方式。东方女性的古老领地往往被描绘成充满异国情调的、神秘莫测的他者存在，西方的形象塑造者可以将这种性感的东方欲望象征投射到银幕上。然而，卡拉扬打算把这一系列设计置于空间、地域和文化之间的空白处，这凸显了后殖民时代现代城市生活融合与混杂的特征。早在伦敦大多数设计师使用非常规场地之前，这场时装秀的举办地点就是伦敦东区一个孟加拉人聚集地，时尚记者们在时装秀当天需要穿过当地的一个宗教庆祝活动才能到达秀场。

210. Vexed Generation, 射击外套，1994 年，弹道尼龙布，橡胶服，英国国防部标准，摄影：约翰尼·汤普森，图片提供：Vexed Generation

211. 下页 _ 侯赛因·卡拉扬，"言语之后"，2000/2001 秋冬系列，摄影：尼尔·麦肯纳利

45　. Adam Thorpe, Vexed designer, 1999.

当新闻中充斥着科索沃人不得不逃离家园的消息时，"言语之后"（After Words）2000/2001 秋冬系列诞生了，卡拉扬首先想到的是在战争时期的难民被迫离开自己的家。他想象着人们如何随身携带自己的财产（一个雨伞形状的口袋），以及怎样改造和隐藏它们（衣服变成了椅套）。与此紧密相关的是随身携带环境的创意，这一创意最早出现在椅子连衣裙上（图 198 和图 199）。卡拉扬还回忆起他成长的塞浦路斯，那里曾经有过动荡的历史，尤其是 1974 年土耳其的军事入侵将塞浦路斯岛一分为二，土族和希族塞浦路斯人因此流离失所。"我来自动荡不安的世界。这一系列设计与离开居所藏匿财产有关。科索沃让我联想到塞浦路斯曾发生过的事情。"[46] 在剧院的舞台上，卡拉扬创造了一个空荡荡的白色房间，房间里零散地布置了一张低矮的圆形咖啡桌、四把椅子、一台电视和一个架子，架子上摆放着一些装饰品（图 211）。当时装秀开始时，一个从老人到年轻女孩的普通五口之家登场了，他们面对着观众坐着。然后他们起身离开，女人们将她们的围裙换成了斗篷，留下一间空房间，模特们一个接一个地走进来。三个穿着不祥黑裙的模特走上台又走下去，随后四个模特进场脱下椅套，把它们改造成裙子，另一个模特将桌子变成了裙子。走秀结束时，五位模特都面向外面，椅子被折叠起来变成了模特的手提箱。在房间的外面，一个保加利亚唱诗班唱着歌，透过蒙着薄纱纱窗的"窗户"，观众可以隐约看到他们模糊的影子。监视器在房间的电视屏幕上清晰地显示出唱诗班，但声音是从窗户后面传来的。

桌子和椅子由苏格兰产品设计师和制造家保罗·托彭制成。卡拉扬在时装设计中用家具制造商取代了裁缝，这引用了城市游牧的理念，重新思考时尚作为一种"便携式建筑"的可能性。除了他的特卫强航空邮件礼服外，卡拉扬还设计了印有飞机飞行路线的时装和嵌入灯光的纸制西装，这些灯光在夜间像飞机一样闪烁，在纸上描绘出飞机的飞行轨迹。吉勒·利波维茨基正面地分析了时尚与心理灵活性之间的关系，他认为现代时尚造就了一个新的个体，"没有深层感情的时尚人士，一个性格和品味变化不定的流动个体"。[47] 因此，时尚人士是现代性的化身。这些热衷于改变的社会代理人构成了"一种新型的、动态的、开放的人格"，他们正是快速转型期社会需要的。[48]

利波维茨基的时尚观点是让现代主体具有灵活性、流动性和心理适应性，对此卡拉扬在 21 世纪提供了关于身份的物理包覆和超自然的推测。在卡拉扬的桌裙中，当代服装与服装的传统功能之间的界限变得模糊，这让我们想起了家具设计师，他们认为家具是一种柔软的薄膜，可能是一种智能的薄膜，可以调节身体和建筑环境之间的关系。[49] 巴拉德设想了 21 世纪的时尚定义："时尚。人们认识到

46 ．Hussein Chalayan quoted in Tamsin Blanchard, 'Mind Over Material', *The Observer Magazine*, 24 September 2000: 41.
47 ．Gilles Lipovetsky, *The Empire of Fashion: Dressing Modern Democracy*, trans. Catherine Porter, Princeton University Press, 1994 [1987]: 149.
48 ．同上：149。
49 ．E.g. Sorrel Hershberg and Gareth Williams, 'Friendly Membranes and Multi-Taskers: The Body and Contemporary Furniture', in Julian Stair (ed.), *The Body Politic*, Crafts Council, London, 2000: 58-70.

大自然赋予我们的皮肤太少了，而一个完全有知觉的人应该从外部佩戴自己的神经系统。"[50]

　　然而，正如前文所述，卡拉扬技术进步的设计理念被离家、流放和无家可归的阴暗主题遮蔽。这种阴暗产生了一种凄凉的美感，它萦绕在卡拉扬类似装置作品的时装秀的现代主义简约风格之上。尤其是在"言语之后"系列中，零散的室内布置、难民家庭的形象以及保加利亚的刺耳歌声再现了生存的凄凉感，唤起了混乱和无根的心境。因此，无论如何想象，这场时装秀都无法单纯地被理解为（如果有的话）现代主体具有无限灵活性的赞歌。伊恩·钱伯斯提出，疏离是后现代状况的一部分，他引用了海德格尔的名言"无家可归将成为世界的命运"。[51] 在时尚界，我们都是外来者，因为这里没有家。时尚人士不断地在无根的世界中重新想象、构建自己。这种自我塑造的过程可能愉悦又疏离。现代主义的异化让布希 - 格鲁克斯曼所说的"解放自我"得以实现，并能促进文化的流动性和身份的重新定义。迪尔德丽·克罗利（Deirdre Crowley）将这种时尚设计描述为"通过人工干预进行自我复制的亲密技术。"[52]

　　仅由技术创新主导的设计可能会引起新事物的崇拜狂热，在 20 世纪的黑暗历史之后，再次调用在 21 世纪初黯然失色的进步神话蕴藏风险。然而，在这件作品中，尽管服装没有回到过去，但现代性的幽灵搅乱了当下，我们可以确认这两者的复杂性和细微差别。这种辩证法支撑了卡拉扬科技主题的系列设计。杰纳斯为首的设计师们被异化和隔阂的现代状况所缠绕，同时阐明了一种新的设计语言，这种语言不诉诸于过度的历史复现或怀旧招魂。正如伊恩·钱伯斯引用本雅明的"现时"概念所说的，历史也同样如此，"永无止境的发展，取之不尽的新兴，永恒不朽的挑衅……永远伴随着历史主义理性的线性流动与当下永恒时间的可能性。"[53]

50 ． J.G. Ballard, 'Project for a Glossary of the Twentieth Century', in Jonathan Crary and Sanford Kwinter (eds), *Incorporations*, Zone Books, New York, 1992: 275.
51 ． Iain Chambers, *Migrancy, Culture, Identity*, Comedia/Routledge, London and New York, 1994: 1
52 ． Deirdre Crowley cited in Raymond, 'Clothes with Meaning': 31.
53 ． Chambers, *Migrancy*: 135.

12. Modernity 现代性

212. 对页 _ 奥利维尔·泰斯金斯，黑暗之旅，1997（限量版），造型：奥利维尔·泰斯金斯，摄影：雷·库克罗普斯，图片提供：奥利维尔·泰斯金斯

在前一章中，我列举了一些设计师在实践创作中"绘制现代"的方式，他们利用这些方式将疏离转变为作品的独特优势。最后一章，我想重新梳理整本书的理论线索，进一步思考书中所考察的现代时尚和特定类型时尚的融合意义。在此之前请读者明确，我接下来更宽泛的推论针对的并不是普遍的时尚。

克里斯蒂娜·布希-格鲁克斯曼曾论述过时尚与波德莱尔的现代性之间的联系：

现代性是一种不断色情化新事物的戏剧效果。因为如果说眼睛是一种传递激情又加剧激情的器官，那么戏剧本身就是虚幻的，它缺乏真实的影响力——尤其是化妆和表演技巧，波德莱尔对外貌和时尚的态度很大程度上证明了这一点。实际上，与所有传统的美学哲学不同，波德莱尔的批评文本从未将现代性与时尚联系在一起，而更多的将现代性与外貌、技巧和娱乐性审美相关联，从而令巴洛克风格更加浓烈，尤其是景观化、偶然性、短暂性和致命性等典型特征。[01]

这里描述的许多特点都是本书的主题：偶然性、短暂性和致命性，伪装、技巧和娱乐，毋庸置疑的是，消费领域内的视觉呈现日益色情化的趋势，不仅包括商品的视觉呈现，还有其中的人。阿比盖尔·所罗门·戈多（Abigail Solomon-Godeau）描述了女性与消费文化幻象的非凡融合，二者相互碰撞，女性形象成为"商品本身的补充标志"。她写道："女性形象不仅成为商品的标志，还成为商品的诱惑力，不仅充当了欲望的导索和镜子，还附增、释放了商品的魅力。"[02]尽管她描述的是 19 世纪末期的消费社会景象，但在 20 世纪 90 年代后期，这一现象仍旧萦绕着范思哲和朱利安·麦克唐纳德"美即炫耀"（if you've got it, flaunt it）的审美观，因为被炫耀的不仅仅是身体，更是财富体，两者不断纠缠，难以分割。

所罗门·戈多认为，将女性、现代性与商品性联系在一起的是"一种作用于视觉的欲望经济，而视觉本身就是商品文化特定的核心表达方式。"[03]这是一种经济：像麦昆在毕业设计系列和"但丁"系列中的作法，他将性、死亡和商业联系起来强调了这一点。麦昆的世界存在一项制衡机制，其中残酷、美丽、性别、死亡、金钱、爱等一切皆可权衡、估量、购买、销售或再现。在 20 世纪 90 年代，汤姆·福特（Tom Ford）为 Gucci 设计的平坦光滑的表面上也隐含着欲望经济。Gucci 的消费主义，Prada 的创新和 Dolce & Gabbana 的夸张构成了时尚的另外一环，本书几乎没有涉及这部分。20 世纪 90 年代，Polo Ralph Lauren、the Gap、Nautica 和 Tommy Hilfiger 都没有进入利润丰厚的大众市场，没有像精致而奢华的极简主义艺术家乔治·阿玛尼（Giorgio Armani）、吉尔·桑达、唐娜·凯伦一样，也不像

01 . Christine Buci-Glucksmann, *Baroque Reason: The Aesthetics of Modernity*, trans. Patrick Camiller, Sage, London, Thousand Oaks and New Delhi, 1994 [1984]: 166.

02 . Abigail Solomon-Godeau, 'The Other Side of Venus: The Visual Economy of Feminine Display', in Victoria de Grazia and Ellen Furlough (eds), *The Sex of Things: Gender and Consumption in Historical Perspective*, University of California Press, Berkeley, Los Angeles, London, 1996: 113.

03 . 同上：114.

效力于 Hermès 的马丁·马吉拉，任职于 Tse 的侯赛因·卡拉扬，以及为 Balenciaga 工作的尼古拉斯·盖斯奎尔（Nicholas Ghesquiere），而是主要针对美国奢侈品、种族和阶级等主题展开精心策划。[04]Gucci 这样的商业奢侈品牌始终浸润在这种欲望经济之中，它们希望更多的实验性设计师只在时装秀上崭露头角。但是"仅崭露"也可以使设计师更具核心优势，他们能够明确地表达出他人似懂非懂或未经深思的思想。然后，随着想象日渐清晰成型，就可以像麦昆一样做，2000 年 12 月，麦昆将业务控股权出售给了 Gucci，同理设计师们也能够将他们的市场拓展到更为广阔的美国和远东大国，不断前进成就梦想。

欲望经济"在视觉系统中发挥作用"。[05]克里斯汀·华西·格鲁克斯曼讨论19世纪末的蛇蝎美人时认为，欲望通过视觉产生，并受到"视觉帝国主义"和"图像崇拜"的影响。[06]（我认为20世纪90年代蛇蝎美人的形象受到范思哲、加利亚诺和麦昆设计的影响）。我借用本雅明的辩证意象概念探索过去和现在的意象如何并置并迸发出新的火花，用以揭示一种新的诠释方法。例如，我们可以将加利亚诺20世纪90年代为Dior设计的作品放在1900年巴黎世界博览会的照片旁边进行对照。本雅明写道："为了让过去被现在感动，它们之间不能存在任何连续性"，因为历史客体被"吹离了历史的连续性"，从而构成了辩证意象。[07]

本雅明的思想为艺术和设计史学家提供了视觉诱惑运作原理的复杂模型，因为这些观点基于视觉意象在大众消费社会中的运行功能。1938 年，阿多诺批评了本雅明创造"一个历史和魔法游移不定的境界"的方式，尤其针对本雅明"拾荒者"的论述。[08]今天，我们可以同样批评那些维护时尚的物质基础却不对其展开详细研究的论调，这种批评强调宏观而非微观，力图将时尚作为符号学对象而不是物质研究对象进行分析。然而，要理解"一个历史和魔法游移不定的境界"中商品的诗意，就要理解商品的魅力，正如梦想和钢铁、芯片一样，都是推动资本主义经济的动力。

尽管许多时尚在媒体上的知名度很高，但本书所讨论的这些时尚并没有太高的经济效益，它们的文化资本能量远远超过其经济力量。这种时尚为什么重要？因为它虽然在经济上处于边缘位置，但仍然是"象征性中心"。[09]Dior 和 Chanel 等奢侈品牌利用其"文化资本"或"象征性中心"推广自己的品牌。如果没有巴黎时尚之都的极高声望，那么它们象征性的中心是什么？这就是为什么加利亚诺的怀旧设计仍然不断召唤着 19 世纪巴黎高级定制时装的商业先行者以及奢侈品的销售场景，也是为什么从大众市场到高级时装店再到先锋设计和概念性设计等各个

04 . Teri Agins, *The End of Fashion*,Quill/HarperCollins, New York, 2000.
05 . Solomon-Godeau, 'Other Side of Venus', 114.
06 . Buci-Glucksmann, *Baroque Reason*: 157.
07 . Walter Benjamin *The Arcades Project*, trans. Howard Eiland and Kevin McLaughlin, Belnap Press of Harvard University Press, Cambridge, Mass., and London, 1999: 470, and 'Theses on the Philosophy of History', Illuminations, trans. Harry Zohn, Fontana/Collins, 1973 [1955]: 263.
08 . Letter of 10 November 1938 in Theodor W. Adorno and Walter Benjamin, *Complete Correspondence 1928-1940*, ed. Henri Loriz, trans. Nicholas Walter, Polity Press, Cambridge, 1999: 282.
09 . 'Symbolically central though socially peripheral', cited in Peter Stallybrass and Allon White, *The Politics and Poetics of Transgression*, Methuen, London, 1986: 5.

层面的时尚，尽管它们巧妙地为爱好创新的设计师留出了空间，但仍然坚持保守思想。马吉拉的无用美学虽然非常前卫，但他的实验并没有使他脱离资本主义范式，只是将他更牢固地框定在资本主义范式之中，成为加利亚诺的对立面。

20世纪80年代末以来，随着全球化的发展，资本主义范式的定义和界定发生了变化，第一世界和第三世界的概念以及核心世界和边缘世界的概念都被打乱：虚拟化提供了新的可能性，电子通信的速度不断提高，景观无处不在，早已扩展到它最初出现的城市空间之外。如果我们不能确定景观的时空边界，就不能完全了解我们究竟位于它的内部还是外部（这就是德波理论的局限性）。维克托和罗尔夫是20世纪90年代的关键人物，就像沃霍尔之于60年代的重要程度：不可破解的密码，他们的不可破解性正是让他们置身于景观同时又成为关键人物的原因。和卡拉扬一样，维克托和罗尔夫也从作品本身的商业性出发创作充满批判性和质疑性的作品。然而，不管他们的作品有多少是为了在"景观社会"之外寻找一个空间，它总是迅速地回归于景观社会。的确，这是它最强有力的吸引力，也是它最强烈的现代性标志，它同时存在于资本主义范式的内部和外部。

20世纪30年代以来，本雅明的辩证意象理论深受法兰克福学派的影响，他们将其作为论题和对立面，尽管辩证意象短暂而易变，但仍旧可以激发出一个综合体。然而，今天的辩证意象可能比20世纪30年代本雅明想象的更加不稳定，甚至连一瞬间的综合都很难做到。格鲁克斯曼将本雅明的辩证意象概念稍作调整，认为该辩证法中并没有综合能力，她说"意象不断地反转成对立的意象，辩证的意象彼此难以综合在一起。"[10] 一个例子是，戴伊·里斯用羊头骨制成的水晶玻璃面具，可以同时被解读为死亡的象征与神奇的变形。这样的意象往往很难确定，不论以什么连贯的方式都无法使用影像来隐喻它。正如19世纪的波德莱尔所说，后工业现代性的条件往往表明，现代性具有流动性和不稳定性，综合是一种幻想（时尚也告诉我们这一点）。

戴伊·里斯面具的不稳定性和戏剧性代表着典型的巴洛克风格，这种风格可追溯到17世纪甚至是19世纪的视觉艺术和文学。在其他领域，现代设计中也召唤了16和17世纪的回忆。伦敦设计师亚历山大·麦昆，安德鲁·格罗夫斯和特里斯坦·韦伯的时装秀表明，他们对巴洛克风格的戏剧性、舞台艺术的暴力美学和戏剧的演绎技巧情有独钟。即使他们的主题非常当代，例如"北爱尔兰动乱"或巴拉德的小说《可卡因之夜》，这些主题也带有雅各布式的残忍和性色彩。他们阴郁的舞台表达让人想起了德国的悲悼剧，本雅明将悲悼剧比作"巴洛克式的象

10 Buci-Glucksmann, *Baroque Reason*: 158.

征性书籍，作为阴郁奇观的必备品……不知疲倦地改变、诠释和深化，悲悼剧打破了自身常规的意象。"[11] 乔纳森·索戴伊认为，迷恋和恐惧的结合是"16 世纪和 17 世纪大都市文化的高度可视化部分"，[12] 直到 20 世纪 90 年代，它们仍然是大都市文化中引人注目的重要组成部分。索戴伊讨论了厌恶感和吸引力之间的密切关系，菲利浦·阿里耶斯将其描述为"在生与死、性与痛苦的外部界限上对某些不明确事物的吸引力"，这种吸引力在麦昆和格罗夫斯早期的作品中有所体现。[13]

苏珊·桑塔格介绍本雅明著作集时指出："现代虚无主义的能量使一切成为废墟或碎片……这个世界的过去已经废弃了，但这个世界的现在却能大量催生出'迅速过时的东西'。"[14] 她在本雅明的作品里看到了 17 世纪和 19 世纪 30 年代的相似之处，在后一时期，本雅明写道："巴洛克和超现实主义都将现实视为事物，超现实主义的卓越之处在于热烈而坦率地概括了巴洛克的废墟崇拜。"[15] 苏珊在 20 世纪末的视觉文化里也看到了这一趋势。但是正如我所说，罗伯特·卡里·威廉姆斯和雪莱·福克斯等设计师作品中腐朽和遗弃的设计主题也呼应着 18 世纪英国浪漫主义的废墟崇拜。

我对过去的"挑选重组"态度与许多设计师类似，他们通过思考过去设想未来，重新审视固有，再用以实现创新。正如让·米歇尔·拉伯特 (Jean-Michel Rabatd) 所说，现代性是自我反省的，它有自觉意识并能够自我审视，而这种审视意味着我们永远不能完全不自觉。

> 现代性……从定义上讲，永远不会与自身同时存在，因为它不断映射、预测、回归其神话源起，但这也让我们更多地了解历史化的"现在"，现代性抵制任何取代它的企图和宣布它过时的努力，即使这些努力来自所谓的后现代性。[16]

因此，现代性是未来完成时态的一种效果，未来受到前态的影响：一切始终会过去。我们不会被现在束缚，而是不断地探索未来和投射过去，展示一种自觉意识和自我审视，安东尼·吉登斯和吉勒·利波维茨基认为这种自觉意识和自我审视是现代性的内在因素。崇尚新颖科技的设计师只能向前看，而卡拉扬等另一类设计师，则采用现代主义风格并以历史的创伤和复杂使其变化——例如，他设计的坚硬的树脂礼服将过去引入当下，"美狄亚"系列重塑了考古学时尚。

对拉伯特来说，现代性和后现代性都是幽灵的文化形式，生产出虚拟的意象萦绕着未来。这种意识上的历史反复，使每个人都可以利用 20 世纪的"切割重组美学"成为文化拾荒者。例如，设计师的工作方法多种多样，如马吉拉使用旧衣

11 . Walter Benjamin, *The Origin of German Tragic Drama*, trans. John Osborne with an intro, by George Steiner, New Left Books, London, 1977: 231.
12 . Jonathan Sawday, *The Body Emblazoned: Dissection and the Human Body in Renaissance Culture*, Routledge, London and New York, 1995: 49.
13 . Philippe Aries, *The Hour of Our Death*, trans. Helen Weaver, Allen Lane, London, 1981: 369.
14 . Susan Sontag, intro, to Walter Benjamin, *One Way Street and Other Writings*, trans. Edmund Jephcott and Kingsley Shorter, Verso, London, 1985:16-17.
15 . 同上。
16 . Jean-Michel Rabate, *The Ghosts of Modernity*, University Press of Florida, Gainsville, 1996: 3.

的理念，韦斯特伍德和加利亚诺从过去的戏剧化妆间里寻找灵感意象，包括我分析他们的过程。在这种研究方法中，相较于其他学者我更多地引用本雅明和马克思的观点，那是因为正如乌尔夫·波夏特（Ulf Poschardt）所写，他们的思想特别擅于重新组合，"重新组合不仅能适应新的环境，而且能使一个古老的（辉煌的）思想在当代重新焕发生机。"[17]

正如现代主义的自我审视，历史不断重复需要付出代价。这意味着我们永远不能麻木地生活在当下，而将被迫不安地在不同时代和思想之间摇摆。伊恩·钱伯斯曾经用本雅明的思想描述文化史学家的任务，称之为"不断回归的事件"："这种对历史和文化知识的复述和重新定位，与回想早期碎片和痕迹相关，而这些碎片和痕迹在当下的'危险时刻'中爆发，在新的坐标中生存。"[18] 这种行为迫使我们不断重复和摇摆，因为这是我们通过检验和相互审视理解事物的一种方式；这种意识上的延续是后工业现代性的条件。但也存在一种风险，那就是我们注定要在现代主义实验和黑暗绝望之间无休止地徘徊，这种持续的振荡模仿了创伤本身的结构：一种植根于强迫性重复的心理结构，阻断了创伤事件的记忆。

这种振荡也意味着我们可以从病理学上在两个对立的事物之间进行分流，使它们建立起更深刻的联系，让二者的意义相互交织。本书的主题之一是将事物在时尚中转变为对立方：美丽变得恐怖，奢侈走向腐朽，性爱化为死亡，美好归于毁灭。这些对立概念之间的关系是德里达差异。在这些概念中，前面的概念更为重要，后面的概念更像是补充。这种补充无处不在，并且始终发挥独特的作用。例如马吉拉采用的腐朽和遗弃形式，麦昆作品里的死亡和虐待狂，加利亚诺提到的商品形式的恐怖性以及本雅明笔下时尚女性的死亡。这就是琳达·尼德所说的现代性的残余。补充概念的逻辑是破坏前者的稳定性，这也是本书的逻辑。如果说本书是关于某种类型的时尚设计如何破坏其对立面的案例研究，那么补充概念的逻辑得出的结论是，包括重要（从两种意义上来说）、奢华的国际奢侈品在内，时尚总是充满疏离和忧郁之感，它们的内在永远暗藏着破坏性的爆发力。

历史的意象和意象的历史

AN ARCHAEOLOGY OF THE IMAGEYRY AND IMAGERY IN HISTORY

许多最新时尚都借鉴了过去的历史意象，这本身并无新意，从文艺复兴以来就有许多时尚复兴的案例。[19]（事实上，尤里奇·雷曼认为这是时尚的特征，尽管有人会补充说，每个例子都可以且应该从历史的角度加以区分。）[20] 人们可以

17 . Ulf Poschardt, *DJ Culture*, trans. Shaun Whiteside, Quartet Books, London, 1998: 33.
18 . Iain Chambers, *Migrancy Culture, Identity*, Comedia/Routledge, London and New York, 1994: 7.
19 . Barbara Burman Baines, *Fashion Revivals: From the Elizabethan Age to the Present Day*, Batsford, London, 1981.
20 . See intro, to Ulrich Lehmann, *Tigersprung: Fashion in Modernity*, MIT Press, Cambridge, Mass., and London, 2000.

援引 19 世纪的女性时尚画作中的华托式时装（A La Watteau），或者 18 世纪末一些由其他杂志的剪贴画组成的早期女性杂志。时尚引用过去的作品，看起来可能只是表达对以往设计的怀旧。芭芭拉·伯曼于 1981 年曾撰文承认时尚中的复兴有多种多样的原因，其中她认为复兴主要是为了"寻找一个因时间或空间而消失的天堂……曾有许多幻象和美妙的境界，也有许多方法能重现或实现它们"。[21] 她继续说，在瓦尔特·本雅明的理念里，"复兴往往是真正的到来"，诠释者对复兴的改变也是如此。[22]

然而，对于那些 20 世纪 90 年代末的"来者"来说，复返历史与其说是一种回顾，不如说是一种前瞻，这也是设计师们"最现代"的自我展示方式。复返历史告诉我们与现在有关之事，也可能告诉我们对未来的恐惧和希望。弗兰克·克默德指出，我们假定自己的时间与未来有着不寻常的关系："我们认为自己的危机比其他危机更紧迫、更不安、更有趣。"[23] 正如克默德所说，我们将对过去和现在的恐惧、猜测和推断投射到未来，以此理解过去和现在，而"危机是思考某一时刻的方式，不是该时刻本身所固有的"，因为"通过想象过去、现在和未来，末日的特性一定可以得到揭晓。"[24]

本书中提及的大部分作品都表达了虚无主义和暴力美学，正如克里斯蒂娜·布希 - 格鲁克斯曼所写：

> 虚无主义美学带来了进步的意识思想：它以影像、场景、物质为基础欲望，在矛盾逻辑的内部实现了差异和超越。它创造了"语言"……并具有疏离的作用……[现在我们需要]另一种现代解释，波德莱尔和本雅明为此奠定了基础。[25]

她的论点表明，现代主义观念不再以 20 世纪早期乌托邦式的现代主义进步和革命观念为基础，而建立在一种更黑暗、更虚无的美学基础上，这种美学需要回归波德莱尔和本雅明，才能准确地描绘现代主义。那些关于进步和革命的现代主义思想和理想，蕴含着对历史的混乱复杂性的否定。如果与过去历史的彻底决裂掩盖了历史的复杂性（正如一些后现代主义理论家所提出的，比如拉巴特所说，与过去的彻底决裂是现代主义的信条），那么"现代性的幽灵"就会像精神分析的症状一样，以一种难以解决的紧张状态卷土重来。因此，"现代性的幽灵"是无法安息的生物。1986 年，后现代主义的主要理论家利奥塔（Lyotard）将现代主义者渴望重新开始视为当代人的反抗方式。拉巴特也用一种松散的精神分析方法论认为否认过去就是压抑过去，在这种情况下，我们就像陷入某种病症般注定要强迫性地重复过去，以免忘记或遗落它：

21 ．Burman Baines, *Fashion Revivals* 9.
22 ．同上：13。
23 ．Frank Kermode, *The Sense of an Ending: Studies in the Theory of Fiction with a New Epilogue*, Oxford University Press, 2000 [1966]: 94-95.
24 ．同上：95 and 101.
25 ．Buci-Glucksmann, *Baroque Reason*: 160.

现代性思想与打破传统、开创新的生活方式和思维方式紧密相连。如今我们可以假设，这里的"打破"是一种遗忘或压抑过去的方式。也就是说只是重复一遍，而非加以克服。[26]

在 20 世纪黑暗历史的背景下，现代主义理想似乎不再合理，利奥塔的文本与这一论点具有一致性。最近，哲学家和历史学家回顾了这段历史，用以研究记忆和创伤领域。[27] 正如我说的，对记忆和作为过去痕迹存在的文化艺术品的关注也改变了时尚，21 世纪初的设计师认为现代性表达不应该绘制在新的纯白装饰纸上，而应该描摹于旧景观之上，这些景观的表面早已沾染了一层古旧的痕迹。因此，萦绕着本书的现代性幽灵构成了一种时尚的心理地理学。[28] 心理地理学为我们提供了一种更现代的方法使用战前时期本雅明的"辩证意象"概念，也回答了阿多诺 1935 年对"辩证意象"概念的批评。[29] 玛格丽特·科恩（Margaret Cohen）指出，布希 - 格鲁克斯曼认为本雅明对现代性的考究是"历史的意象和意象的历史"，我认为这是一种心理地理学，一种将革命本身视为异议而不是进步的解构性概念。[30] 布希 - 格鲁克斯曼认为，"错位的逻辑"表达了"一种极端的不可思议"，能"炸毁进步的马克思主义，用撕裂的马克思主义取代它们"。[31] 撕裂的隐喻使我们再次回到碎片——一种对历史和革命的隐喻，它的前提不是将历史逐步拼接在一起，而是展开一场与虚无主义无关的撕裂。它也可以建立在修补术美学的基础之上，这种美学依赖于偶然性和破坏性带来的创造性。因此，诞生了朋克的堕落姿态、马吉拉或卡里·威廉姆斯的浪漫片段、卡拉扬无用美学表达的现代主义异化，或如丽贝卡·阿诺德强有力的论证：20 世纪 90 年代中期，黑暗而暴力的时尚意象被视为最"真实"。[32]

从事前沿设计的设计师们，无论在经济上还是在品位上，都能够将自身环境的局限性转化为设计的优势，比如雪莱·福克斯或布迪卡。尽管维克托和罗尔夫的作品有讽刺意味，但同时也充满了爱与热情，让人联想起沃霍尔 20 世纪 60 年代进行创作时是如何全心全意地拥抱消费社会。现在，我们对现代性的认识与过去和未来紧密相连，它们交叠在我们的想象之中。人们不再仅仅活在当下，我目之所及时装设计师们已经证明了这一点。他们从我们的文化想象中挖掘思想和情感，使之成为

26 . Jean-Francois Lyotard, 'Defining the Postmodern' in *ICA Documents 4*: 'Postmodernism', ICA, London, 1986: 6.
27 . E.g. Edith Wyschogrod, An Ethics of Remembering, Chicago University Press, 1998; Nancy Wood, *Vectors of Memory*, Berg, Oxford and New York, 1999; Marius Kwint, Jeremy Ainsley and Christopher Breward (eds), *Material Memories: Design and Evocation*, Berg, Oxford and New York, 1999.
28 . Psychogeography was first defined in *Internationale Situationiste*, no. I, June 1958 [n.p.] 研究地理环境对个人情感和行为的有无意识的具体影响。但该研究的意义已经演变为描述一个地方如何通过对以往历史及其痕迹的积累获得意义和共鸣。as in e.g. Iain Sinclair, *Lights Out for the Territory: Nine Excursions into the Secret History of London*, Granta, London, 1997.
29 . 阿多诺认为，本雅明将太多的救赎归因于上层建筑，他过于依赖集体意识的思想，阿多诺暗示了荣格这一问题，因此这一观点充满了资产阶级的敏感性，本雅明没有进行任何阶级分化。See Adorno and Benjamin, *Complete Correspondence*:. 104-116. 玛格丽特·科恩认为阿多诺的批评是辩证意象的概念，模糊了"资本主义社会中的辩证行动：在异化的个人与客观环境之间。" *Profane Illumination: Walter Benjamin and the Paris of Surrealist Revolution*, University of California Press, Berkeley and London, 1993: 26-27. I am grateful to Elizabeth Wilson for bringing this book to my attention.
30 . Cohen, *Profane Illumination*: 26-27.
31 . Buci-Glucksmann, *Baroque Reason*: 48.
32 . Rebecca Arnold, *Fashion, Desire and Anxiety: Image and Morality in the Twentieth Century*, I. B. Tauris, London and New York, 2001: 32 ff.

意象和实体。马克思所说的"一切坚固的东西都烟消云散了"在他们的作品中颠倒了——他们吸收空气并使之成为坚固的东西，随后它又像马克思描述的那样消散了。所以设计师们将它具化了片刻，然后它又像短暂易逝的辩证意象一样消失殆尽，但是，这种短暂性是技术、社会和政治变革时刻的一种真理，它概括了当前历史时刻和任何其他历史时刻的特殊性，并在过去产生了回声和反响。

如果现代主义的进步理想不再适用于 20 世纪历史的后见之光，我们就必须找到一种语言来解释过去如何重叠于我们当下的历史想象。两个幽灵始终萦绕在波德莱尔和沃霍尔的作品之上。波德莱尔的作品预示着现代性中美与恐怖的关系，沃霍尔的作品暗示着性、死亡和商业之间的相互联系，在消费文化中死亡承载着名人的意象，例如他的悲剧女主角杰基和玛丽莲。[33] 同样，20 世纪 90 年代奢华的时装秀就像现代科技和景观的坟墓；它们的展品是华丽的外壳，一旦磨损，只能像多余的硬件一样被丢弃在工作室和仓库里。

拉巴特认为，现代性的幽灵卷土重来是因为它们不得安息：被现代主义驱逐后，它们就像创伤的标志，无家可归也无处安身。然而，回归的可能性个体有别。正如沃霍尔的恋尸癖不同于亚历山大·麦昆的恋尸癖，我认为 20 世纪末华美时尚中体现的 19 世纪波德莱尔的现代性与今天的现代性并不相同，相反，现在被远去的过去困扰，因为所有的相似点都不再相同。时间的节奏被打乱，早期的影像通过新技术、零售业和广告业实现快速传播，尽管空想现代主义从不接受这种方式，但如今又以一种与之略有不同的形式回到了现在。它们是两种"现时"。[34] 我已经理解了卡拉扬对过去和现在的融合，这是一种利用影像的新技术展开表述的方式，通过这种方式可以解释他如何在现代主义实验中注入忧郁。与 19 世纪相比，如今的时尚越来越幽灵化，在某种程度上，时尚既可以作为形象体验，也可以作为具体的实践体验，这在很大程度上得益于通讯方式的快速变化。而在 T 台上，模特佩戴的展品本身就是幽灵化和非实体化时尚的化身。因此，卡拉扬的设计热衷于复杂的视觉游戏，用镜子或电脑图形组合来揭示早期资本主义发展时期与影像新技术的联系，然后再与印刷和摄影媒体而非计算机技术联系在一起。

正是从这个意义上讲，我讨论的许多时尚意象也是对未来的推测。本雅明在描述时尚的最新发展时也提出了同样的观点，人们可以在时尚发生之前预测未来：

> 时尚最有趣的地方在于它特别的期待感……这要归功于女性群体对于未来趋势的敏锐嗅觉。每一季最新的创作都会揭露各种事物的秘密。任何懂得如何解读这些信号的人，都会事先知道艺术的新潮流，也能预测到新的美学规律、时尚抗争和革命。[35]

33 . See Hal Foster, 'Death in America', and Thomas Crow, 'Saturday Disasters: Trace and Reference in early Warhor, in: Annette Mitchelson (ed.) *Andy Warhol, October* Files z, MIT Press, Cambridge, Mass., and London, 2001:69-88 and 49-66.
34 . Benjamin's *jetztzeit*. Benjamin, 'Theses on the Philosophy of History': 263 and 265.
35 . Benjamin, *Arcades Project*. 63-64.

阿多诺为此做过注释："我想，这次是反革命。"[36] 尤里奇·雷曼认为，所谓的 20 世纪末的后现代借鉴和引用，早在波烈、夏帕瑞丽和伊夫·圣洛朗的设计中就有所预兆，20 世纪 50 年代巴黎世家的半合身西服预示了艺术理论中的解构主义，这些西服独特的捏褶和边缝展露了其潜在的结构。[37] 然而，毕加索和施维特斯的抽象拼贴式美学、达达的情境主义理论也预见到了这些特征，因此我们不能真的认为时尚天生比其他任何文化领域更有先见之明。时尚的"预言性"也不能像本雅明暗示的那样简单地归因于女性直觉。相反，这些转折和回归是现代主义美学的一部分，正如哈尔·福斯特所说，现代主义美学要求在 20 世纪晚期的艺术和理论中协调历时（或历史）角度和共时（或社会）坐标。福斯特反对后历史多元化的概念，但他认为，观念和艺术中的遗传学可以通过"批判模式的转变和历史实践的回归"来追溯，这种模式在 20 世纪末的时尚和文化中具有普适性。[38]

全球化 GLOBALISATION

从 20 世纪 80 年代到整个 90 年代，电子和通信的发展对日常生活产生了重大影响。[39] 索尼随身听、手机、短信、电子邮件、互联网和卫星电视改变了人们的日常时空体验，闭路电视摄像机引入了新的监视技术，但也带来了犯罪受害者的最后时刻等公共领域新的恐怖影像。1989 年柏林墙的倒塌和 1991 年苏联解体导致资本主义霸权向东扩张，制造商开始从新的劳动力和消费者市场中获利。随着苏联解体后全球化的加速发展，美国越来越被视为世界上最大的市场，这极大助长了这样一种观点，即没有其他经济体系可以制衡美国主导的资本主义企业模式。20 世纪 90 年代，除了右派之外还有很多人都认为共产主义和社会主义是失败的实验。自由民主思想是必然的、也是最好的社会经济制度。保守派的书籍赋予了这种观点合法性，比如弗朗西斯·福山（Francis Fukuyama）的《历史的终结》（*The End of History*）。[40] 欧洲的经济朝着减少政府干预的方向发展，这与福利国家的萎缩、重工业的衰落、新服务业的兴起以及终身工作机会的减少等旧的确定因素的衰落密不可分。

　　20 世纪最后 30 年的这些变化大多发生于最后 20 年，社会更全面地转向知识经济。信息和通信革命几乎和 18 世纪以后欧洲工业化的意义一样重大，虽然它们不尽相同。两者都产生了一种不稳定性，使我们如今能够理解 19 世纪的衰退历史。今天的技术革命也催生了动荡和变化之感，可以与 19 世纪巴黎工业化的间接影响相提并论。同样，我们如果向前迈进 100 年，进入另一个加速转型的时期，时尚在这一时期扮演着重要角色，技术发展也有望令人类社会实现巨大飞跃。

36 ．注释 35: 959 n. 3.
37 ．Lehmann, *Tigersprung* xx.
38 ．Hal Foster, *The Return of the Real: The Avant Garde at the End of the Century*, MIT Press, Cambridge, Mass., and London, 1996: x and xii.
39 ．Tiziana Terranova, 'Posthuman Unbounded: Artificial Evolution and High-tech subcultures', in George Robertson et al (eds), *Future Natural: Nature, Science, Culture*, Routledge, London and New York, 1996: 166.
40 ．Francis Fukuyama, *The End of History and the Last Man*, Hamish Hamilton, London, 1992.

乔纳森·格舒尼（Jonathan Gershuny）认为，随着知识经济的发展，资本不再以土地和股份的固定形式存在，而是变成了人力资源。[41]我们必须从人力资本（即知识）中赚取"租金"，这意味着我们创造财富的资本已经缩减到自己的身体。这与家具和城市设计的主题是相称的。时尚设计将人的身体视为房屋或完整的生活系统，豆荚或"柔性膜"；在这种情况下，时尚不仅仅是人们外表，还是自我大厦的组成部分。露西·奥尔塔、烦恼的一代以及各种智能穿戴设计师的作品中都表达了类似的想法。

　　最重要的是，对许多人来说信息社会的兴起在当代的情感和社会实践中产生了一种不连续感。[42]19 世纪的"令人陶醉的梦幻世界"及其"商品、影像和身体的变化、流动"在 20 世纪末通过数字技术的更新转化为快速流动的信号与影像。[43]虽然当代经验不由工业主导，而是依托于通信和新技术，但这两个时期都是加速过渡的时期，这或许可以解释时尚在各个时期中的重要作用。19 世纪也是影像通过新技术拓展的时期。摄影和彩色平版印刷术等新的视觉技术的出现，以及它们在报纸、商品页和时尚杂志上的使用，意味着任何东西都可以流通，任何东西都可以成为商品。[44]一个典型的例子就是 19 世纪的卡片（cartes de visite）收集热，人们收集家人、朋友、女演员和不为收集者所知的公众人物的照片卡片。但是，20 世纪末出现了新的趋势，在成为意象的过程中，某些类型的时尚让自己置身于历史的余韵之中，也变得幽灵化。商品资本主义随着通信技术的出现而发生变化，时尚再次成为范例。

　　由于"虚拟性"和新的数字通信的增加，我所描述的"幽灵"极具现代内涵。时尚设计在 T 台上制作惊艳的展品之外，也像意象、概念、物品一样快速发展，时尚设计作为"具象的实践"而跃入虚拟舞台。[45]19 世纪也具有幽灵化特征，影像和文本中的表达拓展了商品的界限。[46]然而，20 世纪晚期的实体在信息时代进一步被移除，这也许就是为什么意大利反资本主义组织"白衫党"（Tute Bianche）提议将身体本身作为抵抗和斗争的场所。白衫党从福特主义向后福特

41　. Jonathan I. Gershuny, *Changing Times: Work and Leisure in Postindustrial Society*, Oxford University Press, 2000.

42　. For a discussion of the effect of new technologies on sensibilities and social practice see Anthony Giddens, *Runaway World: How Globalisation is Reshaping our Lives*, Profile Books, London, 1999.

43　. Mike Featherstone, *Consumer Culture and Postmodernism*, Sage, London, Thousand Oaks and New Delhi, 1991: 70.

44　. Jonathan Crary, *Techniques of the Observer: On Vision and Modernity in the Nineteenth Century*, MIT Press, Cambridge, Mass., and London, 1990. Jonathan Crary, Suspensions of Perception: Attention, Spectacle and Modern Culture, MIT Press, Cambridge, Mass., and London, 2001. Scott McQuire, *Visions of Modernity: Representation, Memory, Time and Space in the Age of the Camera*, Sage, London, Thousand Oaks and New Delhi, 1998.

45　. 我曾在别处辩称，商品的性质已经在后现代主义中发生了变化："现在，时尚服装在当代经济中作为标志网络的一部分循环流通，同时在许多登记册上运作。"虽然在广告或时尚照片的形式之前，时尚服装仅作为一件衣服而存在，但是如今它经常脱离实体意义，具有去中心化的内涵，因此它可以在更大的关系网络内以更多种类的形式扩散：作为意象、文化资本、消费品、恋物癖、艺术展览、早餐电视节目、邀请函、或具有收藏价值的杂志……于是在 20 世纪后期的技术和信息革命中，影像之于时尚的作用发生了转变。影像不再仅仅是再现的方式，而不时地成为商品本身，以独家时装秀、互联网网站、电视节目和一种新型时尚杂志的形式出现。Caroline Evans, 'Yesterday's Emblems and Tomorrow's Commodities: The Return of the Repressed in Fashion Imagery Today', in Stella Bruzzi and Pamela Church Gibson (eds), *Fashion Cultures: Theories, Explorations and Analysis*, Roudege, London and New York, 2000: 96-97.

46　. 我感谢艾莉森·马修斯·戴维，她讨论了裁缝的假人模特在 19 世纪作为身体的替代物，美化和迷恋一个逐渐消失的身体。报纸、商业目录和杂志使用新型影像技术延续并强化了这种效应，身体被逐步规范、界定和抽象。Alison Matthews David, 'Cutting a Figure: Tailoring, Technology and Social Identity in Nineteenth Century Paris', PhD diss. Stanford University, 2002.

主义的过渡中提出了抗议观点，他们认为现代生活的整个过程都在福特主义的统治下受制于资本主义。

白色既代表了"所有颜色的总和"，象征一切反对新世界秩序的抗议者，也隐喻了"幽灵的颜色，是超越视觉的象征"。[47] 这个比喻在本文中可以延伸到劳动在全球化时期变得透明化（或詹姆逊所说的"多国资本"[48]）的现象，因此我使用术语"后工业现代性"与早期的"工业现代性"区分开来，这既是"可怕的错误，又非常正确"。[49] 错误是因为我们的消费总量和以往一样多，从这个意义上说，社会仅仅受到"跨国资本"的调节，而距离真正的"后工业"还差得远。正确是因为目前存在一种趋势，那就是将所有肮脏的工业生产从清洁的、信息化的西方社会转移到世界另一端的自由贸易区，这是对劳动的终极迷恋，也许只有在"后工业"的理想中才能正确表达，但这里的"后工业"必须要加引号。从这个意义上说，有些讽刺的是，我不用"后现代主义"而坚持用"后工业现代性"的概念来描述当今的时尚状况，这是我之后要谈的重点。

我们所看到的计算机等新技术具有数字化特征，对大多数人来说"机器不是机械操作的替代品，而是某些心理／语言操作的替代品……"，这些机器需要在思维逻辑和事实辩证层面进行高水平分析。[50] 在其他方面，全球化也具有幽灵化特性。吉登斯认为，世纪之交由金融和企业风险驱动的新型全球电子经济产生了革命性的影响。[51] 电子货币的流量超越了以往任何货币市场的流量，比 20 世纪 80 年代的货币市场流量大得多；全球货币市场每天都有超过 1 万亿美元的资金经由鼠标的点击而流通，它的影响力大到足以破坏此前坚如磐石的经济体的稳定性。因此，我认为尽管资本主义变革的初端现在已经爆发，但重要的是要强调现在与可以用来揭示资本主义的过去时刻截然不同。

过去几年哲学和经济领域都发生了巨大变化，而由于哲学的关注点建立在时代的经济性和物质性基础上，因此我们有必要区分 19 世纪和当下对异化等概念的不同表述。例如，为了分析现代主义的异化，我在讨论尼克·奈特拍摄的艾米·穆林斯的照片时，谈到了许多现代主义的问题。如果说时尚模特的完美身体是生死之间的转换站，那么在这些影像中，穆林斯被视为一位既主动又被动，既是主体又是客体，既活泼动人又阴暗致命的女性。他们认为后工业现代性的文化形态不同于工业现代性的文化形态，在一个现代性向另一个现代性过渡的时刻，客体与主体的关系正面临重新表述。弗洛伊德关于"暗恐"的文章写于第一次世界大战后，我在讨论 20 世纪 90 年代流行的玩偶主题时依托于此，"暗恐"的特点是疏离感和失落感，这一思想影响了当时许多现代派作品。在弗洛伊德之前，马克思

---

47 . The Tute Bianche activists Chiara Cassurino and Federico Martelloni interviewed by Dario Azzellini, 'Tute Blanche', *032c*, 3rd issue, 'What's Next?' (Berlin), Winter 2001/02: 20.
48 . Frederic Jameson, *Postmodernism, or the Cultural Logic of Late Capitalism*, Verso, London and New York, 1991.
49 . I am grateful to Marketa Uhlirova for this trenchant point which I have left substantially in her words.
50 . Lyotard, 'Defining the Postmodern': 10.
51 . Giddens, *Runaway World*: 3-9.

的论述及其随后的注释和解读表明，工业化不可避免地产生了创伤的、异化的或分裂的主体，这一主体在商品拜物教的过程中转化成为客体。对马克思、卢卡奇和本雅明来说，异化是现代工业过程的结果。在商品拜物教中"人与物交换的表象是：社会关系具有客观关系的特征，而商品承担着人的能动性。"[52] 但是，从工业社会向后工业社会、信息化社会的转变过程中，我们或许可以重新思考主体与客体之间的关系，将身份视为不被有机体包含或限制的、流动而灵活的存在。我们可能正处于主观性范式转换的时刻，在这个时刻，我的论证载体的客体化观念可能会受到新的、仍在发展中的主体观念的挑战，这些观念也将推动我们重新定义客体。[53]

现代性和后现代主义 MODERNITY AND POST-MODERNISM

本书中我刻意避免了"后现代主义"一词，但同利奥塔和哈贝马斯一样，我可以断言，后现代主义应被视为现代性的延续，而不是与过去的彻底决裂。[54] 正如我极力主张的那样，工业现代性的幽灵萦绕在后工业现代性中，扰乱了当今时尚的光鲜外表，尽管我的用法几乎等同于通常所说的后现代主义，但我坚持用"后工业现代性"一词来描述当下。[55] 和詹姆逊一样，我使用的理论术语假定后现代性的文化表现为深层的社会经济条件的症状。詹姆逊提及的"跨国资本"是全球化的前沿术语，他借用曼德尔的"晚期资本主义"一词来表述资本主义发展三个阶段中的第三个阶段。

然而，现代性一词可能不再像描述 19 世纪工业化和城市化的经验那样适用于 20 世纪末的时尚，只要这两个时代都包含了快速的技术变革和社会的不稳定因素，我们就可以得出类似的结论。然而，这两个时期在变革性和不稳定性上存在根本性的差异，这一点也造成了两个时期的不同影响。西美尔和本雅明在各自的现代性著作中都表达了与过去决裂的观点，这也可以说是 20 世纪最后 20 年的特征。哈尔·福斯特认为，如今波德莱尔的"震惊体验"已经变成了电子震惊。他写道，我们"与奇观事件"和"心理 - 技术刺激"紧密相连。[56] 福斯特在观察中提出了一个问题：电子技术给人们带来的震惊与本雅明的电子隐喻是否完全不同？还是说过去的痕迹仍然影响着现在。[57] 波德莱尔、西美尔和本雅明论述了工业化对城市人口的影响，20 世纪末的重中之重是信息革命，这场革命始于 30 年前第一颗

52 . Hal Foster, 'The Art of Fetishism', *The Princeton Architectural Journal*, vol. 4 'Fetish', 1992:7
53 . See e.g. Christine Battersby, 'Her Body/Her Boundaries: Gender and the Metaphysics of Containment', in Andrew Benjamin (ed.), *The Body: Journal of Philosophy and the Visual Arts*, Academy Editions, London, 1993: 36-38.
54 . Jean-Francois Lyotard, *The Postmodern Condition: A Report on Knowledge*, trans. Geoffrey Bennington and Brian Massumi, University of Minnesota Press, Minneapolis, 1984 [1979]. Jurgen Habermas, *The Philosophical Discourse of Modernity*, trans. Frederick Lawrence, Polity Press, Cambridge, 1987 [1985]. Jameson, Postmodernism: xv-xvi, 论述了 20 世纪末文化理论中的"历史压抑的复现"，以及戏仿等所谓后现代语境中的"现代性的残余及其价值"。他将所谓的"新历史主义"视为美国理论的先锋派，并仔细审视其"现代性和后现代性"的痕迹，他建议如果"没有纯粹的后现代主义，那么就必须从另一个角度来看待现代主义的残余痕迹"。
55 . With thanks to Marketa Uhlirova for this point.
56 . Foster, *Return of the Real*: 221-222.
57 . Weatherstone, *Consumer Culture*, 认为后现代主义是现代性的延续，这就是西美尔和本雅明的著作至今仍能引起共鸣的原因。see ch. 5, 'The Aestheticization of Everyday Life': 65-82.

进入太空的卫星，但随着电子和数字通信形式的普及，过去的 5 到 10 年中这场革命不断升级。

　　我不认为时尚的物质基础是现代的或后现代的，它应该是两者兼而有之。在生产过程中，时尚从来就不是严格意义上的福特主义，例如现代主义时期的汽车工业。[58] 作为一个如此庞大而多元的产业，它涵盖了福特主义和后福特主义的生产方法，包括工艺技术和生产线、资本主义剥削和小规模企业家精神。一些前卫设计师仍像前工业时期的工匠一样工作，高级成衣设计师保留了工作室的传统工艺技巧和经营法则，阿斯达（Asda）和玛莎百货（Marks & Spencer）等连锁机构使用自动化生产线，但是，一些大型跨国公司不使用离本国更近的自动化生产线，而选择在消费者看不见的国度里使用廉价劳动力甚至童工。

　　同样，就消费时尚而言，我们不能将现代主义和后现代主义的轴心作为离散的对立范畴排列。从历史上看，时尚和艺术现代主义在许多方面互不相容。彭妮·斯派克（Penny Sparke）认为，时尚本身为现代主义者所憎恶，20 世纪初阿道夫·路斯（Adolf Loos）便写出了"时尚：多么骇人听闻的词语！"[59] 斯派克指出，路斯在讨论时装令人窒息的压迫感时，甚至将其与资产阶级内部和恐怖活动类比。[60] 1925 年，勒·柯布西耶（Le Corbusier）也否定《装饰艺术》（*L'art décoratif d'aujourd'hui*）中的时尚和所有女性化的东西。[61] 相比之下，20 世纪早期的大众文化与女性化更为相关。[62] 随着时尚被现代主义者妖魔化，时尚和女性化成为了现代主义的"他者"，

58 ．福特主义基于零件的互换性和劳动分工。福特主义生产依靠生产线的概念，无需其他工作。至少从 19 世纪开始，英国的时装生产是基于一种家庭劳动的零工和在雇主所在地工作的劳动。20 世纪英国血汗工厂和小工厂的时装生产逐渐增加，但并没有消除使用外包工人，因此时装业是否可以说是完全属于福特主义生产仍有争议。我很感谢琼·法尔在这些问题上的帮助。后福特主义的特点有大规模生产和大众市场的下降、利基市场的崛起、工厂和劳动力的灵活性、小批量生产以及对变化的快速反应。它使用零散的供应链，具有灵活的专业性，"及时"制造，CAD 和电子数据。From Adam Briggs's paper, 'Fashion as the Articulation of Production and Consumption in Apparel Manufacturing and Marketing', at the London College of Fashion, October 2000. 'Post-Fordism' is thus 'the politicaleconomy of postmodernism', see the New Times debate in Martin Jacques and Stuart Hall (eds), *New Times: The Changing Face of Politics in the 1990s*, Lawrence & Wishart, London, 1989. Also M. Wark, 'Fashioning the Future: Fashion, Clothing and the Manufacture of Post-Fordist Culture' Cultural Studies, vol. 5, no. i, 1991; and 'Fashion as a Culture Industry' in Andrew Ross (ed.), *No Sweat: Fashion, Free Trade and the Rights of Garment Workers*, Verso, New York and London, 1997. With thanks to Adam Briggs for these references. Arguably, fashion was always 'post-Fordist'. Inbusiness terms it is erratic and past performance is never a guarantee of future success, which is why it is always a high-risk investment; hence fashion companies are largely unsuited to be floated as public companies (see Agins, *End of Fashion*: 210). Indeed, Marx made exactly the same point about the fickleness of fashion as a business in the 1860S, basing much of his argument on the British textile industry and 'the murderous, meaningless caprices of fashion' that were 'linked to the anarchy of production, where demand cannot be predicted, and where gluts lead to starvation'. Karl Marx, Capital, vol. I, trans. Ben Fowkes, Penguin, Harmondsworth,976: 609, and see Esther Leslie, *Walter benjamin:Overpowering Conformism*, Pluto Press, London and Sterling, Va. 2000: 10.

59 ．Adolf Loos, *Spoken into the Void: Collected Essays 1897-1900*, MIT Press, Cambridge, Mass., 1982 7, quoted in Penny Sparke, As Long As It's Pink: The Sexual Politics of Taste, Pandora, London, 1995: 105.

60 ．同上：20。

61 ．Le Corbusier, *The Decorative Art of Today*, trans. James I. Dunnett, Architectural Press, London, 1987. Thomas Crow has explicitly identified fashion and commerce as the enemies of modernist and avant-garde art: 'Modernism and Mass Culture in the Visual Arts' in *Modern Art in the Common Culture*, Yale University Press, New Haven and London, 1996: 4- Like Le Corbusier and Loos before him and in common with many other art historians, Crow is hostile to fashion. T. J. Clark also writes: 'I persist in thinking that high fashion's cocktail of artiness and classiness (unattainable elegance spiced with avant-garde risk) is deadly, and deeply woman-hating': *Farewell to an Idea: Episodes from a History of Modernism*, Yale University Press, New Haven and London, 1999: 437. The vehemence of this reaction indicates that, as Lisa Tickner writes, '"avant-garde" and "fashion" are terms between which there has to be a kind of cordon sanitaire': *Modern Life and Modern Subjects*, Yale University Press, New Haven and London, 2000: 193. Nevertheless, as Tickner points out, 'the avant-garde was never free of fashion or commerce or economically independent of the bourgeois society whose tastes and values it disdained' and 'to whom', in Clement Greenberg's words, 'it has always remained attached by an umbilical cord of gold': 同上：188. Greenberg's phrase is from his much cited essay 'Avant Garde and Kitsch'. Tickner rightly points out that fashion and commerce were not really absent from modernism, but she distinguishes modernism from fashion and commerce by arguing that the former is 'uncomplacent' and 'resistant': 同上：302 n. 28. For a historically specific analysis of the complex interaction of fashion, art and commodity culture in the work of Paul Poiret see Nancy J. Troy, 'Fashion, Art and the Marketing of Modernism' in *Couture Culture: A Study in Modern Art and Fashion*, MIT Press, Cambridge, Mass., and London, 2003: 18-79.

62 ．Andreas Huyssen, 'Mass Culture as Woman: Modernisms Other' in *After the Great Divide:Modernism, Mass Culture and Postmodernism*, Macmillan, London, 1986. Crow, Modern Art:. 3-37.

成为滋生浪费和浪费生命的土壤，是现代主义意识形态嘲讽的资产阶级文化的"腐朽之物"。[63] 与之相反，世纪之交的新艺术风格将 18 世纪的女性化、品味和精英文化理想与 19 世纪末的大众消费世界结合起来，[64] 两者都站在高度现代主义的框架之外。既有优越的女性品味又有极高的消费价值。随着时间流逝，伴随着现代主义而来的是新巴洛克主义的潮流、装饰主义（例如装饰艺术）和反功利主义（主要是超现实主义）。所以，如果说现代时尚回到了这些早期对身体的论述方式，也许是因为它从来没有真正离开过这里。1900 年的巴黎博览会是新艺术风格的重要展示平台，也是时装秀的起点，加利亚诺经常重提那一时期的波希米亚风格和魅力四射的女性形象，这绝非偶然。

我在本书中已经讨论过加利亚诺多方面的重要性，但是，他只代表了 20 世纪 90 年代的一小部分时尚。这一时期，人们经由解构主义和垃圾摇滚风格的新趋势、运动装的影响、极简主义的重要作用见证了现代主义的回归。此外，美国主要的"经典"设计师如唐娜·凯伦、拉夫·劳伦和卡尔文·克莱恩逐一崛起，他们的作品构成了"古典复兴"的风格，成为了典型的美国时尚风格。[65] 我讨论的哥特式时尚正是这种理性、美式和国际风格的幽灵，在这种风格中，正如本雅明的辩证理论中所说，"新事物神话般地自我重复"[66]。本雅明在《卷宗 N》（*Konvolut N*）中写道："包括布勒东和柯布西耶在内——相当于把当代法国精神像弓箭一般拉紧，借此，将知识直射当下的实质之处。"[67] 排除马丁·马吉拉和布克兄弟，用本雅明的话说——相当于把全球资本主义精神像弓箭一般拉紧，将知识直射当下的实质之处——但也如本雅明一样，专注于命名。因此，读者在阅读我这一章对时尚更宽泛的推论时需谨慎。我觉得我必须表明自己的分析基础，我在关于"幽灵"和"现代的幽灵"的观念中暗含了过去的概念，因此我没有使用"后现代主义"而使用了"后工业"的概念。

时尚一词总是很宽泛，足以体现矛盾性和复杂性，同时时尚又参照过去不同的设计理念。这是时尚的"现时"，[68] 迷宫中的两点通过回顾遥远的历史而相触："为了让过去的一部分被当下的瞬间所触动，它们之间不能具有连续性。"[69] 时尚消除了现代主义、现代性和后现代主义之间的区别，因为它们不再是分散的类别，而都处于时尚创造性的张力之中，这种张力不仅体现在设计领域，在生产、营销和传播技术上也同样适用。苏珊·巴克-莫斯这样评述本雅明：

> 《拱廊计划》（*Passagen-Werk*）将资本主义时代划分为形式上的"现代主义"和历史上折衷的"后现代主义"是没有意义的，因为这些趋势从工业文化开始就存在。创新性和重复性的矛盾只是重新出现。现代主义和后现代主义不

63 . Sparke, *As Long As*. 104.
64 . 同上。
65 . Rebecca Arnold, 'Luxury and Restraint: Minimalism in 1990s Fashion', in Nicola White and Ian Griffiths (eds), *The Fashion Business*, Berg, Oxford and New York, 2000: 167-181.
66 . Buck-Morss, *Dialectics of Seeing*: 293.
67 . Benjamin, *Arcades Project*: 459.
68 . Benjamin, *Illuminations*: 263 and 265.
69 . Benjamin, *Arcades Project*: 470.

能简单按时间顺序排列，而是存在于艺术和技术之间长达一个世纪斗争中的两种政治立场……因此，每一种立场都代表了一部分真理；只要商品社会的矛盾没有解决，每一种立场都将"重现"。[70]

时尚是一种能够承载对立双方的范式——这本身非常现代——时尚不仅属于过去和现在，还是不同现代性的"辩证意象"或"批评星丛"，它的"现时"可以将不同时刻凝结在一起。反对英雄现代主义的正统观念的是超现实主义和装饰艺术的策略；与功能主义理论家对福特主义和后福特主义生产的描述对立的是碎片化、断裂又不系统的生产方式的叙事。与一贯追求创新性的时尚神话相悖的是，时尚回到了早期现代性的时刻。我引用迷宫的比喻说明了，当历史细节反过来揭示现在之事时，这两个时刻就会相互触碰。所有这些"转折和复返"（哈尔·福斯特所说）都漂浮在时尚的福尔马林中，这就是为什么它在现代时期的发展方式对整个艺术、设计和文化的主流话语提出了重大挑战。[71]

论及工业文化的意义，应将现在与后工业时代相区分，我略带讽刺地使用后工业时代一词表示全球化经济中工业生产的幽灵。如果我们接受与商业和经济有关的"后"的观念，并且认为它们对文化有影响，那么我们在文化上也必须处于某种"后"的状态；也许时尚可以帮助我们清楚地认识到，在"后"中，过去在现在是重叠的，这种强迫性的自我审视是现代性的一部分，不管它有什么特点。时尚体现了这种矛盾，在现代性和后现代主义之间，时尚的各种形式从来没有完全包含其中任意一种，而是跨越了两者，使它们处于创造性的张力之中。

堕落 SPOILING

在薇拉·齐蒂洛娃（Vara Chytilova）1966 年的电影《雏菊》（*Daisies*）[72] 中，年轻漂亮的机器人模特玛丽一号和玛丽二号喊道："世界堕落了，所以我们也该堕落！"她们大肆破坏法令，挑衅毫无戒心的商人，并将餐厅宴会的狂欢变成破坏性的时装秀。各种各样的设计师作品反映了堕落的世界。对于这一代设计师来说，稳定、进步和建立坚实的未来基础的现代主义思想似乎已经过时了。有时，相比于虚假的乐观和闪耀的奢华，他们更沉醉于遗弃、疏离和堕落，似乎这是更诚实地描绘世界的方式。然而，当时尚能充分地展现设计师作品的性感魅力时，当异化被视为奇观时，人们很容易认为产生这种意象的文化是病态化的。正如舞台上亚里士多德的悲剧一样，当代时尚的过分戏剧化，不断暗示着创伤被公之于众并在公共领域内扩散，究竟这是塞尔泽所说的私人在公共领域的演出，还是布希 - 格鲁克斯曼所说的保守派的巴洛克式残酷和夸张展现？在当前的时尚景观中，道德价值

70 . Buck-Morss, *Dialectics of Seeing*: 359.
71 . Mark Wigley's *White Walls, Designer Dresses: The Fashioning of Modern Architecture*, MIT Press, Cambridge, Mass., and London, 1995, 从历史学家的角度出发，利用时尚"重铸"现代主义建筑，自然风趣地描述了时尚和现代主义建筑。避免了以其原有的范式或现代主义方法进行时尚研究。
72 . Vara Chytilova, *Daisies* [1966], connoisseur video, London, 1993.

观转变为生产价值观，这广义上来说是从伦理转向美学的一部分，米肖·马费索利（Michel Maffesoli）将社会凝聚力的崩溃归因于此。[73] 他深入分析指出，美学已经取代伦理成为我们存在的组织原则，这一点在 20 世纪 90 年代时尚摄影作品异化的戏剧化上得到了充分体现。

1966 年，弗兰克·克默德指出启示录文学是现代主义的特有文学，当然，启示录的时尚奇观也可能出现在这一传统中。[74] 启示录的阴影"笼罩在小说的危机之上，我们可以说它是内生的。"[75] 他认为启示录是一种历史寓言形式，具有无限的灵活和弹性，它可以被混合或吸收。例如帝国的神话（如加利亚诺的新殖民主义和后殖民主义叙事，爱德华时代的礼服点缀着丁卡人珠饰胸衣）和颓废的神话（麦昆的"蛇蝎美人"和肖恩·利尼的珠宝），克默德称之为过渡神话。他指出我们正处于一个重要的转折点，以至于现在成为了"一个小小的过渡点"，甚至可以说时尚本身不断地要求变革。

20 世纪哲学的关注点很大程度上带有悲观色彩，这与异化和虚无主义密不可分。许多学者将 20 世纪末视为文化的创伤和焦虑期，也许他们的著作也构成了启示录文学的一部分。除了文学之外，艺术、设计以及学术写作和批评理论方面还有许多其他类型的创作。例如，在文学批评中，特里·伊格尔顿（Terry Eagleton）提出了一种新的悲剧理论，他认为，作为 20 世纪现代主义的核心特征，悲剧非但没有消亡，反而成为了当代的核心。[76] 我研究的时尚设计和摄影也许是一种宣泄形式，也许是一种哀悼纪念，也许是一种应对策略，也许是一种表达和控制创伤的途径。这些设计能否说明自由市场经济的阴暗面、社会管控的放松、风险和不确定性的上升是"现代性"和"全球化"的关键因素，或者它们是否与一些人断言的 20 世纪 90 年代"性别危机"有关系，这些都是猜测。当然，现代思想特有的末世论基调与 20 世纪下半叶经济和政治的深刻变化有关。[77] 克默德认为，随着技术的快速转型和社会流动性的增强，人们想象自己处于新时期的边缘，将这些变化与世界末日联系起来。在我们的观念里，过渡阶段本身就是一个时代，因此"过渡是让我们记住，末日是内在的，而不是迫近的。"[78] "启示录是现代荒诞派的一部分……是恐惧和欲望的集合……是启示录文学的不变特征。"[79] 社会科学界关于全球化的争论也可以理解为一种启示录文学，我们可以用它来理解当今社会面临的恐惧，全球化的概念可能仅仅是康德和布尔克（Burke）崇高思想的另一种体现。[80] 新的数字流、虚拟空间和时间将全球各地的人们联系起来，也为我们

73 . Michedl Maffesoli, *The Time of the Tribes: The Decline of Individualism in Mass Society*, trans. Mark Ritler, Sage, London and Thousand Oaks, New Delhi, 1996.
74 . Kermode, *Sense of an Ending*. 98.
75 . 同上：6。
76 . Terry Eagleton, *Sweet Violence: The Idea of the Tragic*, Blackwell, Oxford, 2002. See also David Trotter, *Paranoid Modernism*, Oxford University Press, 2001.
77 . Kermode, *Sense of an Ending*. 95.
78 . 同上：101。
79 . 同上：123-124。
80 . For a discussion of the post-modern sublime see Andrew Benjamin, *Art, Mimesis and the Avant- Garde: Aspects of a Philosophy of Difference*, Routledge, London and New York, 1991; Andrew Benjamin (ed.), *ICA Documents 20: Thinking Art, Beyond Traditional Aesthetics*, ICA, London, 1991.

提供了一种全新的角度体验奇幻和恐怖。这些奇幻和恐怖的景象之中有一部分可以被解读为世界末日的时尚预兆：人们从建筑物上坠落、T台熊熊燃烧，设计师重现了车祸现场。

我们将视线转向时尚中更黑暗的意象，这不仅仅与以新技术形式出现的机器有关，也与失去了社会契约的自由市场经济的黑暗面有关。20世纪60年代放任的社会治理、英国撒切尔时期宽松的经济管控、美国里根经济政策和20世纪80年代末东欧巨变解放了人们的自由天性，与此同时，这些也带来了自由市场经济的阴暗面。20世纪70年代，朋克风格黑暗而虚无，赫尔穆特·牛顿和盖·伯丁的时尚摄影也是如此。社会契约的缺失潜在地疏离了现代主体，马克思在19世纪写道，"一切坚固的东西都烟消云散了，一切神圣的东西都被亵渎了，人们终于不得不冷静地直面他们生活的真实状况和他们的相互关系。"[81] 正如马克思所言，市场经济的残酷条件再次表明，"人们自己创造自己的历史，但是他们并不是随心所欲地创造，并不是在自己选定的条件下创造，而是在直接碰到的、既定的、从过去承继下来的条件下创造。"[82]

异化让现代主体愈发疏离，但它也给了他们一定的自由空间重新塑造自己。我们也可以认为异化是一种"自我的放松"，也许最擅长"做"时尚的人就是最擅长拥抱异化、热爱它，并通过它自我重塑的人。时尚可以与自恋的创伤或治愈联系在一起，显然，自恋与时尚息息相关，哪怕在波德莱尔现代性的背景下也有它的身影。[83] 如果后工业时代的现代性将我们塑造成流动的主体，即使置身于不属于自己的历史中，我们至少也可以自由地在我们从未创造过的世界里讲述自己的故事。对于时尚设计师和摄影师来说，这可能意味着回顾过去成为唯一可行的前行之路。就像本雅明的历史天使一样，被进步的风暴吹向未来，凝望着身后的废墟。如果20世纪的黑暗历史能够与时尚设计相遇，那么当下唯一的创作方式便如葛兰西所说："理智上的悲观主义，意志上的乐观主义。"[84]

81 . Karl Marx and Frederick Engels, *The Manifesto of the Communist Party* trans. SamuelMoore, Progress Publishers, Moscow, 1966 [1848]: 45

82 . Karl Marx, *The Eighteenth Brumaire of Louis Bonaparte* [1852], trans, from the German, Progress Publishers, Moscow, 3rd rev. ed. 1954 [2nd rev. ed. 1869: 10.

83 . See Jonathan Friedman, 'Narcissism, Roots and Postmodernity: The Constitution of Selfhood in the Global Crisis', in Scott Lash and Jonathan Friedman (eds), *Modernity and Identity*, Basil Blackwell, Oxford, 1992: 331-336; see too Mike Featherstone, 'Postmodernism and the Aestheticization of Everyday Life', in ibid: 265-290.

84 . Antonio Gramsci, *Selections from the Prison Notebooks*, trans. Quintin Hoare and Geoffrey Nowell Smith, Lawrence & Wishart, London, 1971 [1932]: 175.

Books

Abraham, Nicolas, and Maria Torok, *The Wolf Man's Magic Word: A Cryptonomy*, University of Minneapolis Press, Minnesota, 1986.

—, *The Shell and the Kernel*, vol. 1, trans. and intro. by Nicolas T. Rand, University of Chicago Press, Chicago and London, 1994.

Ackroyd, Peter, *Dressing Up: Transvestism and Drag: The History of An Obsession*, Thames & Hudson, London, 1979.

Addressing the Century: 100 Years of Art and Fashion, Hayward Gallery Publishing, London, 1998.

Adorno, Theodor, *In Search of Wagner*, trans. Rodney Livingstone, Verso, London and New York, 1981.

—and Walter Benjamin, *Complete Correspondence 1928–1940*, ed. Henri Loritz, trans. Nicholas Walter, Polity Press, Cambridge, 1999.

Agins, Teri, *The End of Fashion*, Quill/Harper Collins, New York, 2000.

Alison, Jane, and Liz Farelley (eds), *JAM: style + music + media*, Booth Clibborn, London, 1996.

Als, Hilton, *et al*, *Leigh Bowery*, Violette Editions, London, 1998.

Amelunxen, H. V., S. Inglhaut, and F. Rotzer, *Photography after Photography*, Arts Council of Great Britain, London, 1998.

Anderson, Mark M., *Kafka's Clothes: Ornament and Aestheticism in the Hapsburg Fin de Siècle*, Clarendon Press, Oxford, 1992.

Ansell Pearson, Keith, *Viroid Life: Perspectives on Nietzsche and the Transhuman Condition*, Routledge, London, 1997.

Ariès, Philippe, *Western Attitudes to Death*, trans. Patricia M. Ranum, Johns Hopkins University Press, Baltimore and London, 1974.

—, *The Hour of Our Death*, trans. Helen Weaver, Allen Lane, London, 1981.

—-, *Images of Man and Death*, trans. Janet Lloyd, Harvard University Press, Cambridge, Mass., and London, 1985.

Arnold, Rebecca, *Fashion, Desire and Anxiety: Image and Morality in the Twentieth Century*, I. B. Tauris, London and New York, 2001.

Bailey, Peter, *Popular Culture and Performance in the Victorian City*, Cambridge University Press, 1998.

Balsamo, Anne, *Technologies of the Gendered Body*, Duke University Press, Durham, N. C. and London, 1997.

Barker, Francis, Peter Hulme, and Margaret Iverson (eds), *Uses of History*, Manchester University Press, 1991.

Barley, Nick (ed.), *Lost and Found: Critical Voices in New British Design*, Birkhäuser/British Council, Basle, Boston and Berlin, 1999.

Barthes, Roland, *Camera Lucida: Reflections on Photography*, trans. Richard Howard, Vintage, London, 1993 [1980].

Bataille, Georges, *Visions of Excess: Selected Writings, 1927–1939*, ed. and trans. Allan Stoekl, University of Minnesota Press, Minneapolis, 1985.

Baudelaire, Charles, *The Painter of Modern Life and Other Essays*, trans. Jonathan Mayne, Phaidon, London, 2nd ed. 1995.

—, *Complete Poems*, trans. Walter Martin, Carcanet, Manchester, 1997.

Baudrillard, Jean, *Simulations*, trans. Paul Foss *et al*, Semiotext(e), New York, 1983.

—, *The Ecstasy of Communication*, trans. Bernard and Caroline Schutze, Semiotext(e) Autonomia, Brooklyn, N.Y., 1988.

—, *Fatal Strategies*, Semiotext(e), New York, 1990.

—, *Seduction*, trans. Brian Singer, Macmillan, London, 1990 [1979].

—, *Symbolic Exchange and Death*, trans. Iain Hamilton Grant, Sage, London and Thousand Oaks, New Delhi, 1993 [1976].

—, *The Illusion of the End*, trans. Chris Turner, Polity Press, Cambridge, 1994.

Beaton, Cecil, *The Glass of Fashion*, Cassell, London, 1954.

Beauvoir, Simone de, *The Second Sex*, trans. Howard Madison Parshley, Penguin, Harmondsworth, 1972 [1949].

Beck, Ulrich, *Risk Society: Towards a New Modernity*, trans. Mark Ritter, Sage, London and Newbury Park, New Delhi, 1992.

Bell, Daniel, *The Cultural Contradictions of Capitalism*, Heinemann, London, 2nd ed. 1979 [1975].

—, 'The Third Technological Revolution and Its Possible Socio-Economic Consequences', University of Salford, Faculty of Social Sciences Annual Lecture, Salford, 1988.

—, *The Coming of Postindustrial Society: A Venture in Social Forecasting*, Heinemann, London, 1994.

Benjamin, Andrew, *Art, Mimesis and the Avant-Garde: Aspects of a Philosophy of Difference*, Routledge, London and New York, 1991.

—(ed.), *ICA Documents 10: Thinking Art, Beyond Traditional Aesthetics*, ICA, London, 1991.

Benjamin, Walter, *Illuminations*, trans. Harry Zohn, Fontana/Collins, London, 1973 [1955].

Benjamin, Walter, *The Origin of German Tragic Drama*, trans. John Osborne with an intro. by George Steiner, New Left Books, London, 1977.

—, *One Way Street and Other Writings*, with an intro. by Susan Sontag, trans. Edmund Jephcott and Kingsley Shorter, Verso, London, 1985.

—, *Charles Baudelaire: A Lyric Poet in the Era of High Capitalism*, trans. Harry Zohn, Verso, London and New York, 1997.

—, *The Arcades Project*, trans. Howard Eiland and Kevin McLaughlin, Belknap Press of Harvard University Press, Cambridge, Mass., and London, 1999.

Benstock, Shari, and Suzanne Ferriss (eds), *On Fashion*, Rutgers University Press, New Brunswick, N.J., 1994.

Berman, Marshall, *All That is Solid Melts into Air: The Experience of Modernity*, Verso, London, 1983.

—, *Adventures in Marxism*, Verso, London and New York, 1999.

Blau, Herbert, *Nothing In Itself: Complexions of Fashion*, Indiana University Press, Bloomington and Indianapolis, 1999.

Bolton, Andrew, *The Supermodern Wardrobe*, Victoria & Albert Museum, London, 2002.

Bordo, Susan, *Unbearable Weight: Feminism, Western Culture and the Body*, University of California Press, Berkeley, 1993.

Braddock, Sarah, and Marie O'Mahony, *Techno Textiles: Revolutionary Fabrics for Fashion and Design*, Thames & Hudson, London, 1998.

—(eds), *Fabric of Fashion*, British Council, London, 2000.

Bradley, Alexandra, and Gavin Fernandez (eds), *Unclasped: Contemporary British Jewellery*, essay by Derren Gilhooley, afterword by Simon Costin, Black Dog, London, 1997.

Brantlinger, P., *Bread and Circuses: Theories of Mass Culture and Social Decay*, Ithaca, N.Y., 1983.

Breward, Christopher, *The Culture of Fashion*, Manchester University Press, 1995.

—, *The Hidden Consumer: Masculinities, Fashion and City Life 1860–1914*, Manchester University Press, 1999.

Bronfen, Elizabeth, *Over Her Dead Body: Death, Femininity and the Aesthetic*, Manchester University Press, 1992.

—, *The Knotted Subject: Hysteria and Its Discontents*, Princeton University Press, 1998.

Buci-Glucksmann, Christine, *Baroque Reason: The Aesthetics of Modernity*, trans. Patrick Camiller, with an intro. by Bryan S. Turner, Sage, London and Thousand Oaks, New Delhi, 1994 [1984].

Buck-Morss, Susan, *The Dialectics of Seeing: Walter Benjamin and the Arcades Project*, MIT Press, Cambridge, Mass., and London, 1991.

Burch, Noël, *Life to Those Shadows*, trans. Ben Brewster, British Film Institute, London, 1990.

Burman Baines, Barbara, *Fashion Revivals: From the Elizabethan Age to the Present Day*, Batsford, London, 1981.

Butler, Judith, *Gender Trouble: Feminism and the Subversion of Identity*, Routledge, New York and London, 1990.

Butler, Judith, *Bodies that Matter: On the Discursive Limits of "Sex"*, Routledge, London and New York, 1993.

Campbell, Colin, *The Romantic Ethic and the Spirit of Modern Consumerism*, Basil Blackwell, Oxford, 1987.

Carter, Angela, *The Sadeian Woman: An Exercise in Cultural History*, Virago, London, 1979.

—, *Nothing Sacred*, Virago, London, 1982.

Caruth, Cathy (ed.), *Trauma: Explorations in Memory*, Johns Hopkins University Press, Baltimore and London, 1995.

Carver, Terrell, *The Postmodern Marx*, Manchester University Press, 1998.

Certeau, Michel de, *Cultural Practices of Everyday Life*, trans. Stephen Rendall, University of California Press, Berkeley, 1984.

—, *Heterologies: Discourse of the Other*, trans. Brian Massumi, University of Manchester Press, 1986.

Chambers, Iain, *Popular Culture: The Metropolitan Experience*, Routledge, London, 1982.

—, *Migrancy, Culture, Identity*, Comedia/Routledge, London and New York, 1994.

Chamisso, Adalbert von, *The Wonderful Story of Peter Schlemihl*, trans. Leopold von Loewenstein-Wertheim, John Calder, London, 1957 [1813].

Charles-Roux, Edmonde, *Chanel and Her World*, trans. Daniel Wheeler, Weidenfeld & Nicolson, London, 1982 [1979].

Cheney, Liana de Girolami (ed.), *The Symbolism of Vanitas in the Arts, Literature and Music*, Edwin Mellen Press, Lewiston, Queenston, Lampeter, 1992.

Chermeyeff, Catherine (ed.), *Fashion Photography Now*, Abrams, New York, 2000.

Chic Clicks: Creativity and Commerce in Contemporary Fashion, Hatje Cantz, Ostfilden Ruit, 2002.

Clark, David, *Urban World/Global City*, Routledge, London and New York, 1996.

Clark, T. J., *The Painting of Modern Life: Paris in the Art of Manet and his Followers*, Princeton University Press and Thames & Hudson, London, 1984.

—, *Farewell to an Idea: Episodes from A History of Modernism*, Yale University Press, New Haven and London, 1999.

Cohen, Margaret, *Profane Illumination: Walter Benjamin and the Paris of Surrealist Revolution*, University of California Press, Berkeley and London, 1993.

Confused/Dazed, Booth Clibborn, London, 1999.

Corbin, Alain, *Woman for Hire: Prostitution and Sexuality in France After 1850*, trans. Alan Sheridan, Harvard University Press, Cambridge, Mass., 1990.

Corbusier, le, *The Decorative Art of Today*, trans. James I. Dunnett, Architectural Press, London, 1987.

Cotton, Charlotte, *Imperfect Beauty: The Making of Contemporary Fashion Photographs*, Victoria & Albert Publications, London, 2000.

Coupland, Douglas, *Generation X*, Abacus, London, 1996 [1991].

Crane, Diana, *Fashion and Its Social Agendas*, University of Chicago Press, 2000.

Crary, Jonathan, *Techniques of the Observer: On Vision and Modernity in the Nineteenth Century*, MIT Press, Cambridge, Mass., and London, 1990.

—, *Suspensions of Perception: Attention, Spectacle and Modern Culture*, MIT Press, Cambridge, Mass., and London, 2001.

— and Sanford Kwinter (eds), *Incorporations*, Zone 6, Zone Books, New York, 1992.

Crisp, Quentin, *The Naked Civil Servant*, Fontana, London, 1977.

Crow, Thomas, *Modern Art in the Common Culture*, Yale University Press, New Haven and London, 1996.

David, Alison Matthews, 'Cutting a Figure: Tailoring, technology and Social Identity in Nineteenth-Century Paris', PhD diss., Stanford University, 2002.

Dean, Carolyn, *The Self and Its Pleasures: Bataille, Lacan and the History of the Decentered Subject*, Cornell University Press, Ithaca and London, 1992.

Debord, Guy, *Society of the Spectacle*, trans. Donald Nicholson-Smith, Zone Books, London, 1994 [1967].

Deitch, Jeffrey, *Post Human*, Musée d'Art Contemporain, Pully/Lausanne, 1992.

Derrida, Jacques, *Specters of Marx: The State of Debt, the Work of Mourning, and the New International*, trans. Peggy Kamuf, Routledge, New York and London, 1994.

Derycke, Luc, and Sandra van de Veire (eds), *Belgian Fashion Design*, Ludion, Ghent and Amsterdam, 1999.

Dickens, Charles, *Our Mutual Friend*, ed. with an intro. by Stephen Gill, Penguin, Harmondsworth, 1985 [1864–5].

Dijksra, Bram, *Idols of Perversity: Fantasies of Feminine Evil in Fin-de-Siècle Culture*, Oxford University Press, Oxford & New York, 1986.

Doane, Mary Ann, *Femmes Fatales: Feminism, Film Theory, Psychoanalysis*, Routledge, London and New York, 1991.

Dollimore, Jonathan, *Sexual Dissidence: Augustine to Wilde, Freud to Foucault*, Clarendon Press, Oxford, 1991.

—, *Death, Desire and Loss in Western Culture*, Allen Lane, Penguin, London, 1998.

Douglas, Mary, *Purity and Danger: An Analysis of the Concepts of Pollution and Taboo*, Routledge, London and New York, 1992 [1966].

Duits, Thimo te, *La Maison Margiela: (9/4/1615)*, trans. Ruth Koenig, Boijmans Van Beuningen Museum, Rotterdam, 1997.

—, *Believe: Walter van Beirendonck and Wild & Lethal Trash!*, with photographs by Juergen Teller, Boijmans Van Beuningen Museum, Rotterdam, 1998.

Dunant, Sarah, and Roy Porter (eds), *The Age of Anxiety*, Virago, London, 1996.

Duve, Thierry de, Arielle Pelenc and Boris Groys, *Jeff Wall*, Phaidon, London, 1996.

Eagleton, Terry, *Sweet Violence: The Idea of the Tragic*, Basil Blackwell, Oxford, 2002.

Elias, Norbert, *The Court Society*, Basil Blackwell, Oxford, 1983.

Eliot, T. S., *Selected Poems*, Faber & Faber, London, 1954.

Ellis, Brett Easton, *Glamorama*, Picador, London and Knopf, New York, 1998.

Ewen, Stuart and Elizabeth, *Channels of Desire: Mass Images and the Shaping of America*, University of Minnesota Press, Minneapolis, 1992.

Falk, Pasi, and Colin Campbell (eds), *The Shopping Experience*, Sage, London, Thousand Oaks and New Delhi, 1997.

Farelley, Liz (ed.), *Jam: Tokyo-London*, Booth-Clibborn, London, 2001.

Farrell, Kirkby, *Post-traumatic Culture: Imagery and Interpretation in the 1990s*, Johns Hopkins University Press, Baltimore, 1998.

Fashion Faces Up: Photographs and Words from the World of Fashion, Steidl, Göttingen, 2000.

Fausch, Deborah, *et al* (eds), *Architecture: In Fashion*, Princeton Architectural Press, 1994.

Featherstone, Mike, *Consumer Culture and Postmodernism*, Sage, London, Newbury Park and New Delhi, 1991.

—and Roger Burrows, *Cyberspace/Cyberbodies/Cyberpunk*, Sage, London, Thousand Oaks and New Delhi, 1995.

Finkelstein, Joanne, *After a Fashion*, Melbourne University Press, 1996.

Foster, Hal, *Compulsive Beauty*, MIT Press, Cambridge, Mass., and London, 1993.

—, *The Return of the Real: The Avant Garde at the End of the Century*, MIT Press, Cambridge, Mass., and London, 1996.

Foucault, Michel, *The Order of Things: An Archaeology of the Human Sciences*, trans. A. M. Sheridan-Smith, Vintage, New York, 1973 [1966].

—, *The Archaeology of Knowledge*, trans. A. M. Sheridan-Smith, Tavistock, London, 1974 [1969].

—, *The History of Sexuality, Volume Two: The Uses of Pleasure*, trans. Robert Hurley, New York, Pantheon, 1985 [1984].

—, *The History of Sexuality, Volume Three: The Care of the Self*, trans. Robert Hurley, Pantheon, New York, 1986 [1984].

Frankel, Susannah, *Visionaries: Interviews with Fashion Designers*, Victoria & Albert Publications, London, 2001.

Freidberg, Anne, *Window Shopping: Cinema and the Postmodern*, University of California Press, Berkeley, Los Angeles and London, 1994.

Freud, Sigmund, 'Creative Writers and Day-dreaming' [1908] in *Works: The Standard Edition of the Complete Psychological Works of Sigmund Freud*, under the general editorship of James Strachey, vol. IX, Hogarth Press, London, 1959: 141–53.

—, 'On Transience' [1916] in *Works: The Standard Edition of the Complete Psychological Works of Sigmund Freud*, under the general editorship of James Strachey, vol. XIV, Hogarth Press, London, 1955: 303–7.

—, 'The Uncanny' [1919] in *Works: The Standard Edition of the Complete Psychological Works of Sigmund Freud*, under the general editorship of James Strachey, vol. XVII, Hogarth Press, London, 1955: 217–56.

—, 'Beyond the Pleasure Principle' [1920] in *Works: The Standard Edition of the Complete Psychological Works of Sigmund Freud*, under the general editorship of James Strachey), vol. XVIII, Hogarth Press, London, 1955: 7–64.

—, 'Medusa's Head' [1922] in *Works: The Standard Edition of the Complete Psychological Works of Sigmund Freud*, under the general editorship of James Strachey, vol. XVIII, Hogarth Press, London, 1955: 273–4.

—, with Josef Breuer, *Studies on Hysteria* [1895] in *Works: The Standard Edition of the Complete Psychological Works of Sigmund Freud*, under the general editorship of James Strachey, vol. II, Hogarth Press, London, 1955.

Fukuyama, Francis, *The End of History and the Last Man*, Hamish Hamilton, London, 1992.

Furedi, Frank, *Culture of Fear: Risk-Taking and the Morality of Low Expectation*, Cassell, London, 1997.

Gamman, Lorraine, and Merja Makinen, *Female Fetishism: A New Look*, Lawrence & Wishart, London, 1994.

Gan, Stephen, *Visionaire's Fashion 2000: Designers at the Turn of the Millennium*, Laurence King, London, 1997.

—, *Visionaire's Fashion 2001: Designers of the New Avant-Garde*, ed. Alix Browne, Laurence King, London, 1999.

Garb, Tamar, *Bodies of Modernity: Figure and Flesh in Fin-de-Siècle France*, Thames & Hudson, London, 1998.

Garber, Marjorie, *Shakespeare's Ghost Writers: Literature as Uncanny Causality*, Methuen, London, 1987.

Gershenfeld, Neil, *When Things Start to Think*, Coronet, London, 1999.

Gershuny, Jonathan I., *Changing Times: Work and Leisure in Postindustrial Society*, Oxford University Press, 2000.

Gibson, Robin, and Pam Roberts, *Madame Yevonde: Colour, Fantasy and Myth*, National Portrait Gallery Publications, London, 1990.

Giddens, Anthony, *Modernity and Self-Identity: Self and Society in the Late Modern Age*, Polity Press, Cambridge, 1991.

—, *Runaway World: How Globalisation is Reshaping our Lives*, Profile Books, London, 1999.

Goncourt, Edmond de, *Pages from the Goncourt Journal* [24 September 1870], trans. Robert Baldick, Oxford University Press, 1978.

Gramsci, Antonio, *Selections from the Prison Notebooks*, trans. Quintin Hoare and Geoffrey Nowell Smith, Lawrence & Wishart, London, 1971.

Gray, Chris Hables (ed.), *The Cyborg Handbook*, Routledge, New York and London, 1995.

Grazia, Victoria de and Ellen Furlough (eds), *The Sex of Things: Gender and Consumption in Historical Perspective*, University of California Press, Berkeley, Los Angeles and London, 1996.

Greenblatt, Stephen, *Renaissance Self-Fashioning: From More to Shakespeare*, University of Chicago Press, 1980.

Greenhalgh, Paul, (ed.), *Modernism in Design*, Reaktion Books, London, 1990.

Guerin, Polly, *Creative Fashion Presentations*, Fairchild Publications, New York, 1987.

Habermas, Jürgen, *The Philosophical Discourse of Modernity*, trans. Frederick Lawrence, Polity Press, Cambridge, 1987 [1985].

Hall-Duncan, Nancy, *The History of Fashion Photography*, Alpine Book Company, New York, 1979.

Hamilton, Peter, and Roger Hargreaves, *The Beautiful and the Damned: The Creation of Identity in Nineteeth-Century Photography*, Lund Humphries in association with the National Portrait Gallery, London, 2001.

Haraway, Donna J., *Simians, Cyborgs and Women: The Reinvention of Nature*, Free Association Books, London, 1991.

Hardt, Michael, and Antonio Negri, *Empire*, Harvard University Press, Cambridge, Mass., and London, 2000.

Hobsbawm, Eric, *Age of Extremes: The Short Twentieth Century 1914–1991*, Michael Joseph, London, 1994.

Houellebecq, Michel, *Atomised*, trans. Frank Wynne, Heinemann, London, 2000 [1999].

Huyssen, Andreas, *After the Great Divide: Modernism, Mass Culture and Postmodernism*, Macmillan, London, 1986.

Izima Kaoru, fa projects, London, 2002.

Jacques, Martin, and Stuart Hall (eds), *New Times: The Changing Face of Politics in the 1990s*, Lawrence & Wishart, London, 1989.

Jameson, Fredric, *Postmodernism, or the Cultural Logic of Late Capitalism*, Verso, London and New York, 1991.

Jardine, Lisa, *Worldly Goods*, Macmillan, London, 1996.

Jay, Martin, *Downcast Eyes: The Denigration of Vision in Twentieth-Century French Thought*, University of California Press, Berkeley and Los Angeles, 1993.

Jones, Amelia, *Body Art/Performing the Subject*, University of Minnesota Press, Minneapolis and London, 1998.

Jones, Ann Rosalind, and Peter Stallybrass, *Renaissance Clothing and the Materials of Memory*, Cambridge University Press, 2000.

Jullian, Philippe, *The Triumph of Art Nouveau: The Paris Exhibition of 1900*, Phaidon, London, 1974.

Kaplan, Louise J., *Female Perversions: The Temptations of Madame Bovary*, Pandora, London, 1991.

Kelley, Mike, *The Uncanny*, Gemeentemuseum, Arnhem, 1993.

Kember, Sarah, *Virtual Anxiety: Photography, New Technologies and Subjectivity*, Manchester University Press, 1998.

Kermode, Frank, *The Sense of an Ending: Studies in the Theory of Fiction with a New Epilogue*, Oxford University Press, 2000 [1966].

Koda, Harold, *Extreme Beauty: The Body Transformed*, Yale University Press, New Haven and London, 2002.

Kracauer, Siegfried, *The Mass Ornament: Weimar Essays*, trans. Thomas Y. Levin, Harvard University Press, Cambridge, Mass., and London, 1995.

Krauss, Rosalind, and Jane Livingston, *L'Amour fou: Photography and Surrealism*, Abbeville, New York and Arts Council of Great Britain, London, 1986.

Kries, M., and A. von Vegesack (eds), *A-POC making: Issey Miyake and Dai Fujiwara*, Vitra Design Museum, Weil am Rhein, 2000

Kristeva, Julia, *The Powers of Horror: An Essay on Abjection*, trans. Leon S. Roudier, Columbia University Press, Ithaca and Oxford, 1982 [1980].

Kuhn, Annette, *The Power of Images: Essays on Representation and Sexuality*, Routledge, New York and London, 1985.

Kwint, Marius, Christopher Breward, and Jeremy Ainsley (eds), *Material Memories: Design and Evocation*, Berg, Oxford and New York, 1999.

Lacou-Labarthe, Philippe, and Jean-Luc Nancy, *The Literary Absolute*, trans. Philip Barnard and Cheryl Lester, State University of New York Press, Albany, 1988.

Lajer-Burcharth, Ewa, *Necklines: The Art of Jacques-Louis David after the Terror*, Yale University Press, New Haven and London, 1999.

Lasch, Christopher, *Culture of Narcissism: American Life in an Age of Diminishing Expectations*, Abacus, London, 1980.

Lash, Scott, and Jonathan Friedman (eds), *Modernity and Identity*, Basil Blackwell, Oxford, 1992.

Latham, Rob, *Consuming Youth: Vampires, Cyborgs and the Culture of Consumption*, University of Chicago Press, 2002.

Ledger, Sally, and Scott McCracken (eds), *Cultural Politics at the Fin de Siècle*, Cambridge University Press, 1995.

Lehmann, Ulrich, *Tigersprung: Fashion in Modernity*, MIT Press, Cambridge, Mass., and London, 2000.

Lemire, Beverlie, *Fashion's Favorite: The Cotton Trade and the Consumer in Britain 1660–1800*, Oxford University Press, 1991.

Leopardi, Giacomo, *Operetti Morali*, Rizzoli, Milan, 1951 [1824].

Leslie, Esther, *Walter Benjamin: Overpowering Conformism*, Pluto Press, London and Sterling, Va., 2000.

Li, Patrick (ed.), *Fashion Time: Creative Time in the Anchorage: Exposing Meaning in Fashion Through Presentation*, Creative Time Inc., New York, 1999.

Lipovetsky, Gilles, *The Empire of Fashion: Dressing Modern Democracy*, trans. Catherine Porter, Princeton University Press, 1994 [1987].

Looking at Fashion, Florence Biennale, Skira, Milan, 1996.

Loos, Adolf, *Spoken into the Void: Collected Essays 1897–1900*, MIT Press, Cambridge, Mass., 1982: 7.

Lovatt-Smith, Lisa, and Patrick Remy (eds), *Fashion Images de Mode*, vol. I, Steidl, Göttingen, 1996.

Lovatt-Smith, Lisa (ed.), *Fashion Images de Mode*, vol. II, Steidl, Göttingen, 1997.

—, *Fashion Images de Mode*, vol. III, Steidl, Göttingen, 1998.

—, *Fashion Images de Mode*, vol. IV, intro. by Marion de Beaupré, Steidl, Göttingen, 1999.

—, *Fashion Images de Mode*, vol. V, intro. by Val Williams, Steidl, Göttingen, 2000.

—, *Fashion Images de Mode*, vol. VI, intro. by Rankin, Vision On, London, 2001.

Lukács, Georgy, *History and Class Consciousness: Studies in Marxist Dialectics*, trans. Rodney Livingstone, Merlin Press, London, 1977 [1923].

Lurie, Celia, *Prosthetic Culture: Photography, Memory and Identity*, Routledge, London and New York, 1998.

Lyotard, Jean-François, *The Postmodern Condition: A Report on Knowledge*, trans. Geoffrey Bennington and Brian Massumi, University of Minnesota Press, Minneapolis, 1984 [1979].

Mack, Michael, *Surface: Contemporary Photographic Practice*, Booth Clibborn, London, 1996.

Maffesoli, Michel, *The Time of the Tribes: The Decline of Individualism in Mass Society*, trans. Mark Ritter, Sage, London, Thousand Oaks and New Delhi, 1996.

Maison Martin Margiela, *Street*, Special Edition, vols I and II, Tokyo, 1999.

Malossi, Gianni (ed.), *The Style Engine. Spectacle, Identity, Design and Business: How the Fashion Industry Uses Style to Create Wealth*, Monacelli Press, New York, 1998.

Maravall, José Antonio, *Culture of the Baroque: Analysis of a Historical Structure*, trans. Terry Cochran, University of Minnesota Press and Manchester University Press, Minneapolis and Manchester, 1986.

Maré, Eric de and Gustave Doré, *The London Doré Saw* [1870], Allen Lane, London, 1973.

Martin, Richard, and Harold Koda, *Infra-Apparel*, Metropolitan Museum of Art, New York, 1993.

Marx, Karl, *The Eighteenth Brumaire of Louis Bonaparte* [1852], trans. from the German, Progress Publishers, Moscow, 3rd rev. ed. 1954 [2nd rev. ed. 1869].

—, *Surveys from Exile: Political Writings, Vol. 2*, ed. and intro. by David Fernbach, Penguin in association with New Left Review, Harmondsworth, 1973: 299–300.

—, *Early Writings*, trans. Rodney Livingstone and Gregor Benton, Penguin, Harmondsworth, 1975.

—, *Capital*, vol. I, trans. Ben Fowkes, Penguin, Harmondsworth, 1976.

—and Frederick Engels, *The Manifesto of the Communist Party*, trans. Samuel Moore, Progress Publishers, Moscow, 1966 [1848].

—, *Collected Works*, vol. X, Lawrence & Wishart, London, 1978.

McCracken, Grant, *Culture and Consumption: New Approaches to the Symbolic Character of Consumer Goods and Activities*, Indiana University Press, Bloomington and Indianapolis, 1990.

McDowell, Colin, *Galliano*, Weidenfeld & Nicolson, London, 1997.

McQuire, Scott, *Visions of Modernity: Representation, Memory, Time and Space in the Age of the Camera*, Sage, London, Thousand Oaks and New Delhi, 1998.

Miller, Daniel, *Shopping, Place and Identity*, Routledge, London, 1998.

Mitchelson, Annette (ed.), *Andy Warhol*, October Files 2, MIT Press, Cambridge, Mass., and London, 2001.

Mode et Art 1960–1990, Palais des Beaux-Arts, Brussels, 1995.

Monde selon ses créateurs, le: Gaultier, Gigli, Westwood, Sybilla, Margiela, Musée de la Mode, Paris, 1991.

Morgan, Stuart (ed.), *Rites of Passage: Art at the End of the Century*, Tate Gallery Publications, London, 1995.

Nead, Lynda, *Victorian Babylon: People, Streets and Images in Nineteenth-Century London*, Yale University Press, New Haven and London, 2000.

Nesbitt, Molly, *Atget's Seven Albums*, Yale University Press, New Haven and London, 1992.

Nickerson, Camilla, and Neville Wakefield, *Fashion: Photography of the Nineties*, Scalo, Zurich, Berlin and New York, 2nd ed. 1998 [1st ed. 1996].

Nietzsche, Friedrich, *A Nietzsche Reader*, selected, trans. and with an intro. by R. J. Hollindale, Penguin, Harmondsworth, 1997.

Nochlin, Linda, *The Body in Pieces: The Fragment as a Metaphor of Modernity*, Thames & Hudson, London, 1994.

Now: A New Generation of Fashion Photographers, Färgfabriken, Stockholm, 1999.

Orta, Lucy, *Refuge Wear*, Jean-Michel Place, Paris, 1996.

—, *Process of Transformation*, Jean-Michel Place, Paris, 1998.

Owens, Craig, *Recognition: Representation, Power and Culture*, ed. Scott Bryson *et al*, University of California Press, Berkeley and Los Angeles, 1992.

Pampilion: An Exhibition of the Work of Dai Rees, photographs by Matt Collishaw, catalogue essay by Jennifer Higgie, Judith Clark Costume, London, 1998.

Perrot, Philippe, *Fashioning the Bourgeoisie: A History of Clothing in the Nineteenth Century*, trans. Richard Bienvenu, Princeton University Press, 1994.

Phelan, Peggy, *Mourning Sex: Performing Public Memories*, Routledge, London and New York, 1997.

Philip-Lorca diCorcia, essay by Peter Galassi, Museum of Modern Art, New York, 1995.

Plant, Sadie, *Zeros and Ones: Digital Women and the New Technoculture*, Fourth Estate, London, 1997.

Poschardt, Ulf, *DJ Culture*, trans. Shaun Whiteside, Quartet, London, 1998.

—(ed.), *Archaeology of Elegance 1980–2000: 20 Years of Fashion Photography*, Thames & Hudson, London, 2002.

Quennell, Peter (ed.), *Mayhew's London: Being Selections from 'London Labour and the London Poor'* [1851], Spring Books, London, 1964.

Quinn, Bradley, *Techno Fashion*, Berg, Oxford and New York, 2002.

Rabaté, Jean-Michel, *Joyce upon the Void: The Genesis of Doubt*, Macmillan, London, 1991.

—, *The Ghosts of Modernity*, University Press of Florida, Gainsville, 1996.

Rabinow, Paul (ed.), *The Foucault Reader*, Penguin, Harmondsworth, 1984.

Rappaport, Erica, *Shopping for Pleasure: Women in the Making of London's West End*, Princeton University Press, 2000.

Ribeiro, Aileen, *Fashion in the French Revolution*, Batsford, London, 1988.

Richards, Thomas, *The Commodity Culture of Victorian England: Advertising and Spectacle 1851–1914*, Verso, London and New York, 1991.

Robins, Kevin, *Into the Image: Culture and Politics in the Field of Vision*, Routledge, London and New York, 1996.

Roche, Daniele, *The Culture of Clothing: Dress and Fashion in the Ancien Régime*, trans. Jean Birrell, Cambridge University Press, 1994.

Rose, Cynthia, *Trade Secrets: Young British Talents Talk Business*, Thames & Hudson, London, 1999.

Ross, Andrew (ed.), *No Sweat: Fashion, Free Trade and the Rights of Garment Workers*, Verso, New York and London, 1997.

Rossi, Aldo, *The Architecture of the City*, MIT Press, Cambridge, Mass., and London, 1982.

Rowell, Margit, *Objects of Desire: The Modern Still Life*, Museum of Modern Art, New York, and Hayward Gallery, London, 1997.

Samuel, Raphael, *Theatres of Memory: Past and Present in Contemporary Culture*, Verso, London, 1994.

Sanders, Mark, Phil Poynter, and Robin Derrick (eds), *The Impossible Image: Fashion Photography in the Digital Age*, Phaidon, London, 2000.

Sawday, Jonathan, *The Body Emblazoned: Dissection and the Human Body in Renaissance Culture*, Routledge, London and New York, 1995.

Schama, Simon, *Citizens: A Chronicle of the French Revolution*, Viking, London and New York, 1989.

Schwartz, Hillel, *The Culture of the Copy*, Zone Books, New York, 1996.

Scott, Alan, *The Limits of Globalization*, Routledge, London and New York, 1997.

Seltzer, Mark, *Serial Killers: Death and Life in America's Wound Culture*, Routledge, New York and London, 1998.

Selzer, Richard, *Mortal Lessons*, Touchstone, New York, 1987.

Sennett, Richard, *The Fall of Public Man*, W. W. Norton, New York and London, 1992.

Shields, Rob (ed.), *Lifestyle Shopping: The Subject of Consumption*, Routledge, London, 1992.

Showalter, Elaine, *The Female Malady: Women, Madness and English Culture 1830–1980*, Virago, London, 1985.

—, *Sexual Anarchy: Gender and Culture at the Fin de Siècle*, Bloomsbury, London, 1991.

Simpson, Mark, *Male Impersonators: Performing Masculinity*, Cassell, London, 1994.

Sinclair, Iain, *Lights Out for the Territory: Nine Excursions into the Secret History of London*, Granta, London, 1997.

Sontag, Susan, *On Photography*, Penguin, Harmondsworth, 1979.

Sparke, Penny, *As Long As It's Pink: The Sexual Politics of Taste*, Pandora, London, 1995.

Springer, C., *Electronic Eros: Bodies and Desire in the Post Industrial Age*, Athlone Press, London, 1996.

Stallybrass, Peter, and Allon White, *The Politics and Poetics of Transgression*, Methuen, London, 1986.

Steele, Valerie, *The Corset: A Cultural History*, Yale University Press, New Haven and London, 2001.

Stewart, Susan, *On Longing: Narratives of the Miniature, the Gigantic, the Souvenir, the Collection*, Duke University Press, Durham, N.C., and London, 1993.

Stone, Alluquère Rosanne, *The War of Desire and Technology at the Close of the Mechanical Age*, MIT Press, Cambridge, Mass., and London, 1995.

Thakara, John (ed.), *Design after Modernism: Beyond the Object*, Thames & Hudson, London, 1988.

Tickner, Lisa, *The Spectacle of Women: Imagery of the Suffragette Campaign*, Chatto & Windus, London, 1987.

—, *Modern Lives and Modern Subjects*, Yale University Press, New Haven and London, 2000.

Wolfgang Tillmans, Taschen, Cologne and London, 1995.

Tisdall, Caroline, *Joseph Beuys*, Soloman R. Guggenheim Foundation, New York, 1979.

Tomlinson, Alan (ed.), *Consumption, Identity and Style*, Comedia, London, 1990.

Tosh, John, *The Pursuit of History: Aims, Methods and New Directions in the Study of Modern History*, Pearson, London, 3rd ed. 2000.

Trauma, Hayward Gallery Publishing, London, 2001.

Trotter, David, *Paranoid Modernism*, Oxford University Press, 2001.

Troy, Nancy J., *Couture Culture: A Study in Modern Art and Fashion*, MIT Press, Cambridge, Mass., and London, 2003.

Tseëlon, Efrat, *The Masque of Femininity: The Presentation of Woman in Everyday Life*, Sage, London, Thousand Oaks and New Delhi, 1995.

Tucker, Andrew, *The London Fashion Book*, Thames & Hudson, London, 1998.

Turner, Bryan S. (ed), *Theories of Modernity and Postmodernity*, Sage, London, Newbury Park and New Delhi, 1990.

Veblen, Thorstein, *The Theory of the Leisure Classes*, Mentor, New York, 1953 [1899].

Viktor & Rolf 1993–99, Artino Foundation, Breda, 1999.

Viktor & Rolf Haute Couture Book, texts by Amy Spindler and Didier Grumbach, Groninger Museum, Gröningen, 2000.

Virilio, Paul, *Open Sky*, trans. Julie Rose, Verso, London and New York, 1997.

Vries, Leonard de, *Victorian Inventions*, John Murray, London, 1971.

Webb, Peter, *Hans Bellmer*, Quartet, London, 1985.

Weeks, Jeffrey, *Inventing Moralities: Sexual Values in an Age of Uncertainty*, Columbia University Press, New York, 1995.

White, Nicola, and Ian Griffiths (eds), *The Fashion Business: Theory, Practice, Image*, Berg, Oxford and New York, 2000.

Wigley, Mark, *White Walls, Designer Dresses: The Fashioning of Modern Architecture*, MIT Press, Cambridge, Mass., and London, 1995.

Wilcox, Claire (ed.), *Radical Fashion*, Victoria & Albert Publications, London, 2001.

Williams, Rosalind H., *Dream Worlds: Mass Consumption in Late Nineteenth-Century France*, University of California Press, Berkeley, and Los Angeles, 1982.

Williams, Val (ed.), *Look at Me: Fashion Photography in Britain 1960 to the Present*, British Council, London, 1998.

Williamson, Judith, *Consuming Passions: The Dynamics of Popular Culture*, Marion Boyars, London and New York, 1986.

Wilson, Elizabeth, *The Sphinx in the City: Urban Life, the Control of Disorder, and Women*, Virago, London, 1991.

—, *Bohemians: The Glamorous Outcasts*, I. B. Tauris, London, 2000.

—, *Adorned in Dreams: Fashion and Modernity*, Virago, London, 1985; 2nd ed. I. B. Tauris, 2003.

Windels, Veerle, *Young Fashion Belgian Design*, Ludion, Ghent and Amsterdam, 2001.

Windlin, Cornel (ed.), *Juergen Teller*, Taschen, Cologne and London, 1996.

Wittgenstein, Ludwig, *Tractatus logico-philosophicus*, trans. P. David, Routledge, London, 1991 [1921].

Wolf, Naomi, *The Beauty Myth*, Vintage, New York, 1991.

Wolff, Janet, *Feminine Sentences: Essays on Women and Culture*, Polity Press, Cambridge, 1990.

Wollen, Peter, *Raiding the Ice Box: Reflections on Twentieth Century Culture*, Verso, London and New York, 1993.

Wood, Nancy, *Vectors of Memory*, Berg, Oxford and New York, 1999.

Wosk, Julie, *Breaking Frame: Technology and the Visual Arts in the Nineteenth Century*, Rutgers University Press, New Brunswick, N.J. 1992.

Wyschogrod, Edith, *Spirit in Ashes: Hegel, Heidegger and Man-Made Death*, Yale University Press, New Haven and London, 1985.

—, *An Ethics of Remembering*. Chicago University Press, 1998.

Zenderland, Leila (ed.) *Recycling the Past: Popular Uses of American History*, University of Pennsylvania Press, Philadelphia, 1978.

Zizek, Slavoj, *The Plague of Fantasies*, Verso, London, 1997.

Zola, Emile, *The Ladies' Paradise*, trans. with an intro. by Brian Nelson, Oxford University Press, Oxford and New York, 1995.

Journal and Book Articles

Anderson, Fiona, 'Exhibition Review: Hussein Chalayan', *Fashion Theory*, vol. 4, issue 2, June 2000: 229–33.

Apter, Emily, 'Masquerade', in Elizabeth Wright, *Feminism and Psychoanalysis: A Critical Dictionary*, Basil Blackwell, Oxford and Cambridge, Mass., 1992: 242–4.

Arnold, Rebecca, 'Heroin Chic', *Fashion Theory*, vol. 3 issue 3, September 1999: 279–95.

—, 'The Brutalized Body, *Fashion Theory*, vol. 3 issue 4, December 1999: 487–501.

—, 'Luxury and Restraint: Minimalism in 1990s Fashion', in Nicola White and Ian Griffiths, *The Fashion Business: Theory, Practice, Image*, Berg, Oxford and New York, 2000: 167–81.

—, 'Vivienne Westwood's Anglomania', in Christopher Breward, Becky Conekin and Caroline Cox (eds), *The Englishness of English Dress*, Berg, Oxford and New York, 2012: 161–72.

—, 'Looking American: Louise Dahl-Wolfe's Fashion Photographs of the 1930s and 1940s', *Fashion Theory*, vol. 6, issue 1, March 2002: 45–60.

Azzellini, Dario, 'Tute Bianche', *032c*, 3rd issue, 'What's Next?' (Berlin), Winter 2001/02: 20–1.

Bailey, Peter, 'Parasexuality and Glamour: The Victorian Barmaid as Cultural Prototype', *Gender and History*, vol. 2, no. 2, 1990: 148–72.

Ballard, J. G., 'Project for a Glossary of the Twentieth Century', in Jonathan Crary and Sanford Kwinter (eds), *Incorporations*, *Zone 6*, Zone Books, New York, 1992: 268–79.

Bartlett, Djurdja, 'Issey Miyake: Making Things', *Fashion Theory*, vol. 4, issue 4, June 2000: 223–7.

Battersby, Christine, 'Her Body/Her Boundaries: Gender and the Metaphysics of Containment', in Andrew Benjamin (ed.), *The Body: Journal of Philosophy and the Visual Arts*, Academy Editions, London, 1993: 36–8.

Benjamin, Walter, 'Central Park', *New German Critique*, 34, winter 1985 [1972]: 32–58.

Boodroo, Michael, 'Art and Fashion', *Artnews*, September 1990: 120–7.

Bryson, Norman, 'Too Near, Too Far', *Parkett*, 49, 1997: 85–89.

Buckley, Réka C. V., and Stephen Gundle, 'Fashion and Glamour', in Nicola White and Ian Griffiths (eds), *The Fashion Business: Theory, Practice, Image*, Berg, Oxford and New York, 2000: 37–54.

—, 'Flash Trash: Gianni Versace and the Theory and Practice of Glamour', in Stella Bruzzi and Pamela Church Gibson (eds), *Fashion Cultures: Theories, Explanations and Analysis*, Routledge, London and New York, 2000: 331–48.

Buck-Morss, Susan, 'The Flaneur, the Sandwichman and the Whore: The Politics of Loitering', *New German Critique*, 39, fall 1986: 99–140.

Castle, Terry, 'Phantasmagoria', *Critical Enquiry*, vol. 15, no. 1, 1988: 26–61.

Chambers, Iain, 'Maps for the Metropolis: A Possible Guide to the Present', *Cultural Studies*, vol. 1, no. 1, January 1987: 1–22.

Clark, Judith, 'A Note: Getting the Invitation', *Fashion Theory*, vol. 5, issue 3, September 2001: 343–53.

Duggan, Ginger Gregg (ed.), 'Fashion and Performance', special ed., *Fashion Theory*, vol. 5, issue 3, September 2001: 243–70.

Evans, Caroline, 'Martin Margiela: The Golden Dustman', *Fashion Theory*, vol. 2, issue 1, March 1998: 73–94.

—, 'Masks, Mirrors and Mannequins: Elsa Schiaparelli and the Decentered Subject', *Fashion Theory*, vol. 3, issue 1, March 1999: 3–31.

—, 'Living Dolls: Mannequins, Models and Modernity', in Julian Stair (ed.), *The Body Politic*, Crafts Council, London, 2000: 103–16.

—, 'Yesterday's Emblems and Tomorrow's Commodities: The Return of the Repressed in Fashion Imagery Today', in Stella Bruzzi and Pamela

Church Gibson (eds), *Fashion Cultures: Theories, Explorations and Analysis*, Routlege, London and New York, 2000: 93–113.

—, 'Galliano: Spectacle and Modernity', in Nicola White and Ian Griffiths (eds), *The Fashion Business: Theory, Practice, Image*, Berg, Oxford and New York, 2001: 143–66.

—, '"Dress Becomes Body Becomes Dress": Are you an object or a subject? Comme des Garcons and self-fashioning', *032c*, 4th issue, 'Instability', Berlin, October 2002: 82–7.

Foster, Hal, 'The Art of Fetishism', *The Princeton Architectural Journal*, vol. 4, 'Fetish', 1992: 6–19.

—, 'Prosthetic Gods', *Modernism/Modernity*, vol. 4, no. 2, April 1997: 5–38.

—, 'Trauma Studies and the Interdisciplinary: An Interview', in Alex Coles and Alexia Defert (eds), *The Anxiety of Interdisciplinarity*, BACKless Books and Black Dog, London, 1998: 155–68.

Fouser, R., 'Mariko Mori: Avatar of a Feminine God', *Art Text*, nos 60–2, 1998: 36.

Friedman, Jonathan, 'Narcissism, Roots and Postmodernity: The Constitution of Selfhood in the Global Crisis', in Scott Lash and Jonathan Friedman (eds), *Modernity and Identity*, Basil Blackwell, Oxford, 1992: 331–6.

Gill, Alison, 'Deconstruction Fashion: The Making of Unfinished, Decomposing and Re-assembled Clothes', *Fashion Theory*, vol. 2, issue I, March 1998: 25–49.

Ginsburg, Carlo, 'Morelli, Freud and Sherlock Holmes: Clues and Scientific Method', *History Workshop Journal*, vol. 9, spring 1980: 5–36.

Ginsburg, Madeleine, 'Rags to Riches: The Second-Hand Clothes Trade 1700–1978', *Costume: Journal of the Costume Society of Great Britain*, 14, 1980: 121–35.

Hershberg, Sorrel, and Gareth Williams, 'Friendly Membranes and Multi-Taskers: The Body and Contemporary Furniture', in Julian Stair (ed.), *The Body Politic*, Crafts Council, London, 2000: 58–70.

Internationale Situationiste, no. 1, June 1958, n.p.

Jameson, Fredric, 'Postmodernism, or the Cultural Logic of Late Capitalism', *New Left Review*, vol. 146, 1984: 53–93.

Jobling, Paul, 'Alex Eats: A Case Study in Abjection and Identity in Contemporary Fashion Photography', *Fashion Theory*, vol. 2, issue 3, September 1998: 209–24.

—, 'On the Turn: Millennial Bodies and the Meaning of Time in Andrea Giacobbe's Fashion Photography', *Fashion Theory*, vol. 6, issue 1, March 2002: 3–24.

Kim, Sung Bok, 'Is Fashion Art?', *Fashion Theory*, vol. 2, issue I, March 1998: 51–71.

Koda, Harold, 'Rei Kawakubo and the Aesthetic of Poverty', *Costume: Journal of the Costume Society of America*, no. 11, 1985: 5–10.

Lehmann, Ulrich, '*Tigersprung*: Fashioning History', *Fashion Theory*, vol. 3, issue 3, September 1999: 297–322.

Leslie, Esther, 'Souvenirs and Forgetting: Walter Benjamin's Memory-work', in Marius Kwint Christopher Breward, and Jeremy Aynsley, J., (eds) *Material Memories: Design and Evocation*, Berg, Oxford and New York, 1999: 107–22.

Loschek, Ingrid, 'The Deconstructionists', in Gerda Buxbaum (ed.), *Icons of Fashion: The Twentieth Century*, Prestel, Munich, London and New York, 1999: 146–7.

Lyotard, Jean-François, 'Defining the Postmodern', in *ICA Documents 4: 'Postmodernism'*, ICA, London, 1986: 6–7.

Martin, Richard, 'Destitution and Deconstruction: The Riches of Poverty in the Fashion of the 1990s', *Textile & Text*, 15, no. 2, 1992: 3–8.

—, 'Yeohlee: Energetics: Clothes and Enclosures', *Fashion Theory*, vol. 2, issue 3, September 1998: 287–93.

—, 'A Note: Art & Fashion, Viktor & Rolf', *Fashion Theory*, vol. 3, issue 1, March 1999: 109–20.

McLeod, Mary, 'Undressing Architecture: Fashion, Gender and Modernity', in Deborah Fausch *et al* (eds), *Architecture: In Fashion*, Princeton Architectural Press, 1994: 35–123.

McPhearson, Heather, 'Sarah Bernhardt: Portrait of the Actress as Spectacle', *Nineteenth-Century Contexts: An Interdisciplinary Journal*, special issue 'Sexing French Art', vol. 20, no. 4, 1999: 409–54.

Montague, Ken, 'The Aesthetics of Hygiene: Aesthetic Dress, Modernity and the Body as Sign', *Journal of Design History*, vol. 7, no. 2, 1994: 91–112.

Nava, Mica, 'Modernity's Disavowal: Women, the City and the Department Store', in Pasi Falk and Colin Campbell (eds), *The Shopping Experience*, Sage, London, Thousand Oaks and New Delhi, 1997: 56–91.

O'Neill, Alistair, 'Imagining Fashion: Helmut Lang and Maison Martin Margiela', in Claire Wilcox (ed.), *Radical Fashion*, Victoria & Albert Museum, London, 2001: 38–45.

Osborne, Peter, 'Modernity is a Qualitative, Not a Chronological Category' *New Left Review*, 92, 1992: 65–84.

Owens, Craig, 'The Allegorical Impulse: Towards a Theory of Postmodernism', in Scott Bryson *et al* (eds), *Beyond Recognition: Representation, Power and Culture*, University of California Press, Berkeley, Los Angeles and Oxford, 1992: 52–69.

Poster, Mark, 'Postmodern Virtualities', in Mike Featherstone and Roger Burrows (eds), *Cyberspace/Cyberbodies/Cyberpunk: Cultures of Technological Embodiment*, Sage, London, Thousand Oaks and New Delhi, 1995: 79–95.

Radford, Robert, 'Dangerous Liaisons: Art, Fashion and Individualism', *Fashion Theory*, vol. 2, issue 2, June 1998: 151–63.

Rajchman, John, 'Lacan and the Ethics of Modernity', *Representations*, 15, summer 1986:, 42–56.

Rivière, Joan, 'Womanliness as a Masquerade' [1929], repr. in V. Burgin, J. Donald and C. Kaplan (eds), *Formations of Fantasy*, Routledge, London, 1986: 35–44.

Seltzer, Mark, 'Wound Culture: Trauma in the Pathological Public Sphere', *October*, 80, spring 1997: 3–26.

Shottenkirk, Dena, 'Fashion Fictions: Absence and the Fast Heartbeat', *ZG*, 'Breakdown Issue', 9, 1983: n.p.

Simmel, Georg, 'Fashion' [1904], and 'The Metropolis and Mental Life' [1903], in *On Individuality and Social Forms*, ed. and with an intro. by

Donald N. Levine, University of Chicago Press, 1971: 294–323 and 324–339.

Smedley, Elliott, 'Escaping to Reality: Fashion Photography in the 1990s', in Stella Bruzzi and Pamela Church Gibson (eds), *Fashion Cultures: Theories, Explorations and Analyses*, Routledge, London and New York, 2000: 143–56.

Sobchak, V., 'Postfuturism', in G. Kirkup *et al* (eds), *The Gendered Cyborg: A Reader*, Routledge in association with the Open University, London, 2000: 136–47.

Solomon-Godeau, Abigail, 'The Other Side of Venus: The Visual Economy of Feminine Display', in Victoria de Grazia and Ellen Furlough (eds), *The Sex of Things: Gender and Consumption in Historical Perspective*, University of California Press, Berkeley, Los Angeles and London, 1996: 113–50.

Stallybrass, Peter, 'Marx's Coat', in Patricia Spyer (ed.), *Border Fetishisms: Material Objects in Unstable Spaces*, Routledge, New York, 1998: 183–207.

Terranova, Tiziana, 'Posthuman Unbounded: Artificial Evolution and High-tech Subcultures', in George Robertson *et al* (eds), *Future Natural: Nature, Science, Culture*, Routledge, London and New York, 1996: 165–80.

Townsend, Chris, 'Dead for Having Been Seen', *Izima Kaoru*, fa projects, London, 2002, n.p.

Valverde, Mariana, 'The Love of Finery: Fashion and the Fallen Woman in Nineteenth-Century Social Discourse', *Victorian Studies*, vol. 32, no. 2, winter 1989: 169–88.

Vinken, Barbara, 'Eternity: A Frill on the Dress', *Fashion Theory*, vol. 1, issue 1, March 1997: 59–67.

Wallerstein, Katherine, 'Thinness and Other Refusals in Contemporary Fashion Advertisements', *Fashion Theory*, vol. 2 issue 2, June 1998: 129–50.

Wark, McKenzie, 'Fashioning the Future: Fashion, Clothing and the Manufacture of Post-Fordist Culture', *Cultural Studies*, vol. 5, no. 1, 1991: 61–76.

Wilson, Elizabeth, 'The Invisible Flâneur', *New Left Review*, 191, 1992: 90–110.

—, 'The Rhetoric of Urban Space', *New Left Review*, 209, 1995: 146–60.

Wohlfarth, Irving, 'Et cetera? The Historian as Chiffonnier', *New German Critique*, no. 39, fall 1986: 142–68.

Zahm, Olivier, 'Before and After Fashion: A Project by Martin Margiela', *Artforum*, March 1995: 74–77.

Zukin, Sharon, 'The Postmodern Debate over Urban Form', *Theory, Culture and Society*, vol. 5, nos 2–3, June 1988: 431–46.

Press

Alexander, Hilary, *The Daily Telegraph*, 19 September 2000.

Als, Hilton, 'Gear: Postcard from London', *The New Yorker*, 17 March 1997: 90–5.

Armstrong, Lisa, 'Versace Seizes her Moment', *The Times*, 26 February 2000.

—, 'Frock'n'roll Hall of Fame', *The Times*, 24 July 2000.

Ashworth, Jon, interview with Hussein Chalayan, *The Times*, London, 2 March 1996.

Ballard, J. G., 'Diary', *New Statesman*, 20 December 1999–3 January 2000: 9.

Beard, Steve, 'With Serious Intent', *i-D*, no. 185, April 1999: 141.

Billingham, Richard, 'Untititled I, II and III', *Independent Fashion Magazine*, spring 1998: 10–14.

Blanchard, Tamsin, 'Haute New Things', *The Independent Magazine*, 1 August 1998: 20–2.

—, 'Mind Over Material', *The Observer Magazine*, 24 September 2000: 38–43.

Brown, Heath, 'Donatella's Dynasty', *The Times Magazine*, 15 July 2000: 61–7.

Davis, Louise, 'Frock Tactics', *The Observer Magazine*, 18 February 2001: 36–9.

Dazed & Confused, Alexander McQueen guest editor issue, 'Fashion Able?', no. 46, September 1998: 'ACCESS-ABLE', 68–83.

Flett, Katherine, 'Altered Images', *The Observer Magazine*, 28 May 2000: 20.

Frankel, Susannah, 'Galliano Steams Ahead with Any Old Irony', *The Guardian*, 21 July 1998.

—, 'Galliano', *The Independent Magazine*, 20 February 1999: 12.

—, 'We want to be', *The Independent Magazine*, 8 May 1999: 30.

—, 'Art and Commerce', *The Independent on Sunday*, review section, 10 March 2002: 28–32.

Heath, Ashley, 'Bad Boys Inc', *The Face*, vol. 2. no. 79, April 1995: 102.

Hoare, Sarajane, 'God Save McQueen', *Harpers Bazaar* (USA), June 1996: 30 and 148.

Hume, Marion, 'McQueen's Theatre of Cruelty', *The Independent*, 21 October 1993.

—, 'Scissorhands', *Harpers & Queen*, August 1996: 82.

Lorna V., 'All Hail McQueen', *Time Out*, 24 September–1 October 1997: 26.

Marcus, Tony, 'I am the Resurrection', *i-D*, no. 179, September 1998: 148.

Menkes, Suzy, 'The Macabre and the Poetic', *The International Herald Tribune*, 5 March 1996.

Mower, Sarah, 'Politics of Vanity', *The Fashion*, no. 2, Spring–Summer 2001: 162.

Muir, Robin, 'What Katie Did', *Independent Magazine*, 22 February 1997: 14.

Murphy, Dominic, 'Would You Wear a Coat that Talks Back?' *The Guardian*, Weekend, 21 October 2000: 34.

Picardie, Ruth, 'Clothes by Design, Scars by Accident', *The Independent*, tabloid, 2 May 1997: 8.

Raymond, Martin, 'Clothes with Meaning', *Blueprint*, no. 154, October 1998: 28.

Rickey, Melanie, 'England's Glory', *The Independent*, tabloid, 28 February 1997: 4.

Rumbold, Judy, 'Alexander the Great', *Vogue* (UK), July 1996, catwalk report supplement.

Saner, Emine, 'Designed in London: The £1m Dress', *The Sunday Times*, 24 September 2000.

Scruby, Jennifer, 'The Eccentric Englishman', *Elle American*, July 1996: 151–4.

Spindler, Amy, 'Critic's Notebook: Tracing the Look of Alienation', *The New York Times*, 24 March 1998.

Starker, Melissa, 'Chalayan UNDRESSED', Columbus Alive, 25 April 2002.

Stungo, Naomi, 'Boudicca', *Blueprint*, no. 154, October 1998: 34–5.

Todd, Stephen, 'The Importance of Being English', *Blueprint*, no. 137, March 1997: 42.

de Villiers, Jonathan, 'Never Mind the Bollocks', *Blueprint*, no. 154, October 1998: 28.

Winwood, Lou, interview with Robert Cary-Williams, *Sleazenation*, vol. 2, issue 11, December 1998: 22.

—, 'It's Snowtime!', *The Guardian*, 3 March 1999.

Women's Wear Daily, 14 March 1995.

—, 16 October 1997.

—, 6 March 2000.

Wood, Gaby, 'Dolly Mixture', *The Observer Magazine*, 27 February 2000: 36–41.

图书在版编目（CIP）数据

前沿时尚 /（英）卡洛琳·埃文斯

（Caroline Evans）著; 孙诗淇译. -- 重庆：重庆大学出版社, 2021.8（万花筒）

书名原文: Fashion at the Edge: Spectacle, Modernity, and Deathliness

ISBN 978-7-5689-2746-8

Ⅰ.①前… Ⅱ.①卡… ②孙… Ⅲ.①时装—历史—世界 Ⅳ.①TS941-091

中国版本图书馆CIP数据核字（2021）第099189号

前沿时尚
QIANYAN SHISHANG

［英］卡洛琳·埃文斯（Caroline Evans）著

孙诗淇　译

责任编辑：张　维
责任校对：关德强
责任印制：张　策

重庆大学出版社出版发行
出版人：饶帮华
社址：（401331）重庆市沙坪坝区大学城西路 21 号
网址：http://www.cqup.com.cn
印刷：天津图文方嘉印刷有限公司

开本：889mm×1194mm　1/16　印张：20.75　字数：627 千
2021 年 8 月第 1 版　2021 年 8 月第 1 次印刷
ISBN 978-7-5689-2746-8　定价：259.00 元

版贸核渝字（2018）第 214 号